果蔬生产综合实验实训指导书

主　编　刘　波

副主编　李晓红　　王东来　　周文杰

　　　　　周红利　　王贺春

东北大学出版社

·沈　阳·

图书在版编目（CIP）数据

果蔬生产综合实验实训指导书 / 刘波主编 . —沈阳：
东北大学出版社，2022.10
ISBN 978-7-5517-3152-2

Ⅰ. ①果… Ⅱ. ①刘… Ⅲ. ①果树园艺 ②蔬菜园艺
Ⅳ. ① S6

中国版本图书馆 CIP 数据核字（2022）第 187273 号

内容简介

　　《果蔬生产综合实验实训指导书》为一本关于果蔬生产的综合性实践类教材。其内容分为六方面，主要包括园艺设施、果树栽培实习实践、蔬菜栽培、果蔬植物保护、综合实训及果蔬采后处理；教材各部分紧紧围绕"应用性"和"实用性"的宗旨，设有实验实训目标、基本原理、实践教学技能要求、实验实训操作设计、实践演练案例、实验结果、问题与分析等环节。既包含经典的传统实验方法，也有反映新仪器、新技术的新实验方法。内容全面、系统，可操作性强，力求让读者掌握关于果蔬生产方面一整套的实践方法和实践操作技术。

　　本书主要适用于农业高等院校园艺及食品相关专业师生在果蔬生产等课程实践实训教学和技能培养。同时，本书也可以作为科研院所科技人员、农业推广人员及农产品生产相关企业从业人员的参考资料。

出 版 者：东北大学出版社
　　　　　　地址：沈阳市和平区文化路三号巷 11 号
　　　　　　邮编：110819
　　　　　　电话：024-83687331（市场部） 83680267（社务部）
　　　　　　传真：024-83680180（市场部） 83680181（研发部）
　　　　　　网址：http://www.neupress.com
　　　　　　E-mail:neuph@neupress.com
印 刷 者：辽宁一诺广告印务有限公司
发 行 者：东北大学出版社
幅面尺寸：185 mm×260 mm
印　　张：19
字　　数：405 千字
出版时间：2022 年 10 月第 1 版　　印刷时间：2022 年 10 月第 1 次印刷
策划编辑：罗　鑫　　　　　　　　责任编辑：潘佳宁
责任校对：刘新宇　　　　　　　　封面设计：潘正一

ISBN 978-7-5517-3152-2　　　　　　　　　　　定　价：68.00 元

前言

目前，国内出版的各类专业实践或实验教材，几乎都是基于某一门课程的实验或实践，而多数自然学科的专业课已形成了一整套的理论和实践教学体系。例如针对园艺专业的主要专业课，实践部分主要需要完成果树栽培、蔬菜栽培、园艺植物育种、园艺植物保护、园艺产品贮藏加工、园艺设施与环境及园艺综合实训实践等课程的实验和实训，学生在从事相关实验或实训时，需要准备多本教材。《果蔬生产综合实验实训指导书》为一本综合性实践教材，克服了上述麻烦，学生在从事园艺专业生产实验或实训时，只要有一本这样的综合性实践教材即可满足需要。另外，这样的综合性实践教材，更加科学地对专业课程内容系统化和体系化，既便于本科在校生系统开展各项实验或实训，同时也为农业生产提供了直观便利的参考。

根据目前学科专业发展、课程建设需求，需要制定符合专业教学所需、贴合地方经济特点、应用性强的优质实践类教材。根据"关于印发《辽东学院本科教材建设与管理办法》建设规划"，本教材的各参编教师开展了编写该实践类教材的详细研讨，并依据建设规划，组织开展教材编写工作。本教材适应当前市场经济发展需要，立足地方园艺产品生产，以应用型人才培养为导向，进行实验或实践课程设计与创新，形成系列实践实训项目以及综合实训项目，引导学生顺利开展实践学习或自主学习。同时也促进了教师对园艺植物生产和园艺产品市场的过程体系的深入认知和对教学目标的深刻认识，推进了教学方法和教学手段的改革，对专业建设和学科建设起到了积极推动作用。

本书包含六方面内容：园艺设施（由周红利博士编写）；果树栽培实习实践（由周文杰博士编写）；蔬菜栽培实验（由李晓红教授编写）；果蔬植物保护，包括基础实验、病害识别与鉴定实验、害虫识别实验及教学实习（由王东来副教授编写）；综合实训（由王贺春博士编写）；果蔬采后处理，包括贮藏篇和加工篇（由刘波教授编写）。本书在编写过程中，参考了大量的国内外文献，在此向所参考文献的作者表示深深的谢意！由于编者水平有限，时间仓促，在编写过程中难免有不足和疏漏之处，敬请广大读者批评指正，以便今后进一步修改、补充和完善。

编　者

2022 年 4 月

目录

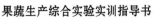
第三部分　蔬菜栽培

第四部分　果蔬植物保护（基础实验）

第五部分　果蔬植物保护（病害识别与鉴定实验）

第一部分 园艺设施

实验一 主要覆盖材料种类和性能调查

一、实验目的与意义

随着设施园艺的发展，园艺设施覆盖材料从简易的不透明或半透明覆盖物，发展到透明覆盖物，并由低级发展到高级。目前世界上设施覆盖材料的种类繁多，除玻璃外还有各种塑料薄膜、硬纸、塑料板材，以及透气性覆盖材料，如无纺布、防虫网、遮阳网等。覆盖材料的功能从传统的透光保温，延伸到遮阳降温、防台风暴雨、减少病虫草害发生、提高品质等多方面。不同覆盖材料的性质不同，因此其适用的环境条件和栽培措施不同。

设施农业生产离不开各种覆盖材料，学会正确选择和使用这些覆盖材料是非常必要的。通过调查观测，掌握这些主要覆盖材料的性能，了解各种覆盖材料如塑料薄膜、防虫网、遮阳网、无纺布等的区别，比较不同覆盖材料对设施内环境条件的影响。学会设施覆盖材料的正确选择、使用和科学管理。

二、实验原理

塑料薄膜具有质地轻柔、透光性能优良、价格较低、使用和运输方便等优点，因而成为我国目前设施园艺中使用面积最大的覆盖材料。主要有聚氯乙烯薄膜 PVC、聚乙烯薄膜 PE 和最近开发的乙烯醋酸乙烯 EVA 多功能复合膜等。聚氯乙烯薄膜 PVC，是以聚氯乙烯树脂为主原料，加入适量的增塑剂制作而成，同时许多产品还添加光稳定剂、紫外线吸收剂，以提高耐候性和耐热性，添加表面活性剂，以提高防雾效果，因此聚氯乙烯薄膜种类繁多，功能丰富。在气候适中的地区多用聚乙烯薄膜 PE 为覆盖材料，与 PVC 薄膜相比，PE 薄膜具有密度低、幅宽大和覆盖比较容易的优点，且质地软，受气温影响小，天冷不发硬，耐酸碱耐盐，成本也低。另外 PE 薄膜还具有吸尘少、不产生有毒气体等特点，但 PE 薄膜红外线透过率偏高，保温性稍差，对紫外线的吸收率也较 PVC 薄膜要高。塑料薄膜的颜色影响透光率。无色透明膜透光率最高，增温效果最好。

黑色地膜和白黑双面地膜透光率较低，土壤增温效果差，有除草作用。银灰膜、乳白膜、白黑双面膜和银黑双面膜反光性能好，可改善行间的光照条件，较普通地膜有一定的降温，适用于夏季栽培。银黑双面膜、银灰膜对紫外线反射较强，可用于避蚜防病。在夏季保护设施中多采用遮阳网、防虫网进行遮阳降温和害虫预防，不同种类、颜色、网孔大小，都能影响遮阳网和防虫网的性能。

本实验通过实地观测了解 PE 膜、PVC 膜、透明地膜、黑色地膜、遮阳网等各种主要覆盖材料的种类、规格、性能，明确不同覆盖材料对设施内光照条件的影响，以便正确应用于实际生产中。

三、实验仪器、装置、工具及主要材料

仪器：数显照度计。

材料：PE 膜、PVC 膜、透明地膜、黑色地膜、两种不同型号的遮阳网等。

四、实验方法

（一）查阅资料、实地调查

通过数显照度计，测定晴天自然光下的光照强度。模拟大棚前屋面角，再测定 PE 膜、PVC 膜、透明地膜、黑色地膜、遮阳网下的光照强度。计算覆盖物的透光率。

以参观走访的形式了解主要透明及半透明覆盖材料的性能，形成调查报告。

（二）布置任务

现有一栋覆盖面积为 10 米×50 米的用于夏秋培育甘蓝苗的塑料大棚需要覆盖遮阳网，如果其透明覆盖材料分别可以用 PVC 膜、PE 膜中的一种，请给出正确的购买计划，如生产厂家、材料数量、价格等，做出预算。

五、实验步骤

查阅资料；学生分成小组；选择晴朗天气；打开数显照度计，测定自然光的光照强度；模拟大棚前屋面角，再测定 PE 膜、PVC 膜、透明地膜、黑色地膜、遮阳网下的光照强度；计算覆盖物的透光率。

参观走访各地区，了解不同透明及半透明覆盖材料的种类、规格、透光性能和价格，形成调查报告。再根据甘蓝苗适宜生长的环境条件，选择合适的棚膜，并计算价格。

六、实验结果

列出表格，测定晴天自然光下的光照强度，以及各覆盖材料下的光照强度，并计算透光率。选择合适的棚膜，做出购买棚膜的预算。

七、实验分析讨论

（1）写出调查报告。

（2）列出购买计划。

（3）归纳总结主要覆盖材料的性能。

实验二　设施类型调查

一、实验目的与意义

通过对不同园艺栽培设施的实地调查、测量、分析，结合观看多媒体等影像资料，掌握本地区主要园艺栽培设施的结构特点、性能及应用，学会园艺设施构件的识别及测量方法。

二、实验原理

不同设施类型及同种设施类型的不同结构，因其配套设施不同，主要栽培季栽培作物的种类、品种及周年利用情况不同。通过调查本地区园艺栽培设施类型，了解其结构、性能及应用情况，掌握本地区主要园艺栽培设施的结构特点、性能及应用。

三、实验仪器、装置、工具及主要材料

学校试验基地或生产单位各种类型的园艺设施。不同园艺设施类型和结构的多媒体图片。皮尺、钢卷尺、测角仪（坡度仪）等测量用具及铅笔、直尺等记录用具。影像资料及设备：不同园艺栽培设施类型和结构的幻灯片、录像带、光盘等影像资料。

四、实验方法

按以下内容进行实地调查、访问和测量，将测量结果和调查资料整理成报告，要点如下。

（1）调查本地温室、大棚及其他设施的类型和特点，观测各种类型园艺栽培设施的场地选择、设施方位和整体规划情况。分析不同形式园艺栽培设施结构的异同、性能的

优劣和节能措施。

（2）测量记载不同类型园艺栽培设施的结构规格、配套型号、性能特点和应用情况。

（3）温室的方位，长、宽、高尺寸，透明屋面及后屋面的跨度、角度、长度，墙体厚度和高度（见图1-1），门窗的位置和规格，建筑材料和覆盖材料的种类和规格，配套设施、设备和配置方式，遮阳网、防虫网、防雨棚的结构类型，覆盖材料和覆盖方式等。

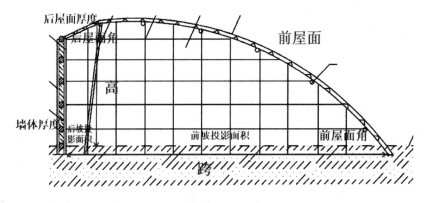

图1-1　温室的剖面图

（4）大棚（装配式钢管大棚和竹木大棚）的方位，长、宽、高规格，用材种类与规格等。

（5）了解不同园艺栽培设施类型在本地区主要栽培季节、栽培作物种类品种、周年利用情况。

（6）观看多媒体等影像资料，了解我国及国外检疫设施，地膜覆盖，大、中棚日光温室联动大棚，大型温室夏季保护设施等园艺栽培设施种类、结构特点和功能特性。

五、实验步骤

（1）不同类型的设施要采用不同的测定方法。

通过走访调查，确定需要调查的不同类型园艺栽培设施的结构规格、配套型号、性能特点和应用。使用指南针和卷尺等，确定温室的方位，长、宽、高尺寸，透明屋面及后屋面的跨度、角度、长度，墙体厚度和高度，门窗的位置和规格大小。通过调查访问，确定建筑材料和覆盖材料的种类和规格，配套设施、设备和配置方式，遮阳网、防虫网、防雨棚的结构类型，覆盖材料和覆盖方式等。

（2）根据不同组的调查情况进行汇总分析。

六、实验结果

（1）熟读教材、实验指导中的相关内容。

（2）画出大棚温室的结构图，标明大棚温室各部分结构和尺寸。

七、实验分析讨论

（1）从本地区园艺栽培设施类型、结构、性能及其应用的角度，写出调查报告。

（2）通过分析测得的大棚温室各部分结构和尺寸，分析设计目的和作用，并指出优缺点和改进意见，说明本地区主要园艺栽培设施结构的特点和形成原因。

实验三　设施内小气候观测

一、实验目的与意义

设施栽培是在露地环境不适于作物生长的情况下，人为地创造适宜的环境条件，从而提高作物产量和品质。设施内的环境因子包括：光照、温度、湿度、气体成分、土壤及营养元素等。因此了解设施内的环境特点，通过人工调控的方法，能有效促进设施作物的生长发育。对设施内外温度、湿度、光照、二氧化碳浓度等通过实验进行观测，进一步掌握各种设施内小气候的变化规律，并学会设施内小气候的观测方法和测定仪器的使用。将观测的实际数据与理论上的变化规律相对照，加深对环境综合调控的理解。

二、实验原理

设施内小气候包括温度、湿度、光照、二氧化碳浓度，它们是在特定的小环境内形成的。本实验就温室内的温度、光照、湿度、二氧化碳浓度等环境因子，进行测定和调控，了解一天之中设施内小气候的变化情况，不同天气下设施内小气候的变化规律，以便根据作物不同生育时期的需求进行环境调控，为设施作物提供最佳的生长环境。

三、实验仪器、装置、工具及主要材料

（1）设施。辽沈 I 型日光温室。

（2）仪器。照度计、通风干湿表、干湿球温度表、最高最低温度表（最好用自动记录的温湿度表）、曲管地温表（5，10，15，20 cm）或热敏电阻地温表、便携式红外二氧化碳分析仪。

四、实验方法

实验主要测定大棚、温室内各个气候要素的分布特点及其日变化特征。由于同一设

施内的位置、栽培作物状况和天气条件不同都会影响各小气候要素，所以应多点测定，而且日变化特征应选择典型的晴天和阴天进行观测。根据仪器设备等条件，可适当增减测定点的数量和每天测定次数、确定测定项目。

（1）设施内光照、空气温度、湿度变化规律的观测；

（2）设施内土壤温度变化规律的观测；

（3）设施内二氧化碳浓度变化规律的观测。

具体方法如下：

①观测点布置：观测点的多少要根据温室种植作物情况及实验仪器来确定。垂直测点按设施高度、作物生长状况和测定项目来定。在无作物时，可设20，50，150 cm三个高度；有作物时可设作物冠层上20 cm和作物层内1~3个高度。室外是150 cm高度，土壤中设10，15，20 cm等深度。

②观测时间：一天中每隔2 h测一次光照强度、温度（气温和地温）、空气湿度、二氧化碳浓度，具体时间看分组情况而定，但设施揭盖前后最好各测一次。

③观测值读取：分班按组测定不同时间点的各个指标，准确记录数据。

五、实验步骤

测定前先画好记载表。测量仪器放置要远离加温设备。仪器安装好以后必须校正和预测一次，没问题后再进行正式测定。测定时必须按气象观测要求进行，如温度、湿度表一定要有防辐射罩，光照仪必须保持水平，不能与太阳光垂直（见图1-2），要防止水滴直接落到测量仪器上等。土壤中设10，15，20 cm等深度。测完后一定要校对数据，发现错误及时更正。

图1-2 设施内外水平观测点分布

六、实验结果

熟读教材、实验指导中的相关内容。明确实验内容和步骤。根据观测数据绘出设施内温度、湿度及二氧化碳的日变化曲线图。

七、实验分析讨论

（1）列表说明设施内土壤温度变化规律。

（2）分析实验结果，提出改进意见。

实验四　日光温室群的总体规划与设计

一、实验目的与意义

园艺设施与一般工业及民用建筑不同，须适宜作物的生长和发育，为了适宜作物的生育要求，结构上应保证白天能充分利用太阳光能，获得大量光和热；高温时应有通风换气等降温设备；夜间或天阴时有密闭度高、保温性能好的结构和设备；条件好的日光温室还应具有采暖设备。园艺作物对水肥需求量大，所以要求土壤肥沃，理化性状好，可以调节土壤水分，应用性能良好的排灌设备。为使园艺设施能发挥更好的效果，建造时首先要选择好的场地，并对建筑物进行合理布局，做好总体规划与设计，并对一些不良的条件进行改造，如设防风林或防风障排水沟等。严格调控环境，为获得高产优质无公害的产品，要不断地调控设施内的小气候，设施环境不仅要适合于作物生育，也应适合于劳动作业和保护劳动者的身体健康，如灌溉等管道配置不合理或立柱过多时，会影响耕地等作业。为了使设施内能充分透过太阳光，减少遮光、减少阴影遮光面积，强度上要求坚固，能抗风、抗雪、抗冰雹等自然灾害，设施屋面要求有一定坡度，保证充分采光和薄膜棚面的水滴能够顺畅留下、不积水，有利于保温帘被的揭盖。透明覆盖材料，要求透光率高，抗老化，不易附着水滴。设施建造成本不宜太高，园艺设施生产的产品是农产品，一般价格较低，所以要求尽量降低建筑费用和管理费用，提高经济效益。

实验运用所学理论知识，结合当地气候条件与生产条件，学习对具有一定规模的温室群设施园艺生产基地进行总体规划和布局；学会日光温室设计的方法和步骤，能够画出温室群总体规划布局平面图。

二、实验原理

园艺设施是轻体结构，使用年限一般为 10~15 年，应尽量选择日照好、向阳无遮阴的平坦地块。为了减少放热和风压对结构的影响，要选择避风的地带。为适合作物的生长发育，应选择土壤肥沃疏松、有机质含量高，水源丰富，方便灌溉，便于运输和建筑的地点，并且应该避免建在有污染源的下风向，以减少对薄膜的污染和积尘。农业产业化、规模化生产需要有一定规模的设施园艺生产基地，正确规划与设计温室群十分重要。本实验通过实地调查及运用课堂上所学的理论知识，使学生能够设计出优型结构的日光温室并对温室群进行总体规划。

三、实验仪器、装置、工具及主要材料

（1）设施。本地区有代表性的温室。

（2）皮尺、细绳、钢卷尺、比例尺、量角器、经纬仪、专用绘图用具和纸张。

四、实验方法

（1）在北纬 40° 的地区设计适合冬春季使用的温室若干栋，要求温室群的东西向至少有 4 列以上，南北向至少有 6 排以上，温室规格自定、园区总面积自定。

（2）根据园区面积，先进行总体规划，除考虑温室布局外，还要考虑道路、温室间距等。注意：

① 东西两列温室应留 3~4 m 的通道；

② 前后两栋温室的间距按公式计算；

$$温室前后间距（m）=（温室高+卷起的棉被高）\times 2+1$$

③ 东西向每隔 3~4 列温室设一条南北向的交通干道，南北每隔 10 排温室设一条东西向的交通干道，干道宽 5~8 m，以利于通行大型运输车辆。

（3）根据修建温室的场地及生产要求，利用所学的采光设计和保温设计方法，选择适宜的类型，并确定结构参数和规格尺寸。

（4）绘制日光温室田间总体规划示意图，图中要标明交通干道、温室前后间距、温室左右间距、南北朝向，并用文字说明主要内容。

五、实验要求

（1）图示要准确。

（2）说明要详细。

六、实验结果

（1）熟读教材、实验指导中相关内容。

（2）明确实验内容和步骤。

七、实验分析讨论

画出温室群总体规划布局平面图并进行说明。

实验五 地膜覆盖技术

一、实验目的与意义

地膜覆盖是塑料薄膜地膜覆盖的简称，系在栽培畦面，紧密覆盖一层极薄的农用塑料薄膜，为作物创造适宜的土壤环境的一种简易覆盖栽培技术。主要是为各种作物根系生长创造适宜的土壤环境条件，从而促进种子萌发，延长生育期，获得早熟丰产，现已成为我国现代农业中一种低成本、高效益、省工省力、节水节肥的先进农业新技术，并已得到普及和应用。

实验通过了解不同地膜的特性，根据不同特性选择地膜、覆膜方法和适宜的种植栽培方式，从而提高园艺作物的产量和品质。

二、实验原理

通常的地膜覆盖是指以聚乙烯为原料的农用塑料薄膜覆盖，实际生产中也有利用大棚温室等用过的聚氯乙烯等旧膜再利用覆盖，或利用具有透气性、透水性的长纤维无纺布覆盖的地膜等。分解性地膜可分为光分解膜和掺混淀粉的生物降解膜，分解膜没有普通塑料地膜产生的废弃物污染环境的问题，有机覆盖物包括传统的秸秆和新近研发的具有覆盖功能的长毛绒野豌豆等。依地膜颜色不同，通常分为无色透明、黑色、绿色、白色、银灰色或双色地膜，此外还有特制的除草膜、有孔膜、红外膜、杀菌膜等多种地膜。

地膜覆盖有调节土温、、防止土壤水土流失和保护土壤团粒结构、、防除杂草、防蚜虫、防病毒病、抑制土壤盐类积聚、促进着色等功能。覆盖增加土温的效果，因地膜的透光性和反射率而异。覆盖方式方面，北方旱作区常以平畦或高垄覆盖居多，南方多雨地区则以高畦覆盖为主，还有沟畦覆盖，当幼苗长高碰到地膜时，将地膜划成十字孔引出秧苗，并使顶面的地膜降至沟内土面。此外尚有地膜加小拱棚覆盖等多种形式。由于地膜覆盖后，土壤水分上移，理化性状与露地有较大区别，在水肥管理上也要特别注意。设施栽培条件下，通常要在施足积肥的基础上推广膜下滴灌供水供肥技术，另外整地做畦要精细，畦面要平整，盖膜紧贴土面，四周用土压紧，防漏风透气。用完的旧膜要及时进行清除处理，不使其污染环境。

实验首先了解地膜覆盖的规格和种类；进一步掌握地膜发挥增温和保墒效应；能根据种植的园艺植物和地膜用途的不同，选择适合的地膜类型、规格、厚度，并进行覆膜种植。

三、实验仪器、装置、工具及主要材料

（1）材料。透明地膜、黑色地膜。

（2）工具。锹、铲子、钢卷尺、种子、本地区的温室。

四、实验方法

地膜覆盖的方式根据种植方法、方式的不同分为以下几种。

（1）平畦覆盖：不用筑垄做沟，直接将地膜覆盖在整好的土壤表面，膜两侧边埋压在土床两侧的沟内，如图1-3所示。

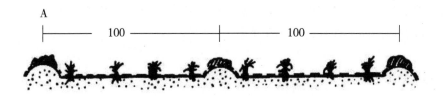

图1-3 平畦覆盖（单位：cm）

（2）高垄覆盖：增温快、保温较好，比平畦覆盖高1~2 ℃，方法简便。但增产效果不如高畦覆盖明显，如图1-4所示。

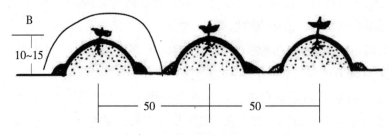

图1-4 高垄覆盖（单位：cm）

（3）高畦覆盖：保温、保湿效果好，增温快，增产显著，适于机械化作业。比平畦增温1~2℃。但灌水、施肥较难，渗水不充分，容易出现畦心干旱及中后期脱肥、作物早衰等问题，如图1-5所示。

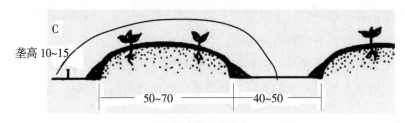

图1-5 高畦覆盖（单位：cm）

（4）沟畦覆盖：即"先盖天，后盖地"。把高畦中部开沟，沟底定植秧苗，覆膜。

当幼苗长至将触地膜时，把地膜割成十字孔将苗引出，使沟上膜落到沟内地面上，如图1-6所示。优点：前期提高地温，保温、防霜、避风，后期兼具地膜和小拱棚的双重作用。比普通高畦覆盖提早定植 5~10 天，早熟 1 周。缺点：操作比较费时费工。

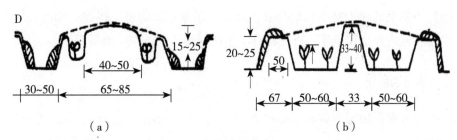

图 1-6 沟畦覆盖（单位：cm）

根据实际生产需要，选择适宜的畦型。播种栽种后，选择合适型号的地膜，进行地膜覆盖。

五、实验步骤

（1）深翻土床，施足底肥，浇足底水，并完成畦型的制作。

（2）完成先定植、后覆膜的训练任务。选择有孔膜、黑色地膜和透明地膜，完成露地栽培畦的覆膜任务，且覆膜质量高。

（3）完成实验后，写成完整的实验报告。

六、实验结果

画出栽培畦大小和覆膜方式，拍照记录栽培畦状况。

七、实验分析讨论

分析栽培畦优缺点。根据不同地膜覆盖下作物的生长状况，分析讨论不同地膜的特性和作用。

实验六 小拱棚的建造

一、实验目的与意义

小拱棚系塑料薄膜小拱棚的简称，俗称小棚。我国约 370 万公顷的设施栽培面积中，小拱棚约占 1/3，是全国各地普遍应用的简易保护地设施，其结构简单，体型较小，负载轻，取材方便，成本低，具有保温防风等功能。主要用于蔬菜瓜果的春提早、秋延后及防雨栽培。也可用于蔬菜花木等园艺作物的育苗，还可以用于脱春化处理，即对于春季种植低温春化感应型的萝卜、胡萝卜等蔬菜时，为消除低温感应而防止花芽分化。春季用小拱棚栽培时，白天小拱棚内的高温环境可以消除低温感应而脱春化，从而防止早期抽薹。

实验对小拱棚的建造特点和类型进行分析。了解不同类型小拱棚适用的栽培条件。学习小拱棚的建造方法和步骤，以便在日常生产和栽培实践中灵活运用。

二、实验原理

小拱棚一般多采用轻型材料，如细竹竿、毛竹片、荆条、直径 6~8 mm 的钢筋或专用塑料拱棚架等，弯曲成高 0.5~1 m 的拱圆形骨架，外部覆以聚乙烯或聚氯乙烯农膜。骨架按棚的宽度将两头插入地下 20~30 cm，拱杆间距为 50 cm 左右，小拱棚的跨度依照畦宽而定，一般为 1.5~2.5 m，长度为 10~20 m，依地形用途等而定。全部拱杆插完后，各个拱架用一道纵向拉杆作为横梁加以连接固定，使拱架形成一个隧道状的牢固整体。小拱棚的热源为阳光，所以棚内的温度随外界气温的变化而改变，由于小棚内的空间小、缓冲力弱，在没有外覆盖的条件下，温度变化剧烈，晴天时增温效果显著，阴雨天增温效果差。小拱棚覆盖薄膜后，因土壤蒸发、植物蒸腾，造成棚内高湿，一般棚内空气相对湿度可达到 70%~100%。棚内相对湿度的变化与棚内温度有关，当棚温升高时，相对湿度降低；当棚温降低时，则相对湿度增高；白天湿度低，夜间湿度高；晴天湿度低，阴天湿度高。小拱棚内的光照条件与薄膜的种类、新旧、有无水滴污染情况以及棚型结构等有较大的关系。并且不同部位的光亮分布也不同，小拱棚应注意防尘除尘、防滴水并最大限度地利用光照。

通过实验，学生根据需要计算出不同规格的小拱棚所需的材料，并学会架设小拱棚骨架和覆盖棚膜。

三、实验仪器、装置、工具及主要材料

细竹竿、毛竹片、荆条、铁丝、PE 薄膜、钢卷尺。

四、实验方法

根据地区环境条件，正确选择建造小拱棚的场地和方位。小拱棚搭建之前要做好相应的准备工作，尤其是对基础地面的处理。根据确定种植农作物的适宜生长环境要求，选择适合的处理做法。

提前画出小拱棚建造的规格和大小，按要求完成小拱棚的骨架搭建。先把整体长度和宽度测量出来，然后分成不同比例，分别找到搭建与安装的方位。根据之前测量好的

位置，在不同的点位上提前把预埋件固定好。接下来在两个相对应的预埋件之间，采取细竹竿和竹片的方式，以圆弧形进行连接。

按要求覆盖棚膜，安装压膜线。针对左右两边的土壤位置，采取挖坑的处理方法，然后将塑料薄膜覆盖。采光口的位置一般都是在侧方位上，不能在制高点，所以需要采取外开的形式，设定在 70~80 cm。既要采取外开的形式，还要考虑封闭的作用，尽量把开口的外面做得稍大一些，里面稍小一些。针对塑料薄膜的外层进行固定，不仅需要采用细绳在外面进行捆绑，也要在其表面上采用竹片压制的方法起到避风的作用。一般在捆绑时采取的捆绑方式是以之字形为主，既可以起到更好的固定作用，也能避免竹片脱落。

五、实验步骤

根据地区环境条件，正确选择建造小拱棚的场地和方位。进行基础地面的处理。
提前画出小拱棚的规格和大小，按要求完成小拱棚的骨架搭建。
按要求覆盖棚膜，安装压膜线；做好棚膜固定和通风通光口的处理。

六、实验结果

（1）明确实验内容和步骤。
（2）画出小拱棚模型图。

七、实验分析讨论

分析小拱棚建造的关键点和注意事项。

实验七　　电热温床的铺设

一、实验目的与意义

电热温床是利用电热线通电时由电能转换成热能所产生的热量进行加温。电热线育苗是按照不同作物、不同生育阶段对温度的需求，用电热线稳定地控制地温、培育壮苗的新技术。能取代传统的冷床育苗，配合塑料大棚，可进行人为控温，供热时间准确，地下温度分布均匀，不受自然环境条件制约，提高苗床利用率，节省人力、物力，改善作业条件，安全有效，能在较短的时间内育出大量合格幼苗，是蔬菜商品化育苗的一条新途径。通过本实验使学生掌握电热温床的设置方法及注意事项。

二、实验原理

铺设电热温床前，需要先根据计算公式和苗床面积计算出电热线根数、苗床内布线条数和布线平均间距。根据算得的数据进行电热温床的铺设。电热温床铺设时应注意，不得交叉、重叠或扎结，严禁成卷在空气中通电试验或使用。电热线在使用中应并联，不得随意接长或剪短使用，铺设时可中密边疏。布线行数为偶数，线的两头在苗床同侧。收电热线时不要强拉硬拔，以免损坏绝缘层，用后擦净晾干存放。

相关计算公式如下。

$$总功率 = 苗床总面积 \times 功率密度$$

功率密度：是指单位面积苗床需要的电热功率（W/m^2）。

$$电热线根数 = 总功率 \div 电热线的额定功率$$

电热线不能截断使用，故只能取整数。

$$苗床内布线条数 = （线长 - 床宽度）/ 苗床长度$$

为了方便接线，应使电热线两端的导线处在苗床的同一侧，故布线条数应取偶数。

$$布线平均间距 = 床宽度 /（苗床内布线条数 - 1）$$

布线平均间距一般 10 cm 左右，最低不小于 3 cm。

三、实验仪器、装置、工具及主要材料

（1）材料。控温仪，农用电热线（可选用 800 W、1000 W 及 1100 W 等规格），交流接触器（设置在控温仪及加热线之间，以保护控温仪，调控电流）配套的电线、开关、插座、插头和保险丝等。

（2）工具。钳子、螺丝刀、电笔、万用电表等电工工具。

四、实验方法

1. 布线

做深 10 cm 左右的苗床，平整床面，在其上部排布电热线。为隔热保温，下部可放置发泡板材或作物秸秆。按蔬菜作物育苗对温度的要求计算功率密度，一般为 80~100 W/cm²。两线的距离约 10 cm，苗床中部布线宜稀，边缘要密，铺设好后，上盖 10 cm 厚的营养土，既可灌水、播种或分苗，也可在上面摆放穴盘进行穴盘育苗。

2. 电热线与电源的连接

如果育苗量小，电热温床可用 1 根电热线，功率为 1000 W 或 1100 W，不超过温控仪负荷时，可直接与 220 V 电源离线连接，把温控仪串联在电路中即可；如果用 2 根电热线，电热线应并联，切不可串联，否则电阻加大，对升温不利；如用 3 根以上多组电

热线，温控仪及电热线间应加上交流接触器，使用三相四线制的星形连接法，电热线应并联，力求各项负荷均衡。

3. 控制温度

根据不同作物及育苗过程中不同生育阶段对低温的要求，调整土壤温度，达到最适状态，温度控制应注意以下几点：①黄瓜、番茄、辣椒、茄子的电热线，育苗过程中不采用恒温，要求进行变温管理，昼夜温度也要实行四段变温管理；②花芽分化期要保持较高的地温，夜间低气温 2~3 ℃，促进花芽分化；③电热线育苗浇水量要充足，要小水勤灌，控温不控水，否则会影响幼苗生长。

4. 注意事项

如果连接的电热线较多，电热温床的设计及安装最好由专业电工操作。电热线布线靠边缘要密，中间要稀，总量不变，使温床内温度均匀。用容器育苗，可先在电热线上撒一层稻壳或铺一层稻草，然后直接摆放育苗果或育苗盘。电热线不可重叠或交叉接触，不打死结。注意保护劳动工具，不要损伤电热线。拉头要用胶布包好，防止漏电伤人。电热线用后，要清除盖在上面的土，轻轻提出，插进泥土，卷好备用。控温仪及交流接触器应存放于通风干燥处。选择一天中棚内最低温度的时间加温，主要是夜间，充分利用自然光能增温保温。床上作业时要切断电源，注意人身安全。

五、实验步骤

（1）根据计算公式和苗床面积计算出电热线根数、苗床内布线条数和布线平均间距。

（2）进行电热温床的铺设，注意铺设的注意事项。

（3）写出实验报告，记载电热温床设置的过程，说明技术要点。

六、实验结果

（1）明确实验内容和步骤。

（2）画出电热线铺设图和温控仪及交流接触器的连接和位置。

七、实验分析讨论

分析铺设方位和方法，分析利弊。讨论如何进行电热温床育苗的温度管理。

第二部分　果树栽培实习实践

实习一　果树修剪

一、目的要求

通过本次实践，掌握果树生长季修剪的时期、基本方法和技术，并能够熟练地应用综合修剪措施，达到合理调整果树生长和结果的目的。

二、材料与用具

（一）材料

果树植株。

（二）用具

修枝剪、芽接刀、环剥刀、环剥器、塑料薄膜等。

三、实习步骤与方法

（一）蓝莓修剪的基本方法

1. 休眠期修剪方法

短截：剪除蓝莓一年生枝条的一部分，可以分为：轻截，剪除一年生枝条的 1/3 以下；中截，剪除一年生枝条的 1/2 左右；重截，剪除一年生枝条的 2/3 以上。

回缩：剪除蓝莓多年生枝的一部分。

疏枝：将蓝莓一年生或者多年生枝全部剪除。

长放：对一年生枝不修剪。

疏花芽：去掉蓝莓结果枝上的一部分花芽。

2. 生长季修剪方法

剪梢：剪除蓝莓新梢的一部分，分为轻剪、中剪和重剪 3 种，标准同短截。

摘心：仅仅剪除蓝莓新梢幼嫩的生长点。

疏枝：将蓝莓新梢全部剪除。

蓝莓修剪方法比较简单，以上几种方法就可以满足蓝莓不同时期修剪的需要，而其他果树所需要的拉枝、压枝、环剥、环刻、刻芽等修剪方法在蓝莓修剪上一般不需要使用。在生产实践中，有的种植者套用这些方法，不仅不能提高蓝莓的产量和品质，反而造成对蓝莓生长和结果的不良影响。

（二）幼树修剪的基本方法

蓝莓的树龄不同，其生长发育的特点也不同，一般蓝莓幼树生长旺盛，新梢抽生得也较长，全树的结果枝都以长果枝为主，幼树期一般指从定植到第三年。定植当年，建议去除苗木全部花芽，对萌芽率低的品种（例如蓝丰等），所有的一年生枝短截到 40~50 cm 处，对当年发出的新梢长度超过 40 cm 以上时，进行生长季修剪，剪梢保留 10 cm 左右，发出的二次枝可以继续剪梢，在辽东半岛一直可以处理到 7 月 10 日左右，后期形成的二次枝或者三次枝在 9 月 10 日前后没有停止生长时，进行摘心处理，只去除顶部生长点，以促进枝条成熟且增强越冬能力，同时可以促进花芽的形成。

对萌芽率高的品种（例如莱格西、北陆等），可以只去除一年生枝顶部花芽。由于这些品种萌芽率高，发生的新梢数量较多，而且长度也比较适中，一般不超过 50 cm，所以，新梢一般不做剪梢处理，但是，新萌发的基生枝达到 80 cm 以上时，可以摘心处理，其余的新梢在 9 月 10 日前后没有停止生长的可以摘心处理。

如果种植的苗木比较小，主枝数量少，高度在 40 cm 以下，建议不论什么品种都平茬，保留 3~5 个芽即可，重新培养主枝。定植当年修剪的中心任务就是恢复地上地下的平衡关系，尽快形成树冠，增加主枝和新梢的数量。

第二年，主枝数量基本可以达到 5~8 个，并形成了一定数量的结果枝，在休眠期修剪时，每株树的花芽量不超过 50 个，结果量不超过 0.5 kg。树体较小时或者树势容易衰弱的品种（例如都克），应将花芽全部去掉不结果，其余修剪方式同第一年。对距离地面不足 30 cm 的低位枝全部疏除。第二年修剪的主要任务仍然是尽快扩大树冠，增加结果枝数量。

第三年，每株树的结果数量控制在 0.5~1 kg，花芽数量控制在 50~100 个，其余修剪同第二年。第三年修剪的主要任务仍然是培养树冠，兼顾结果，在培养树冠和结果有矛盾的情况下，要优先保证培养树冠。

（三）成年树修剪的基本方法

从定植后的第四年起，一般认为蓝莓树已经达到成年阶段，进入成年以后，植株树冠比较高大，内堂易郁蔽。此时修剪主要是控制树高，改善光照条件。修剪以疏剪为主，疏除过密枝、斜生枝、细弱枝、病虫枝以及根系产生的分蘖，老枝回缩更新。生长势较开张树疏枝时去弱枝，留强枝，直立品种去中心干开天窗，并留中庸枝，三年生以上枝条遵循"6疏1"原则，从基部疏除。大的结果枝最佳的结果年龄为5~6年，超过此年限要回缩更新。弱小枝可采用抹花芽方法修剪，使其转壮。

在蓝莓成年树修剪上，生产上存在两个最主要的不正确修剪方法：①套用其他果树修剪的方法，对生长中庸或稍强壮的一年生枝条不正确短截，这样修剪的后果是疏掉了中庸或强壮枝条上的大部分或所有高质量花芽，剪口下萌发很多细弱的新梢，枝条紊乱，特别是在同一个平面上短截尤其严重，最终引起营养供应分散和通风透光不良。②新梢不正确摘心，特别是对所有生长中庸的新梢摘心，造成萌发很多细弱的枝条，不仅影响通风透光，而且分生枝条上花芽分化严重不良，影响果实品质和产量。这一时期休眠期修剪的步骤如下。

1. 单株蓝莓树花芽及结果枝剪留量的估算

成年蓝莓树修剪的主要任务是在保证营养生长的前提下达到一定的结果量，所以需要在修剪前，根据目标产量来确定每株蓝莓树应剪留的花芽数量，并根据当地不同品种花芽数/结果枝的数值，估算出每株树应剪留的结果枝数量。修剪时要求只保留长度在5 cm以上、直径在2.5 mm以上的结果枝，低于此标准的结果枝原则上要全部疏除。表2-1列出了不同蓝莓品种在丹东地区剪留花芽量、结果枝数量与单位面积产量的关系，不同地区可以根据此数据作为修剪参考。

表2-1 丹东地区蓝莓不同品种目标产量与剪留结果枝数/株关系

品种	目标产量/ （kg·亩$^{-1①}$）	单果重/g	花朵数 /花芽	花芽数/ 结果枝	坐果率/%	安全系数 /%	剪留结果 枝数/株	备注
蓝丰	750	1.6	8	3.5	80	20	76	每亩333株
都克	750	1.6	8	4.5	80	20	70	每亩333株
瑞卡	1500	1.4	8	5.5	85	20	103	每亩333株
北陆	1500	1.4	8	5	85	20	114	每亩333株

---

① "亩"是民间常用的非法定计量单位，1亩≈666.67平方米。为便于读者阅读和应用，本书中仍用"亩"。——编者注

2. 休眠期修剪

在按目标产量估算出每株树应该剪留的结果枝数量后，第一步先剪除距离地面不足 30 cm 的低位枝；第二步疏除过密的、细弱的、病虫的枝条和埋土防寒受到伤害的枝条，8 年以上的主枝逐年开始疏除；第三步对弱的主枝和枝组进行回缩；第四步对结果枝上过多的花芽进行疏除；第五步每年有计划地选留一个基生枝，为主枝更新做准备，对选留的基生枝根据品种进行处理，萌芽率低的一般在 40~50 cm 处短截，萌芽率高的品种可以长放到 80 cm。

对于树势衰弱的树，建议以回缩为主，以增强恢复树势，适当控制产量。

3. 生长季修剪

主要是剪梢、疏枝和摘心，基本要求同幼树期生长季修剪，但如果树势开始衰弱时，生长季修剪的强度要减小或者停止，以避免对树势和根系的削弱。

根据生产实践中的修剪经验，将北高丛蓝莓成年树修剪掌握的基本准则总结如下：

① 保持枝条和树体的生长势。

② 疏除所有病死枝、枯死枝、下垂枝和下部斜生枝条。

③ 基部萌发的强壮基生枝条选留 3~5 个，细弱的全部疏除。

④ 每 6 个 3 年生以上枝条要疏除 1 个。

⑤ 超过 5 年生以上枝条回缩到基部或者下部生长势较强的一二 年生枝条的位置。

（四）采后修剪

1. 修剪时间的确定

果实采收以后不要马上修剪，因为果实成熟消耗大量的养分，树体营养积累不够，修剪后新萌发枝条发育较差。一般是果实采收后 15 d 左右修剪，使树体积累足够的养分。

2. 修剪的原则

对 2~5 年生大枝条上生长健壮的新梢短截至 1/~22/3 的位置，对于生长中庸的大枝回缩到生长健壮的新梢位置，再对新梢进行短截；对于生长衰弱的大枝直接短截到该枝的 1/2 处；对于生长健壮的基生枝短截到 1/3~1/2 处。其余枝条全部疏除。

以露地修剪为例，主要原则为处理结果后的残留结果枝，对生长旺盛的新梢进行剪梢处理，处理基生枝。剪除衰弱枝、下位枝、过多的基生枝；结果后残留的结果枝要进行疏除；对超过 40 cm 的新梢进行适当短截，留 20~25 cm，如果枝条位置处于树体上部，可以采取重度短截，留 1~2 cm 枝条；对 30 cm 左右的新梢进行摘心，小于 20 cm 的新梢保留，生长一段时间以后做摘心或剪梢处理。

四、作业与思考

（1）蓝莓不同时期进行修剪的主要目的是什么？

（2）总结此次修剪操作的技术，写出实践报告。

实习二　果园施肥方法

一、目的要求

果园施肥不同于一年生作物，方法得当与否直接影响施肥效果。通过本实践操作，要求掌握果园施肥方法，并了解各种施肥方法的优缺点及各种肥料的特性和施用方法。

二、材料与用具

（一）材料

腐熟有机肥、化肥或复合肥，杂草或作物秸秆。

（二）用具

铁锹、镐、土篮、小推车或拖拉机等运输机械、喷雾器、水桶等。

三、实习步骤与方法

（一）土壤施肥

1. 全园施肥和树盘撒施

全园施肥也叫全园撒施，将肥料均匀地撒在地表面，然后翻入土中，深达 20 cm 左右。全园施肥适用于成龄果园或密植园，果园土壤各区域根系密度均较大，撒施可以使各部分根系都得到养分供应。全园施肥便于结合秋季深翻等用机械、畜力进行，劳动效率高。

幼龄果园不宜采用此法，容易造成肥料浪费。肥料较少时也不宜采用，难以发挥肥效。可以树盘撒施，将肥料撒在树盘内，结合翻树盘将肥料翻入土内。

2. 环状沟施肥

在树冠投影边缘稍外挖环状沟，沟宽 30~50 cm，深达根系集中分布层，一般 40 cm 左右即可。

环状沟施肥适用于根系分布范围较小的幼树。劳动力紧张或肥料短缺时，也可不挖完整的环状沟，而是挖间隔的几段月牙沟，月牙沟总长度达到圆周的一半，次年再挖其余一半。

3. 放射沟施肥

在树冠下，大树距树干 1 m、幼树距树干 0.5~0.8 m，向外挖 4~8 条放射沟，沟的规格为：近树干端深、宽各 20~30 cm，远离树干端深、宽各 30~40 cm。挖的过程中要注意保护大根不受伤害，粗度 1 cm 以下的根可适当短截，促发新根，使根系得到全方位的更新。将有机肥与表土混匀填入沟内，底土做埂或撒开风化。沟的位置每年轮换。

4. 条状施肥沟

在果树行间开沟，沟的位置在树冠投影边缘，宽 50~100 cm、深 40 cm 左右，达根系集中分布层。在沟底铺 20 cm 厚杂草或作物秸秆，将有机肥与表土混匀填入沟内，底土做梗或撒开风化。密植园树冠接近交接时可以隔行开沟施肥，次年轮换。条状沟施肥适用于成年果园，尤其适于密植园。

（二）根外喷肥

1. 叶面喷肥

将易溶于水的速效肥料配成一定浓度的溶液喷布到叶片上，通过叶片吸收。肥料通过叶面喷施进入叶片后可以直接参与有机物的合成，不用经过长距离运输，不受生长中心的限制，分布均匀，发挥肥效快，且不受土壤条件和根系功能的影响。

叶面喷肥前一定要先做小型试验，确认不发生药害时找出最大浓度再大面积喷施。叶面喷肥的浓度一般为 0.3% 左右，生长季前期宜低，后期略高。

叶面喷肥的最适温度为 18~25 ℃，相对湿度在 90% 左右为佳。喷布时间以 8：00~10：00（露水干后太阳尚不很热之前）或 16：00 以后为宜，以避免气温高，肥液很快浓缩，既影响吸收又易发生药害。阴雨天不要叶面喷肥，否则叶片吸收少、淋失多。

叶面喷肥时一定要喷布周到细致，做到淋洗式喷布。尤其叶背，气孔多，一定要喷到，以利于吸收。

叶面喷肥可以和喷药结合进行，但要仔细阅读说明书，注意混合后不要产生药害和降低药效。

2. 树干注射追肥

树干注射追肥主要应用于缺素症的矫正，特别是对微量元素缺乏症的矫治。特点是起效快，用肥量少，作用持久，且对环境的污染极轻。

将肥配成 0.3%~0.5% 的水溶液，在树干光滑处钻孔至树干中心，孔径在 5 mm 以下，用强力注射器将肥液注入树体，用量一般 200~500 mL。用小木塞将孔堵严。注射器的压力为 1MPa 左右时注射速度快、效果好。

3. 打干枝

植株萌芽前往枝条上喷布肥料溶液叫作打干枝，肥料可以通过枝条的皮孔等被吸收利用，并很快随萌芽、开花运送到叶、花中去。对于促进叶片转色、降低败育花比例、提高坐果率具有良好作用，尤其在核果类果树上应用效果显著。

打干枝时采用的浓度可以高些，一般 3%~5%，可以间隔 7 d 连续喷布 3~5 次。

四、作业与思考

（1）结合生产实际操作，分析各种施肥方法的优缺点，写出实践报告。
（2）生产实践中如何理解土壤施肥和根外追肥的关系？

实习三　设施覆盖材料的使用与管理

一、目的要求

掌握园艺设施覆盖材料的主要性能，学会设施覆盖材料的使用和科学管理，了解不同的覆盖材料对设施内环境条件的影响。

二、材料与工具

（一）材料

大棚或温室棚膜、压膜线、草帘、保温被、遮阳网、无纺布等。

（二）用具

细铁丝、钳子、铁锹、大缝针等。

三、实习步骤与方法

设施覆盖材料的种类很多，功能也不尽相同。就其主要功能而言，分为三类：第一类用于园艺设施采光，是一些透明覆盖材料，如玻璃、塑料板材和塑料薄膜；第二类用于外覆盖保温，主要是一些不透明的材料，如草帘、纸被、保温被等；第三类用于调节设施内光、温环境，主要是一些半透明或不透明的材料，如遮阳网、反光膜、薄型无纺布等。在选择覆盖材料时，要充分考虑符合设施园艺作物生长发育的要求。

（一）透明覆盖材料的使用与管理

1. 扣膜前的准备

首先是要清棚，将温室或大棚内地面上的枯枝败叶、杂草清扫出去；其次是要检修棚架，注意结构是否牢固，有无铁丝头等尖锐物体伸出架外，最好将铁丝绑接的地方用布条或草绳缠好，以免划破棚膜；最后根据温室或大棚的大小，将棚膜粘好，并准备好压膜线。

2. 扣膜

设施的扣膜要选择无风或微风的暖和天气进行。一般温室棚膜按上、下通风口的宽度把整个前坡薄膜分成 3 块（2 小 1 大）。大棚棚膜分成下部的围裙膜和整个骨架上部的一大块棚膜。扣膜时，一般先上围裙膜，把围裙膜下缘埋入土中，上缘卷上细竹竿用铁丝绑在温室或大棚的骨架上。也可烙出一条穿线筒，穿入细绳，紧固在大棚或温室两端。然后顺大棚或温室的延长方向把粘好的顶膜从棚的迎风方向顺风侧由下至上拉开（对于日光温室，将膜从下至上拉开），注意把薄膜拉紧、拉正、绷紧不出皱褶，顶膜两侧要搭在围裙膜外面，搭叠 30~40 cm。最后在两拱杆之间上压膜线，紧绷后绑在地锚上。对于管架大棚和温室，应在卡膜槽中上好卡簧。大棚两端棚膜拉紧后埋入土中，并留出门的位置。温室两侧的薄膜要卷上 3~5 根细竹竿，然后牢牢地钉在两侧的山墙上，温室顶部的一条薄膜固定在后坡上，前缘与中间大膜搭叠 20 cm 左右，以备通顶风。

3. 棚膜的日常管理

设施的透明覆盖物（塑料薄膜、玻璃、塑料板材等）主要作用是保证设施的采光，所以保证透明覆盖物的清洁是日常管理的主要内容。教师可组织学生用长把拖布清洗、擦拭透明覆盖物。

（二）外保温覆盖材料的使用与管理

在我国北方 9 月末至 10 月上旬前后，随着气温的逐渐下降，温室需要加盖防寒保温的外覆盖物。根据各地的具体条件，可以覆盖保温被、蒲席、草帘等。对于东北地区，为增强室内的保温效果，还需在蒲席、草帘下铺一层纸被，纸被由 4~6 张牛皮纸叠合而成，不仅增加了覆盖材料的厚度，而且弥补了蒲席或草帘的缝隙，大大减少了缝隙散热，可使室内气温提高 3~5 ℃。

上年用过的草帘、纸被、保温被在使用前要充分晾晒，挑出破损的、不能继续再使用的，破损较轻的可做些修补。选择在无风或微风天气加盖。安装自动卷帘机的温室，冬季雪多的地区，为了方便卷帘和清扫，可在纸被下、草帘上各铺一整条彩条布或旧棚膜。先铺下部的彩条布（或旧棚膜），然后铺纸被，纸被的覆盖方法可以根据当地的季候风向，如东北地区冬季以西北风为主，先铺温室最东面的一片，然后铺的第二片压在第一片上面，搭叠 5~10 cm，铺完纸被后由西至东呈"覆瓦式"，纸被上面草帘的铺盖方法与纸被相同，草帘上面铺彩条布，最后用大的缝针把上下彩条布与草帘、纸被搭叠处的下端缝起来，以便于卷帘。

（三）半透明覆盖材料的使用与管理

半透明覆盖材料主要用于调节设施内的光、温条件，所以在设施内应用较广泛且灵活。

无纺布是以聚酯为原料经熔融纺丝，堆积布网，热压黏合，最后干燥定型成棉布状的材料。根据纤维的长短，将其分为两种：长纤维无纺布和短纤维无纺布，应用于设施园艺的是长纤维类型。又根据每平方米的质量，将其分为薄型无纺布和厚型无纺布。一般薄型无纺布可以直接覆盖在蔬菜秧苗上，做浮面覆盖栽培，起到增温、防霜冻，促进蔬菜早熟、增产的作用；也常做温室内晚间的二层保温帘幕（白天拉开放置一边），可提高温室内的温度，又因其透气性好，不会增加空气湿度。厚型无纺布可作为园艺设施的外覆盖材料，但需要用防水性能好、强度大、耐候性强的材料包裹，才能延长其使用寿命，并提高防寒保温的效果。

遮阳网是以聚乙烯、聚丙烯和聚酰胺等为原料，经加工制作拉成扁丝，编织而成的一种网状材料。遮阳网的种类和规格较多，颜色有黑色、绿色、银灰色、银白色、黑与银灰色相间等几种，而且质地轻柔，便于铺卷。遮阳覆盖栽培方式一般有温室遮阳网覆盖、塑料大棚遮阳覆盖、中小拱棚遮阳覆盖、小平棚遮阳覆盖和遮阳浮面覆盖等，在温室和大棚中使用又分为外遮阳覆盖和内遮阳覆盖。

在使用中要注意，单层无纺布和遮阳网由于经常揭盖拉扯，较易损坏，同时要防止被铁丝等尖锐、粗糙的物体刮破，以延长其使用寿命。

四、作业与思考

（1）怎样从采光和保温角度，为设施覆盖材料的科学使用和管理提出意见和建议？

（2）在设施覆膜及覆盖外保温覆盖材料时，应注意的事项有哪些？

（3）举例说明无纺布、遮阳网等半透明覆盖材料在设施内的应用状况。

实习四　果树防寒

一、目的要求

有些果树抗寒能力较弱，冬季易发生冻害，生产实践中一定要切实做好树体防冻。冻害轻则冻坏花芽、削弱树势，影响产量；重则冻死枝干，使树体残缺不全，甚至毁园。而且冻害是引起腐烂病大发生的重要原因。通过本实习，使学生了解冻害发生的规律和危害特点，基本掌握果树冻害防御原理，掌握果树防寒技术。

二、材料与用具

（一）材料

不同年龄时期的果园、干草或其他作物秸秆、细麻绳、生石灰、动物油脂、石硫合剂原液、食盐等。

（二）用具

修枝剪、水桶、铁锹等。

三、实习步骤与方法

果树防寒的方法有很多种，生产实践中常用的如下。

（一）树干涂白

利用石灰液将树干涂白，可有效防止日烧，管理精细的园子，甚至连大枝也涂白，效果很好。

涂白剂的配方为：水∶生石灰∶动物油脂∶石硫合剂原液∶食盐重量比为：18∶6∶0.1∶1∶1。也可简单地将石灰和食盐加水混匀。

配制方法为：先用少量的水将生石灰溶化，将动物油脂加热熔化后倒入石灰水中，充分搅匀。再加入剩余的水，制成石灰乳，最后加入石硫合剂原液和食盐水，搅匀即可使用。

涂白在秋季果树落叶后即可进行，上冻前完成。若为防止大青叶蝉产卵，要在初霜前涂布。涂布时自上而下进行，要涂得均匀，尤其枝杈夹角处、伤口部位、树干基部更要仔细涂。

（二）树干绑草

入冬前对树干和大的枝杈用干草、作物秸秆等进行包裹，可以防止日光直接照射枝干，避免枝干温度骤变，可很好地防止枝干冻害。包草时一定要将根茎部位也包住，并在基部培土压风，防止"穿吊脚裤"，使根茎部位透风受冻；最好将主干和大的分杈处包严，避免大枝分杈处受冻。

（三）根茎部位培土

根茎部位培土主要在冬季气温不是特别低的地区应用，东北地区应用易发生抽条。培土的时期为初冬土壤冻结前，不宜过早，否则果树根茎进入休眠延迟，冬季遇低温容易发生冻害。培土高度为 30 cm 左右。东北地区应用根茎部位培土防寒时在春季土壤解冻时一定要及时撤除土堆，在树干西北侧做成月牙埂，以使根茎处土温尽快提高，可以防止抽条。

（四）修月牙埂

入冬前在植株的西北侧培一高 50 cm、长 1~1.5 m 的月牙形土埂，可有效提高根域地温，防止冻害。月牙埂离植株根茎处 30 cm 左右，要拍结实。

（五）葡萄埋土防寒

我国北方大部分地区露地葡萄必须埋土防寒。否则极易发生冻害，轻者萌芽率降低，萌芽不整齐；重则造成植株死亡。

埋土防寒在植株落叶休眠后土壤冻结前进行，首先要进行冬季修剪，彻底清扫园子，将枝蔓下架，在根茎处垫土，顺行向放倒并捆绑紧凑。盖上一层聚氯乙烯的彩条布，再盖一层玉米秸秆或其他作物秸秆、杂草等，厚度视地区和是否为嫁接苗而定。东北地区栽培"贝达"砧的嫁接苗，玉米秸秆 20 cm 厚即可，秸秆上覆土 20 cm 即可，自根苗盖秸秆 30 cm 厚，覆土 25~30 cm。植株至防寒垄台的两侧宽度不少于 50 cm，防止侧冻伤根。

四、作业与思考

（1）结合当地生产实际，谈谈果树冻害发生的规律和选择果树防寒技术的原则。
（2）生产实践中如何提高果树的综合抗寒能力？
（3）观察不同防寒措施下葡萄萌芽与开花结果的差异，写出实习报告。

实习五　果树种子的层积处理

一、目的要求

许多落叶果树种子在秋季成熟后处于休眠状态，需经过一定时间的层积处理，才能通过后熟，种胚开始萌动而发芽。本实习要求了解和掌握果树种子层积的处理方法。

二、材料与用具

（一）材料

一定数量的大粒种子和小粒种子、洁净的河沙。

（二）用具

铁锹、纤维网袋等。

三、实习步骤与方法

（一）层积处理时期

层积时期一般根据当地的播种时期以及砧木种子所需的层积日数等因素来确定。以毛桃为例，如果当地的播种时期在 4 月上旬，砧木种子所需的层积日数为 100~120 d，则开始层积处理的时期应在 12 月上旬。在满足砧木种子所需的最高层积日数（120 d）的前提下，生产中一般在当地土壤封冻之前进行"层积处理"。特别需要注意的是："怕干"的种子（如樱桃、板栗）应在采收后马上进行层积。

（二）浸种

将大粒种子放入大缸中，加清水淹没种子，浸泡 2~3 d，其间每天换水一次，小粒种子浸泡 24 h，使种子充分吸水。

（三）挖层积沟

在背阴、干燥处挖一条宽度 100 cm、深度 80 cm、长度依种子数量多少而定的层积沟。

（四）拌沙

将种子体积 5~10 倍（大粒种子）或 3~5 倍（小粒种子）的洁净河沙拌水。沙子的湿度以手握成团、一触即散为宜，随后将浸水后的种子与湿沙混合均匀。

（五）层积

在沟底铺 5~10 cm 厚的湿沙（湿度同前），再将混好沙子的大粒种子填入沟内，填至距地面 30 cm 左右时覆一层纤维袋，最后上面覆土并高出地表 30 cm 左右即可。小粒种子混沙后，装入适当大小的容器（如花盆、木箱）或纤维袋中，放入上述沙藏沟中。

第二年播种前经常检查种子的发芽情况，以便准确确定播种时期。小粒种子 60%~80% 的种子胚根突破种皮（露白尖）时为最佳播种时机，大粒种子的壳全部剥落时播种最好。如果临近播种期尚未达到上述标准，需要将种子与沙子一起放在背风向阳处，用塑料布覆盖保湿增温催芽，温度保持在 20 ℃左右，经常翻动，待达到上述发芽标准后进行播种。

四、作业与思考

（1）果树种子为何要进行层积处理？

（2）总结果树砧木种子层积的操作技术要点，写出实习报告。

实习六　果树苗木栽植

一、目的要求

通过本次实习，深刻理解果树栽植成活的基本原理，学会果树苗木栽植的具体方法和技术，掌握提高栽植成活率的关键。并且，能够熟练地综合应用各项技术措施，缩短幼树缓苗期，促进其健壮生长。

二、材料与用具

（一）材料

苹果、梨、桃、杏、李等一至二年生嫁接苗，有机肥、过磷酸钙、秸秆、尿素、生根粉。

（二）用具

修枝剪、镐、铁锹、定植板、开沟机、挖穴机等。

三、实习步骤与方法

（一）土壤改良

定植前应做好土壤改良。一般山地栽植，应首先做好水土保持工程，熟化土壤。沙地和盐碱地也应酌情进行改良。在土质条件太差的情况下，不要急于栽树，应提倡先改良土壤，营造防风林带，种植绿肥作物，提高土壤肥力。当土质转好以后再行栽植。

（二）定植穴（沟）的准备

定植穴的大小，依栽植密度、土壤厚度、坡度大小、地下水位高低和环境条件而定。一般平地可挖 0.8~1 m³ 的栽植穴，土层瘠薄的山地宜挖大穴。当株距等于或小于 2 m 时，最好开挖深度和宽度均为 1 m 的定植沟。开挖时间最好在夏季（秋栽）或秋季（春栽）。为保证苗木准确定植，可使用定植板。将中央凹口处对准定植点，在定植板两端凹口处插上木棒，然后取掉定植板，开挖定植穴。挖坑时，应将表土和心土分别放置。要求穴壁平直，不能挖成上大下小。如果下层土壤具有河卵石层或白干土层，必须全部取出置换好土。定植穴（沟）挖好后，应迅速回填。将秸秆、杂草或树叶等粗大有机物与表土分层压入坑内。为加速有机物分解和保持肥分的平衡，应在每层秸秆上撒施少量氮肥。回填时尽量将好土填至下层，每填一层踩踏一遍，填至离地表 25 cm 左右时，撒一层粪土，每株施优质腐熟农家肥 20~25 kg，并掺入过磷酸钙或饼肥 1~1.5 kg，与土壤混合均匀。回填完成后应及时灌水，使土壤沉实。

（三）苗木处理

应选择生长充实、根系完整健壮、枝干无伤害、芽体饱满、无病虫害的苗木。凡根系不完整，侧根和须根较少，根系或枝条失水，均会降低栽植成活率。假植的苗木应在栽植前 1 d 取出，将根系放入清水中浸泡 24 h，然后用 100 mg/L 生根粉溶液浸泡 1 h。生根粉应先用酒精或高度酒溶解。将苗木按大小和根系状况进行分级，对品种混杂或感染有根癌病、毛根病的苗木必须剔除。对苗木根系进行适当修剪，将病、枯根剪掉，断伤、劈裂根剪出新茬，以利根系的发生。

（四）栽植

将苗木按品种放在挖好的定植穴内，如果苗木多，不能在短期栽完，应挖浅沟将苗木根系埋起来。栽树时，先适当修整栽植坑，低处填起，高处铲平，深度保持 25 cm 左右。并将坑中间培成小丘状，栽植沟培成龟背形的小长垄。然后拉线或用定植板核对定植点。将苗木根系舒展开，一人扶直苗木，一人填土。如果栽植面积比较大，最好在小区四周设立标杆，并在两头有人照准，以确保栽后成行。填土时要先填混有有机肥料的表土，后填心土。待根系埋入一半时，轻轻提一下果苗，使根系自然舒展，并与土壤密接，边填土边踩实。苗木栽植后，嫁接部位要略高于地面，待灌水后，随土壤下沉，接口与地面持平即可。

定植矮化自根砧果苗时，为防止接穗生根，接口应高出地面 10 cm。定植矮化中间砧果苗时，以深栽为好（中间砧入土 1/2~2/3），但应采用"深栽浅埋，分批覆土"的办法。首先回填灌水后的栽植坑，深度保持 35 cm 左右，将苗木放入坑内，使中间砧 1/2~2/3 处与地面持平，然后填土栽苗，定植时土壤培至中间砧下接口处即可，踏实灌水，剩余部位暂不填土。进入 7 月份，结合田间松土除草，给坑内填充湿润细土 10~15 cm，相隔 25 d 左右再用湿润土将整个定植坑填平。

（五）灌水与覆膜

栽后要立即做畦（或树盘），及时灌水。待水渗下后，将地面整好，四周垫高，中间稍低，以便将来雨水流入根部。中间砧树只将坑内整平。然后，每株树以树干为中心，覆 1 m^2 地膜。将地膜中心捅一个小孔，从树干套下，平展地铺在树盘上，树干中央培拳头大小土堆，四周缝隙处用土压严。株距在 2 m 以下的密植园，可成行连株覆盖。

（六）苗干处理

根据不同果树的树形要求和苗木的质量进行定干，苗干上的剪口应及时涂漆保护。

为达到快速整形的目的，在一些预发枝部位可以采用目伤的方法，或用牙签挑取少许发枝素软膏涂在需发长枝的芽体上。然后用塑料筒或纸筒将苗干由上向下全部套住，下部开口处扎紧，用土培严，防止苗干失水和虫害。

（七）栽后管理

当新梢长至 3~5 cm 时，逐渐撕破塑料（纸）套，进行放风，待苗木基本适应外界气候后，将套完全去除。春季萌芽展叶后，应检成活情况，及时补栽。风大地区，要立支柱进行防护。生长期经常抹除根部发生的萌蘖及整形带以下的萌芽。生长季前期注意及时中耕除草，追肥浇水，防治病虫害，后期要适当控制幼树旺长，以利安全越冬。在生长季还应根据苗木生长状况和整形要求进行必要的夏季修剪。

四、作业与思考

（1）调查新植幼树生长情况，总结分析幼树生长与栽植质量的关系。

幼树生长情况调查表

株号	1	2	3	4	5
干周					
树高					
发枝数量					
枝条平均生长量					
枝条平均粗度					

（2）简述提高栽植成活率的技术要点。

实习七　苹果果实性状的鉴定

一、目的要求

学习苹果果实性状的鉴定方法，熟悉苹果育种材料果实性状的表现。

二、材料与用具

（一）材料

当地苹果主要品种，优变单株或杂种后代的果实。

（二）用具

天平、卡尺、手持折光仪、硬度计、小刀等。

三、实习说明

果实性状是评价育种材料和鉴别品种的主要依据。因此，在苹果育种工作中，对果实性状的鉴定是一项经常性的工作。苹果果实性状描述的内容如下。

（1）果形：近圆、扁圆、圆锥、圆柱、斜圆、短圆锥、卵圆、倒圆、椭圆和长椭圆。

（2）单果重：称 15~20 个果的平均重量。

（3）果实大小：测量 15~20 个果实的平均纵横径。

（4）果形指数：纵径 / 横径。

（5）底色：黄、黄绿、绿、绿黄、橙黄、淡黄、淡绿。

（6）彩色：全面着色、霞状（果面大部分着色）、晕（果面小部分着色）和条纹。条纹分为断续、连续条纹。颜色分为暗红、红、淡红、紫红。

（7）果皮：厚、薄、韧、脆、有无光泽。果粉和蜡质的有无。

（8）果点：显隐、大小、凸凹、晕有无、疏密。

（9）果梗：长（高于果肩）、中（等于果肩）、短（低于果肩）和粗、中、细。

（10）梗洼：浅、中、深，广、中、狭及果洼特征，波状、沟状、锈斑有无。

（11）萼片：开、半开、闭，直立、反转、水平，大、中、小。

（12）萼洼：浅、中、深，广、中、狭，平滑、皱褶、隆起。

（13）萼筒：长、中长、短，宽、中宽、狭，漏斗形、圆筒形、圆锥形。

（14）果肉颜色：白、浅黄、绿白、红色。

（15）果肉质地：致密、疏松，脆、绵。

（16）风味：甜、甜酸，香味、异味有无。

（17）果汁：多、中、少。

（18）种子：大、中、小，扁圆、圆形、细长而尖、尖、尖端不尖，充实、不充实，浅褐、褐、深褐色。

（19）硬度：硬度计测定。

（20）果心：大、中、小。将果实剖开，以心室尖端计算，分为大（超过横径 1/3）、中（相当于横径 1/3）、小（小于横径 1/3）。

（21）可溶性固形物：比例。

（22）成熟期：记载采收时期。

（23）贮藏期：天数。

（24）外观：

依据果实大小、形状和色泽分为四级：

① 果形大（200 g 以上），形状美观，色泽鲜艳美丽，记 5 分；

② 果实中大（125~200 g），形状美观，色泽艳丽或果实大，但形状和色泽有些缺点，记 4 分；

③ 果实中大，形状与色泽有某些缺点或果实较小（80~125 g），但形状与色泽艳丽，记 3 分；

④ 果实小（80 g 以下，小苹果除外）或果实较小，但形状与色泽又不美观，记 2 分。

（25）品质：

根据果实的肉质、口味和香味分为四级：

① 果肉致密，脆，酸甜适度，有香味，记 5 分；

② 果肉致密，而口味和香味有某些缺点，记 4 分；

③ 果肉较松软，但果汁较多，甜酸适合食用，记 3 分；

④ 果肉松软，发绵，果汁少，不适合食用，记 2 分。

四、实习步骤与方法

对苹果果实性状按上述标准逐项进行观察鉴定。

五、作业与思考

（1）填写苹果果实性状鉴定表。

苹果果实性状鉴定表

品种名称		
果实形状		
单果重 /g		
大小	纵径 /cm	
	横径 /cm	
果形指数		
色泽	底色	
	彩色	
果皮		
果点		
果梗		
梗洼		
萼片		

续表

萼洼		
萼筒		
果肉	颜色	
	肉质	
	风味	
	果汁	
种子		
硬度		
果心		
可溶性固形物		
成熟期		
贮藏期		
外观		
品质		

（2）描述2个以上苹果品种、优变单株或杂种后代的果实性状。

实习八　果树抗寒性的鉴定

一、目的要求

学习果树抗寒性鉴定方法，熟悉果树不同种质资源及其杂种后代抗寒性特点。

二、材料与用具

（一）材料

果树不同品种或其杂种后代的一年生枝。

（二）用具

电导率仪、水浴锅、三角瓶、卡尺、枝剪、乳胶手套和重蒸馏水等。

三、实习原理

植物细胞膜对维持细胞的微环境和正常的代谢起着重要的作用。在正常情况下，细胞膜对水分子、电解质具有选择透性能力。当植物受到逆境影响时，如高温或低温，干旱、盐渍、病原菌感染后，细胞膜遭到破坏，膜透性增大，从而使细胞内的电解质外渗，以致植物细胞浸提液的电导率增大。膜透性增大的程度与逆境胁迫强度有关，也与植物抗逆性强弱有关。这样，比较不同作物或同一作物不同品种在相同胁迫温度下膜透性的增大程度，即可比较作物间或品种间的抗逆性强弱。因此，电导法目前已成为植物抗性栽培、育种上鉴定植物抗逆性强弱的一种精确而实用的方法。

四、实习步骤与方法

1. 取材

在冬季不同低温下，从不同果树种、品种或杂种植株的外围中上部选择生长一致的 10~20 个一年生枝，用清水、蒸馏水先后冲洗晾干后备用。

2. 对照样品电导率测量

将对照枝条用修枝剪剪成大小相同的小块，然后用滤纸擦吸枝上的附水，放入试管中，加入去离子水 25 mL，浸泡 12 h 后，用电导仪测定初始导电值为 R_1。将试管放入 100 ℃ 的水浴锅中水浴 25 min，冷却后用电导仪测得终导电值为 R_2，无离子水的导电值为 K。由此可计算得出相对电导率为：相对电导率（%）=（初始导电值 R_1－无离子水导电值 K）/（终导电值 R_2－无离子水导电值 K）× 100%。注意在测完一个样品溶液后，要用蒸馏水和分析滤纸把电极冲洗擦干后再测另一个样品的溶液。

3. 处理样品电导率测量

将处理枝条用修枝剪剪成大小相同的小块，然后用滤纸擦吸枝上的附水，放入试管中，加入去离子水 25 mL，浸泡 12 h 后，用电导仪测定初始导电值为 R_1。将试管放入 100 ℃ 的水浴锅中水浴 25 min，冷却后用电导仪测得终导电值为 R_2，无离子水的导电值为 K。计算相对电导率为 R_t。记对照样品相对电导率为 R_{ck}。

按下列公式计算出不同品种或处理枝条的伤害度。

$$伤害度（\%）=（R_t - R_{ck}）/（1 - R_{ck}）× 100\%$$

五、作业与思考

（1）整理计算不同果树品种或处理的相对电导率及伤害度，比较检测样品的伤害度。

（2）设计试验比较不同果树品种的抗寒性。

实习九　果树嫁接技术

一、目的要求

熟练操作果树腹接、劈接、切接、插皮接等枝接的各种方法，T 形芽接和嵌芽接等芽接的各种方法及绿枝嫁接技术，并掌握枝接成活的关键环节，要求嫁接成活率达到80%以上。

二、材料与用具

（一）材料

根据当地情况准备嫁接的砧木苗，如山定子、海棠、毛桃、葡萄等，品种接穗。

（二）用具

嫁接刀、双面刀片、剪枝剪、塑料绑条、长方形浅筐、湿毛巾、粗细（浆）磨石等。

三、实习步骤与方法

（一）果树枝接

1. 枝接时期

常用的腹接、劈接和切接方法的嫁接时期一般为春季树液活动以后到树体开花之前；如果接穗不萌发，嫁接时期仍可错后，但嫁接时期越早越好；插皮接需要在树液活动且完全离皮后进行。

2. 准备工作

磨剪枝剪，先用粗磨石沿着刀片的弧面将剪刃磨薄、磨匀，随后用细（浆）石进行打磨，将剪刃打磨光滑（剪枝剪打磨完成后要保持原有刀片弧面的弧度）。

注意事项：① 只打磨刀片的弧面，不要打磨平面部分；② 最好不要将剪枝剪原有螺丝卸下；③ 剪钩部分不要进行打磨。

准备、贮藏接穗：在果树休眠期选择品种纯正、健壮的一年生枝条留作接穗，每50~100根捆扎一捆，系好标签，进行低温沙藏。

准备嫁接砧木：将生长健壮的1~2年生有关砧木留圃。

3. 嫁接方法

（1）腹接。先把接穗削成楔形，一面切口较长，长 3.5 cm 左右，嫁接时靠里侧；另一面切口较短，长 3.0 cm 左右，嫁接时靠外侧，接穗削口上部剪留2~3个芽。砧木一般在距地面 5 cm 左右处剪断，然后选一直顺面，沿砧木横剪口的一边向斜下方剪一剪口。剪口长度与接穗小切面等长或稍长，剪口下部不能超过砧木粗度（直径）的一半。插入接穗，将砧木和接穗的形成层对齐，且要将接穗大削面上部稍露出砧木横切口（露白）。最后将伤口用塑料条（宽 1.5~2.0 cm）绑紧、绑严。

（2）劈接。将接穗削成楔形，两个削面长度一致，为3~5 cm，接穗的外侧稍厚于内侧，削面一定要平直、光滑，接穗削口上部剪留2~3个芽。在砧木距地面5~8 cm处剪断，一定要保持横断面平滑。选一光面，用利刀从砧木正中央，沿光面纵切，切口长3~5 cm，将接穗插入。接穗厚面形成层与砧木光面形成层要对齐，接穗削面伤口要稍露出砧木横断面一点（0.3 cm左右）。用塑料条将伤口绑紧、绑严。

（3）切接。先将砧木于距离地面5~8 cm处剪断，断面要平滑，在断面的一侧下切3~5 cm。接穗削成两个削面，长削面3~5 cm，短削面1 cm左右，保留2~3个芽，将接穗插入砧木切口，长削面朝向砧木内侧，对齐形成层，使长削面稍露出砧木断面一点（露白），绑缚严紧。

（4）插皮接。又称皮下接。在砧木离皮条件下应用此法。先在距离地面5~8 cm处剪断砧木，断面要求平滑，用竹签在砧木光滑一面将砧木皮层插开；接穗削法与切接基本相同，只是短削面稍短一些，将长削面朝向砧木内侧插入接穗，露白，绑缚严紧。

4. 嫁接后的管理

嫁接后灌水，及时抹除砧木的萌蘖，嫁接30~40 d后，解除嫁接绑缚，以后需要注意及时中耕除草和防治病虫。

（二）果树芽接

1. 嫁接前的准备

磨嫁接刀，先用粗磨石将嫁接刀两面打磨均匀，将刀刃打磨锋利，然后用细（浆）石将刀刃磨光滑。注意在打磨过程中嫁接刀要经常蘸水，嫁接过程中如果嫁接刀不锋利时，只用细（浆）石打磨即可。将湿麻布平铺在浅筐内，选择若干粗细不同的接穗置于湿麻布上，将接穗盖好。

2. "T"字形芽接

选择与砧木粗度相当的接穗，首先削接芽，用嫁接刀从接穗芽的上方0.5 cm处横向环切一刀，深达木质部（即刀透皮层），然后从芽的下方1.5~2.0 cm处向上斜削一刀，与芽上横刀口相交，掰下芽片（不带木质）。然后，在砧木上选取一个易于操作的光滑部位（距地5 cm左右），切一"T"字形切口，再用刀尖将砧木皮向两边拨开，随即插入接芽。要求接芽上部横切口与砧木横切口对齐。最后，用塑料绑条将接口绑严、绑紧，将叶柄露在外面。如果接穗的芽呈离生状态（如梨），绑缚时要将接穗的芽体与叶柄一同留在外面。

3. 带木质嵌芽接

接芽的削法是，先在芽的下方，距芽0.5 cm左右向下成一定角度（30°左右）斜削一刀，深达接穗粗度（直径）的1/3左右，再从芽上1.5~2.0 cm向下斜削一刀，与芽下切口相接，取下一盾形带木质芽片。砧木的削法是，在距地5 cm左右处，选一光滑位置，削一个与接芽同样形状、稍长于芽片的切口。注意下部切口的斜角和深度与芽片基本一致。嵌入芽片，使芽片与砧木切口吻合或对齐一边形成层（皮层与木质部相交部位）。随后用塑料绑条将接口绑严、绑紧。在春季嫁接时，芽体一定要绑在外面，接后马上剪砧。夏秋季嫁接时可将芽体绑在里面，而接穗芽体离生的树种（如梨、樱桃）一定要将芽绑在外面。嵌芽接示意图如图 2-1 所示。

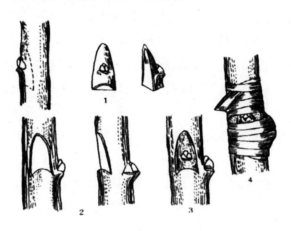

图 2-1　嵌芽接示意图

1—削接芽；2—削砧木接口；3—插入接芽；4—绑缚

（三）果树绿枝嫁接

1. 嫁接时间

接穗和砧木均达半木质化时即可开始嫁接。在北方地区，适宜的嫁接时间一般在 5 月中旬至 6 月下旬。

2. 采集接穗

要从品种纯正、生长健壮、无病虫害的母树上采集半木质化接穗。剪下的接穗要立即去掉叶片，保留 0.5 cm 左右的叶柄，同时去除顶端幼嫩部分和已萌发 0.5 cm 以上的夏芽副梢。采集的接穗用湿毛巾包裹，随采随用；如需要长途运输，途中要注意保持湿度和防止霉烂（可掺加适量冰块），尽量缩短运输时间，到达目的地后立即用清水冲洗接穗，用湿毛巾包裹后立即组织人力嫁接。为延长接穗寿命，可将接穗用湿毛巾包好后放入冰箱内，在 7~8 ℃条件下保存（可延长接穗寿命 1~2 d）。

3. 准备砧木

生长季较长的地区可以在当年采用覆膜加塑料拱棚的方法提早扦插或播种砧木苗，但在生长季较短的地区宜采用留圃砧木，最终目的是保证砧木苗粗壮，在嫁接前 3 d 灌一次透水。

4. 嫁接方法

嫁接采用单芽劈接的方法进行，操作步骤如下。

（1）剪截接穗。接穗的芽上剪留 2 cm，芽下剪留 5 cm，如此先将接穗断好，放入长方形浅筐内，用湿毛巾包好，随接随用。

（2）剪截砧木。将砧木留 2~4 片叶，约 15~20 cm。从最上一片叶上面 3~5 cm 处剪断或削断，力求伤口平滑。

（3）切削接穗。在接穗芽下 0.5 cm 左右处，从芽的两侧切削两个相对的斜面，长度 3~5 mm，两个斜面长度一致并要求平滑，呈双楔形。

（4）插穗、绑缚。在砧木切口中央，垂直向下切开一个长 3~5 cm 的切口，并迅速将接穗插入，对齐一面形成层，使上部露出 0.3 cm 左右（俗称"露白"），将接口连同接穗（包括其顶端剪口）用塑料条缠绕紧，只将接芽露在外面，将塑料绑条在回缠到接口处打一活结。

需要特别注意的是，整个操作过程速度一定要快。

5. 接后管理

嫁接后，随时去除砧木的萌蘖，以促进接芽萌发和生长。接后 10 d 检查嫁接成活情况，如果接穗此时仍保持鲜绿即为成活，未成活的要及时补接。当接芽萌发生长达 30 cm 以上时，要及时将其绑缚在竹竿或其他架材上，以防止折断；接后 30 d 左右，如果绑条绞缢接口，应立即松绑或解除绑缚。为保证嫁接苗健壮生长，应注意及时防治病虫害，并加强肥水管理和中耕除草。

四、作业与思考

（1）总结枝接"T"字形芽接、嵌芽接和葡萄绿枝嫁接的技术要点，写出实习报告。

（2）进行嫁接操作，统计本人嫁接株数及成活率，总结嫁接成活的关键环节，写出实习报告。

实习十　果园土壤管理

一、目的要求

果树是多年生植物，一旦定植就要在同一地点长期生长结果，对土壤养分及一些特殊离子的选择性吸收往往造成营养失衡；根系分泌也会显著影响根系环境。因此，对土壤进行科学管理，可以改善根系所处的环境，保持土壤肥力，保证植株健壮生长发育。

通过本实习，要求了解我国现行的果园土壤管理制度，掌握各种果园土壤管理制度的原理和具体操作方法。

二、材料与用具

（一）材料

作物秸秆、杂草等有机物料，尿素等氮肥或复合肥，牧草种子、绿肥种子或花生等矮秆豆科作物种子，地膜。

（二）用具

铁锹、镐、锄、耙、旋耕机等整地机械，小推车或拖拉机等运输机械。

三、实习步骤与方法

（一）土壤改良

1. 果园土壤的深翻熟化

（1）果园土壤深翻的时期。一般而言，一年四季均可深翻，但要考虑当地的气候条件，如温度、空气湿度、风、降水等，以及劳动力安排。各地区深翻都有习惯采用的时间，主要为春、夏、秋三季。春季深翻顶浆进行，此时土壤刚刚解冻，疏松易翻，但在春风大、空气干燥的地区不宜春翻。夏季深翻一般在根系前期生长高峰已过、雨季来临以前进行。秋季深翻一般在早中熟品种采收后结合秋施基肥进行，为最适宜的深翻季节。

（2）果园土壤深翻的方式方法。

①扩穴深翻：俗称放树窝子，即由定植穴向外深翻，3~4次将全园土壤深翻一遍。适用于幼树和劳动力较紧张的果园。

②隔行深翻：亦可隔株进行。即先在一个行间深翻，留一行不翻，两三年后再翻。梯田单行栽植的可隔株深翻。

③半趟移土法：适用于山地果园修筑梯田时采用。方法是把梯田内侧的土移到外侧或上面梯田外侧，加深外侧土壤厚度，深翻时仅在梯田内侧进行即可。

④全园深翻：将定植穴以外的土壤一次深翻完毕，适用于挖定植沟定植的密植园，用工量大。

在我国，深翻一般采用人工进行，幼龄树行间深翻和全园深翻的可以采用深耕犁，但易伤根过多。深翻沟要离树干1 m以外，以免伤大根。深翻时表土、心土要分开堆放，回填时先在沟地铺作物秸秆、杂草等有机物料，再把表土与有机肥等混合均匀填入沟内，心土撒开风化，易积水的地块在沟上起15 cm的垄。

深翻的深度一般要达到60~100 cm，土壤疏松、质地均匀的地块可浅些，深翻40~50 cm即可；底层为黏板层或半风化母岩的地块应保证100 cm以上，以最大限度加厚土层。地下水位较高的果园深翻时不应深于雨季地下水位的最上线。

每次深翻沟要与以前的沟或定植穴衔接，不得留下隔离带。深翻时要注意保护根系，暴露出的根要随时用土盖上，以免风干。粗度为 1 cm 以上的根尽量不要弄断；而粗度为 5~8 mm 的根可适当修剪，以促进根系更新。

2. 果园土壤的客土改良

主要为掺沙和压土，生产上一般采用压土法。

（1）山岭薄地压土增厚土层。山岭薄地压土增厚土层可以起到以土代肥的作用，尤其压含有某些矿物的半风化土肥效更好。

（2）沙滩地压土改良土壤结构。沙滩地土壤有机质含量低，保水保肥力差，压土应以较黏重土壤为好，结合增施有机肥可以显著提高土壤肥力。

（3）黏土地压粗沙土增加通透性。黏土地结合深翻施入粗大有机物料并掺入粗沙土，对于改善土壤水、肥、气、热条件具有良好作用。

果园压土一般在冬季进行，土壤风化、沉实时间较长，方便果园管理作业。压土前要先浅刨一遍，使新压的土和原土层融为一体，避免形成"上下两层皮"。

每次压土量为 300~400 t/hm^2，山丘地压土厚不宜超过 15 cm，平原地压土厚不宜超过 10 cm，否则影响根系呼吸。一次压土效果可以持续 3 年。

（二）果园地面覆盖

地面覆盖可以保水防旱，保持土温稳定，减少水土流失。草腐烂后可增加土壤有机质含量。用草要因地制宜、就地取材，各种作物秸秆、杂草均可利用。地面覆盖适用于山岭地、沙壤地，不适于黏土地。

覆草前先整好树盘，浇一遍水，将草均匀铺好，厚度 20 cm 左右。零星压些土或石块，防止被风刮走。若草未经腐熟，要追施一次速效氮肥，以补充前期微生物自身繁殖对氮肥的需求，避免引起土壤短期缺氮。

（三）果园地膜覆盖

覆膜一般在早春进行，先整平树盘，浇一次水，追施一次速效性肥料，喷除草剂，将地膜铺上，四周用土封严。

地膜可以沿行向覆盖，也可以只覆盖树盘，进入雨季将膜撤掉，次年重新覆盖。地膜覆盖适用于各种土壤。

（四）果园间作与生草

果园在幼龄期树冠没有交接时可以在行间间作其他作物，但树干周围 1 m 以内不得种植间作物，要给果树留出足够的生长空间。间作物的选择原则是矮秆、浅根、生育期短、需肥水较少且主要需肥水期与果树生长发育的关键时期错开，不与果树共有危险性病虫害或互为中间寄主。以绿肥作物最理想，其次为矮秆的豆科作物。不宜间作秋菜，以免引起果树贪青徒长和加重大青叶蝉为害。

生草也是间作的一种，为国外普遍采用的果园土壤管理方式。在我国适于贫瘠、土层深厚、易水土流失的园片，最好有灌溉条件，在草和果树生长关键时期要追肥。果园生草主要在行间、株间树盘外进行，以禾本科、豆科草为宜，可以条播，也可撒播，草长到 30 cm 以上即可刈割，割下的草覆在树盘，割后保留 10 cm。

四、作业与思考

（1）结合生产实践操作，分析山岭薄地果园如何为果树根系创造良好的生长发育条件？

（2）幼龄果园间作比较普遍，生产中如何解决间作与果树生长发育的矛盾？

第三部分　蔬菜栽培

实验一　蔬菜种类识别和分类

一、实验目的

认识各种蔬菜的主要外部形态及特征，了解各种蔬菜在植物学分类及农业生物学分类中的位置。

二、实验说明

（1）蔬菜种类很多，我国普遍栽培的就有五六十种，而每一种又有许多变种和品种，面对这些蔬菜种类，我们必须首先识别它们的形态特征，这是蔬菜栽培中最基本或者是最初步的要求，不能掌握它们的形态特征，甚至不能识别它们，就无从进行有意识的栽培管理。

（2）由于种类繁多，为了便于学习和研究，要进行分类，只有通过正确的分类，才能把品种繁多的蔬菜系统归纳，便于掌握它们的共同性及其间的差异，从而有利于栽培。因此观察学习这些蔬菜时必须知道它们的分类方法，常用的分类方法有三种，在实验中应知道每种蔬菜在分类中的位置及其食用价值。

①植物学上的分类：根据各种蔬菜的植物学特征，按科、属、种、变种来分类。这种分类方法的优点是可以明确科、属、种间在形态生理上的关系以及在遗传上系统发育上的亲缘关系。我国常见蔬菜可以包括在 20 多个科中。双子叶植物主要包括十字花科、豆科、茄科、葫芦科、伞行科和菊科。在单子叶植物中以百合科、禾本科为主。

②按食用器官分类：根据食用器官不同可以把蔬菜分为根菜类、茎菜类、叶菜类、花菜类、果菜类等五类。

③农业生物学上的分类：这种分类方法以蔬菜的农业生物学特性作为分类的根据，比较适合生产上的要求。分为根菜类、白菜类、绿叶菜类、葱蒜类、茄果类、瓜类、豆类、薯芋类、多年生蔬菜和芽苗菜等。

三、实验材料

田间的蔬菜植株、蔬菜标本、教学课件、新鲜的蔬菜产品等。

四、实验方法与步骤

（1）参观蔬菜标本圃、学校周边市场，对常见蔬菜进行观察并分类。

（2）观察实验室的蔬菜浸泡标本、塑封标本并对蔬菜进行分类。

（3）根据教学课件的内容进行观察、讨论。

五、问题讨论

（1）根据标本圃观察到的蔬菜标本内容把蔬菜整理分类填入表 3-1。

表 3-1　蔬菜分类表

蔬菜名称	植物学分类	农业生物学分类	食用器官分类

（2）仔细观察各种蔬菜的形态及特征，按植物学分类的方法，指出它们所属的科、属、种，并将拉丁名及形态主要特征填入表 3-2 内。

表 3-2　标本圃蔬菜记载表

蔬菜名称	植物学分类中的科	食用部分	茎		叶				花			果	
			直立或蔓生	有无变态	单叶或复叶	着生状态	形状	叶表特征	单生或花序	色泽	着生位置	属何种果	形状

实验二　蔬菜种子形态识别

一、实验目的

认识蔬菜种子的形态特征，并以此来区别蔬菜种类；对新陈蔬菜种子有初步的感性认识。

二、实验说明

（一）蔬菜种子的外部形态

种子的形态、大小、色泽、表面状况、气味等是识别种子的主要依据，同时和种子的质量、播种技术等也有密切关系。

1. 种子的形状

有球形、卵圆形、扁圆形、椭圆形、棱柱形、盾形、心脏形、肾形、披针形、纺锤形、舟形、不规则形等。

2. 种子的大小

一般把种子分成大粒、中粒、小粒三级。大粒如豆科、葫芦科等，中粒如茄科、藜科、百合科等，小粒如十字花科和伞形科等。种子大小的表示方法有以下 3 种：

①用种子的千粒重（克）表示；

②用 1 克种子含的粒数表示；

③用种子的长、宽、厚表示，为减少测量误差，可取 5~10 粒的平均值来表示。

3. 种子的色泽

指种皮或果皮色泽而言，有无光泽，有无斑纹，颜色纯净一致或杂色。

4. 种子的表面状况

主要是指种子表面是否光滑，是否有瘤状突起；有棱、皱纹、网纹以及其他附属物如茸毛、刺毛、蜡层等。种子边缘及种脐的正、歪，豆类种子外面有明显的脐、脐条、发芽孔及合点等。

5. 种子的气味

指种子有无芳香味或特殊的气味（如伞形科蔬菜种子）。

（二）蔬菜种子的内部结构

大多数蔬菜种子的结构包括种被和胚，有些种子还含有胚乳。

1. 种被

种被由果皮和种皮组成。种皮是种子外面的保护结构，真种子的种皮是由珠被形成的，属于果实的种子的"种皮"主要是由子房壁所形成的果皮。果皮由子房壁发育而来。种的皮分内外两层，外种皮由内而来，外种皮由外珠破发育而来。

2. 胚

胚是由卵细胞和精子结合发育而成的，是植物体的雏形，由胚根、胚轴、子叶和胚芽组成。胚的形态一般有以下 5 种。

（1）直立胚：胚根、胚轴、子叶和胚芽等与种子的纵轴平行，如菊科、葫芦科蔬菜；

（2）弯曲胚：胚弯曲成钩状，如豆科蔬菜；

（3）螺旋形胚：胚呈螺旋状，且其环不在一个平面内，如茄科、百合科蔬菜；

（4）环形胚：胚细长，沿种皮内层绕一周呈环形，胚根和胚芽几乎相接，如藜科蔬菜；

（5）折叠胚：子叶发达，折叠数层，充满种子内部，如十字花科蔬菜。

3. 胚乳

胚乳是种子贮藏营养物质的场所，如茄科、伞形科、百合科、藜科等蔬菜皆为有胚乳种子，而豆科、葫芦科、菊科、十字花科蔬菜在种子发育过程中其胚乳已为胚所吸收，养分贮藏于子叶中，成为无胚乳种子。

（三）新陈种子的对比

主要从种子的色泽和气味方面区别新、陈种子，一般新鲜种子色泽鲜艳光洁，而陈种子则色彩灰暗。另外，一般新鲜种子具香味，陈种子则具霉味。

（四）主要蔬菜种子的形态特征

1. 十字花科

本科蔬菜种子系弯生胚珠发育而成，其形状有扁球形、球形、椭圆形等，色泽有乳黄、红褐、深紫至黑色，种皮为网纹结构，无胚乳，胚为镰刀状，子叶呈肾形，每片子叶折叠，分布于胚芽两侧。

形态识别时，根据形态除萝卜外均为圆球形，可将萝卜与其他分开；从大小上可将芥菜与白菜、甘蓝、菜花分开；白菜、甘蓝与菜花可通过切片观察种子表皮结构区分。

（1）芸薹属：这类种子包括甘蓝类、大白菜、油菜类、芥菜类4种。种类繁多，形状相似，均为球形，单纯依靠肉眼用种子形态鉴定，一般难以区分到种或变种，可用种皮切片镜检、化学鉴定、物理鉴定，但最可靠的是盆栽或田间鉴定。

（2）萝卜属：种子较大，不规则形，有棱角，种皮为红褐或黄褐，种脐明显有沟。

2. 葫芦科

本科蔬菜种子系倒生胚珠发育而成，种子扁平，其形状有纺锤形、卵形、椭圆形和阔椭圆形等。色泽自纯白、淡黄、红褐至黑色，淡色或杂色。种子有边缘或无种翼。胚直形，无胚乳，子叶肥大，富含油脂。

（1）黄瓜属：灰黄或灰白色，纺锤形或披针形，无突起的边缘。

（2）冬瓜属：近倒卵形，种皮有疏松的皮质，且较厚。

（3）南瓜属：种子大，有边，扁卵形，白黄或灰黄。

3. 茄科

茄科蔬菜种子系弯生胚珠发育而成，种子扁平，形状自圆形至肾形不等，色泽自黄褐色至红褐色，种皮光滑或被绒毛，胚乳发达，胚埋在胚乳中间，卷曲成涡状，胚根突出种子边缘。

（1）番茄：种子扁平，肾形，种皮为红、黄、褐等色，并披有白色绒毛，因而种子常呈灰褐、黄褐、红褐等色。

（2）辣椒：种子扁平，较大，略呈方形，新鲜种子为浅黄色，有光泽，陈种子为黄褐色。种皮厚薄不均，具有强烈辣味。

（3）茄子：种子扁平，形状有圆形及卵形两种。圆形种脐部凹入甚深，多数属长茄，卵形种脐部凹入浅，多数属圆茄。种皮黄褐，有光泽。陈种子或采种不当时呈褐色或灰褐色。

4. 豆科

豆科蔬菜种子系由倒生胚珠发育而成，其形状有球形、卵形、肾形及短柱形，种皮颜色因品种而异，有纯白、乳黄、淡红、紫红、浅绿、深绿及墨绿等各种颜色，单色或杂色，有斑纹，无胚乳，胚直形或稍弯曲，有两枚肥大子叶，富含蛋白质和脂肪。种皮颜色是种子形态识别的主要特征。

（1）菜豆（矮生或蔓生）：肾形、卵形、圆形或筒形，有斑纹或颜色纯净一致。种脐短而多白色，种皮光滑，有光泽，种子有白、黑、褐、棕黄或红褐色。

（2）豇豆：形状同菜豆，唯种皮有皱纹，光泽暗。

（3）豌豆：圆球形，土黄或淡绿色，多皱或光滑，种脐椭圆，为白色或黑色。

（4）蚕豆：宽而扁平的椭圆形，微有凹凸。种子大，种脐黑色或与种皮同色，种皮青绿色或淡褐色。

（5）菜豆：扁平的宽肾形，白色、红色、紫色或具花纹。种脐位于一侧，椭圆、白色、无光，脐面突于种皮之上，种子中等大小。

（6）眉豆：椭圆形，种脐隆起，大且偏于一端，有种子黑色种脐白色和种子与种脐均为白色两种。

（7）豆薯：近长方形，但四角处圆滑，红褐色，有光泽。

5. 百合科

百合科蔬菜种子系由倒生胚珠发育而成。种子为球形、盾形或三角锥形，种皮黑色，平滑或有皱纹，单子叶，有胚乳，胚呈棒状或弯曲呈涡状，埋在胚乳中。

（1）韭菜、韭葱、洋葱及大葱：这4种均为葱属蔬菜。种子形状相似，均为黑色，一般不易分辨，需通过田间栽培试验加以区分。形态区别主要依据种子外形，表面皱纹的粗细、多少及排列，脐凹的深浅等特征。如根据外形可将韭菜与其他分开，根据表面皱纹多少与整齐度可区别洋葱与大葱。

（2）石刁柏：六分之一球形，种子黑色，较平滑，具光泽。

6. 伞形科

伞形科种子属双悬果，由两个单果组成。果实背面有肋状突起，称果棱，棱下有仙腺，各种伞形科种子都有特殊芳香油。每一单果含种子一粒，胚位于种子尖端，种子内胚乳发达，双悬果为椭圆体，黄褐色。

（1）芹菜：果实小，每一单果有白色的初生棱5条，棱上有白色种翼，次生棱4条，次生棱基部和种皮下排列着油腺。

（2）胡萝卜：双悬果为椭球形至卵形不等，果皮黄褐色或褐色，成熟后极易分离为二。每一单果有初生棱5条，棱上刺毛短或无，次生棱4条，上有1列白色软刺毛，邻近顶端之刺尖常为沟状，具油腺。

（3）香菜（芫荽）：双悬果为球形，成熟后双悬果不易分离，果皮棕色坚硬，有果棱20多条。

（4）茴香：果实较大，半长卵形（2个果实合成长卵形），果皮褐色，果棱12条。

（5）防风：果实扁平，周围有种翼，组成近圆形的单果，解剖单果可以发现种子扁平，匙形，种皮深黄色，不易剥离。

7. 藜科

（1）有刺菠菜：果实为单果，较大，近菱形或多边形，灰褐色，果实表面有刺，果皮硬。

（2）无刺菠菜：不规则形或球形，灰褐色，果皮硬。

（3）菜用根甜菜：聚合果，一般由3个果实结合成球状，表面多皱，灰褐色。

8. 菊科

下位瘦果，由二心皮的子房及花托形成，果皮坚韧，多数果实扁平，形状自梯形、纺锤形至披针形不等，果实表面有纵行果棱若干条，种皮膜质极薄，容易和果皮分离，直生胚珠，一般子叶肥厚，无胚乳。

（1）团叶生菜：银灰色，棱柱形。

（2）花叶生菜：短棱柱形，灰黄色，颜色不纯净，有环状冠毛1束，果实四周有纵行果棱14条，果实顶端有环状冠毛1束。

（3）莴笋：果实扁平，褐色，披针形，果实每面有纵行果棱9条，果棱间无斑纹。

（4）牛蒡：长扁卵形，略弯，正背面各有一条明显皱纹，褐色。果实每面有纵行果棱10条，果棱间有斑纹。

9. 苋科

苋菜种子为扁卵形至圆形，边缘有脊状突起，种皮黑色具强光泽。在解剖镜下观察，种皮上有不规则的斑点。有胚乳，胚弯曲成环状，中间及周围为胚乳所填充。

10. 番杏科

番杏种子近棱锥形，底面为菱形，其上四角隆起，灰褐色。

11. 落葵科

落葵种子壶状，种面具密浅纹，黑色，具硬壳。

12. 锦葵科

（1）黄秋葵：短肾形，黑色上披一层黄绿色附属物，残存着白色珠柄。

（2）冬寒菜：种子小，扁平的肾形，黄灰色，具平行浅纹 10 条。

13. 旋花科

蕹菜种子为四分之一球形，褐色，表面被白色茸毛，光泽暗。

14. 禾本科

甜玉米种子形状似普通玉米，但多皱褶，半透明。

三、实验材料与用具

各种蔬菜种子、放大镜、解剖镜、解剖针、镊子、刀片等。

四、实验方法与步骤

（1）种子外部形态观察。外部形态是鉴别蔬菜种类、判断种子质量的重要依据。种子的外部形态包括种子的形状、大小、颜色、沟、棱、毛刺、网纹、蜡质、突起物等表面特征。用肉眼或借助放大镜观察，将观察结果填到表 3-3。

表 3-3 蔬菜种子外部形态观察表

中文名	科名	形状	大小	表面特征	种子或果实	绘图

（2）取黄瓜、菜豆、番茄、菠菜、韭菜、白菜等吸胀的种子，用刀片纵向切开，观察种子的内部结构，观察结束后分别绘图说明各种种子的内部结构。

（3）比较任意两种蔬菜新种子与陈种子在色泽及气味上的区别，将结果填入表 3-4。

表 3-4　新、陈蔬菜种子的对比

项目	种子 1		种子 2	
	新	陈	新	陈
颜色				
光泽				
气味				

五、问题讨论

（1）整理记录结果，将观察到的种子外部形态填入表 3-3。

（2）绘图说明各种种子的内部结构。

（3）将任意两种蔬菜新种子与陈种子色泽及气味的区别填入表 3-4。

实验三　蔬菜种子品质测定

一、实验目的

掌握在实验室中测定蔬菜种子品质的一般方法。

二、实验原理

蔬菜种子质量的优劣最终表现为播种的出苗速度、整齐度、秧苗纯度和健壮程度等。种子的质量应在播种前确定，以确保播种、育苗顺利进行。种子质量的检验内容包括种子净度、千粒重、发芽势、发芽率和种子生活力等。

1. 种子净度

种子净度是指样品中除去杂质和其他植物种子等，留下的本作物（种）净种子质量占种子样品总质量的百分率。

2. 千粒重

千粒重是衡量蔬菜种子饱满度的指标，用自然干燥状态的 1000 粒种子的质量（g）表示。同一品种的蔬菜种子，千粒重越大，种子越饱满充实，播种质量越高。

3. 发芽势

发芽势指种子发芽初期（规定日期内）正常发芽种子数占供试种子的百分率。种子发芽势高，则表示种子活力强、发芽整齐、出苗一致，增产潜力大。种子发芽势的计算公式为：

$$种子发芽势（\%）=\frac{发芽试验初期（规定日期内）正常发芽种子粒数}{供试种子粒数}\times100\%$$

4. 发芽率

发芽率指在发芽试验终期（规定日期内）全部正常发芽种子数占供试种子数的百分率。种子发芽率的计算公式为：

$$发芽率（\%）=\frac{发芽试验终期（规定日期内）全部正常发芽种子粒数}{供试种子粒数}\times100\%$$

5. 种子生活力

种子生活力指种子能够迅速整齐发芽的潜在能力。一般通过测定种子发芽率、发芽势等指标了解种子是否具有生活力或生活力的强弱。另外，还可以使用四唑（TTC）染色法测定种子生活力。

三、实验材料与用具

发芽箱、烧杯、恒温箱、培养皿、温度计、天平、滤纸、剪刀等，喜凉和喜温性蔬菜种子各 2~3 种。

四、实验步骤

1. 种子净度

把每种种子分为两份，并分别称出质量，清除其他植物种子、混质后再称重，计算种子的净度。

2. 种子重

把去杂的种子平铺在桌面上，呈四方形。按对角线取样，取出其中的两份混合，再如此下去，直到种子只有千粒左右时，数出 1000 粒，进行称重。

3. 发芽率及发芽势

取上述纯净的种子，每 50（大粒）~100 粒（小粒）种子为 1 份，每种蔬菜 2~3 份，置于垫有湿润吸湿纸的培养皿中，喜凉蔬菜在 20 ℃下培养，喜温蔬菜在 25 ℃下培养。从第二天开始每天记载发芽种子的粒数，直到发芽终止。要注意每天早晚各投洗种子一次，补充水分。根据测定结果计算发芽率和发芽势。

4. 种子生活力

随机取 2 份吸水膨胀的种子，大粒种子每份取 50 粒，小粒种子每份取 100 粒，把种子去皮，然后沿种胚中央切开，取一半放入浓度为 0.5%~1% 的 TTC 中，置于 35~40 ℃的恒温箱中染色 40 min。取出种子反复冲洗，观察染色情况，统计胚部呈红色、浅红色、未染色的种子数。染成红色的种子生活力强，浅红色的种子生活力弱，但能发芽，未染色的种子为死种子。

五、问题讨论

（1）记录种子的千粒重、发芽率、发芽势，并说明种子发芽过程中的注意事项。

（2）根据所取蔬菜种子各项品质指标的测定结果，评价种子的品质和使用价值。

实验四　蔬菜种子浸种和催芽

一、实验目的

掌握蔬菜种子的浸种、催芽方法。

二、实验原理

（一）浸种

浸种是在适宜水温和充足水量条件下，促使种子在短时间内吸足发芽所需水量的主要措施。水温和时间是浸种的重要条件。

（1）普通浸种。水温为室温（25~30 ℃），浸种时间依不同种类蔬菜的吸水快慢而定，此种浸种法对种子只起供水作用，无灭菌和促进种子吸水作用，适用于种皮薄、吸水快的种子，如甘蓝、花椰菜等

（2）温汤浸种。将种子投入到50~55 ℃的热水中，保持恒温 15~20 min，其间不断搅拌，然后自然冷却，转入一般普通浸种，浸种时间依蔬菜种类而异。由于 55 ℃是大多数病原菌的致死温度，10 min 是在致死温度下的致死时间，因此，温汤浸种对种子具有灭菌作用。适用于种皮较薄、吸水较快的种子。

（3）热水烫种。热水烫种的水温为 70~80 ℃，将充分干燥的种子投入到热水中，然后用两个容器来回倾倒搅动，直至水温降至室温，转入普通浸种。 热水烫种有利于提高种皮透性，加速种子吸水，兼起到灭菌消毒的作用。适用于一些种皮坚硬、革质或附有蜡质、吸水困难的种子，如西瓜、丝瓜、苦瓜、蛇瓜等种子。种皮薄的种子不宜采用此法，避免烫伤种胚。

浸种前应将种子充分淘洗干净，除去果肉物质和种皮上的黏液，以利于种子迅速充分地吸水。浸种水量以种子量的 5~6 倍为宜，浸种过程中要保持水质清新，可在中间换水 1 次。

（二）催芽

催芽是将吸水膨胀的种子置于适宜温度条件下促使种子较迅速而整齐一致萌发的措

施。

　　具体方法是将已经吸足水的种子用保水透气的材料（如湿纱布、毛巾等）包好，种子包呈松散状态，置于室温条件下。催芽期间，一般每 4~5 h 松动种子包 1 次，以保证种子萌动期间有充足的氧气供给。每天用清水洗 1~2 次，除去黏液、呼吸热及补充水分。也可将吸足水的种子和湿沙按 1∶1 混拌催芽。催芽期间要用温度计随时监测温度。

三、实验材料、仪器及用具

　　（1）材料：菜豆、黄瓜、番茄、甘蓝种子。
　　（2）仪器及用具：发芽箱、烧杯、恒温箱、培养皿、温度计、天平、滤纸、剪刀等。

四、实验步骤

1. 浸种时间与种子发芽关系

　　以小组为单位，每小组取 6 套培养皿，把滤纸按培养皿的大小剪裁好，浸湿后放入培养皿中。擦干种子表面的浮水，分别取已浸泡 2 h 的菜豆、黄瓜种子各 50 粒，已浸泡 6 h 的菜豆、黄瓜种子各 50 粒，已浸泡 10 h 的菜豆、黄瓜种子各 50 粒，将各组种子摆放在垫有湿润滤纸的培养皿中，盖上培养皿盖，用记号笔做好标记，送到温度为 30 ℃恒温箱中催芽。

2. 催芽温度与种子发芽的关系

　　每组分别数已浸泡 6 h 的番茄种子和浸泡 3 h 的甘蓝种子各 3 份样本，每份 50 粒，擦干浮水，分别摆放在 6 个垫好滤纸的培养皿中，盖上培养皿盖，贴上标签，分别放在 20 ℃、25 ℃、35 ℃恒温条件下催芽。

　　上述两个操作，一天后数发芽种子粒数，每天数一次，直至不发芽为止。催芽过程中每天要投洗种子，补充种子发芽所需水分。

五、问题讨论

　　根据记录的数据说明浸种时间和催芽温度对种子发芽的影响。

实验五　蔬菜植物体内硝态氮含量测定

一、实验目的

　　学习蔬菜植株体内硝态氮含量的测定方法，以便了解蔬菜植株体内的硝态氮含量，为合理施肥提供依据。

二、实验原理

植物体内硝态氮含量可以反映土壤氮素供应情况，常作为施肥指标。另外，蔬菜类作物特别是叶菜和根菜中常含有大量硝酸盐，在烹调和腌制过程中可转化为亚硝酸盐而危害健康。因此，硝酸盐含量又成为蔬菜及其加工品的重要品质指标。测定植物体内的硝态氮含量，不仅能够反映出植物的氮素营养状况，而且对鉴定蔬菜及其加工品质也有重要的意义。

传统的硝酸盐测定方法是采用适当的还原剂先将硝酸盐还原为亚硝酸盐，再用对氨基苯磺酸与 α – 萘胺法测定亚硝酸盐含量。此法由于影响还原的条件不易掌握，难以得出稳定的结果，而水杨酸法则十分稳定可靠，是测定硝酸盐含量的理想选择。

在浓酸条件下，NO_3^- 与水杨酸反应，生成硝基水杨酸。其反应式如下：

生成的硝基水杨酸在碱性条件下（pH>12）呈黄色，最大吸收峰的波长为 410 nm，在一定范围内，其颜色的深浅与含量成正比，可直接比色测定。

三、实验材料、仪器及用具

（1）材料：蔬菜植物叶片。

（2）仪器与用具：分光光度计；天平（灵敏度 0.1 mg）；20 mL 刻度试管；移液管 0.1 mL、0.5 mL、5 mL、10 mL 各 1 支；50 mL 容量瓶；小漏斗（φ5 cm）3 个；玻璃棒；洗耳球；电炉；铝锅；玻璃泡；7 cm 定量滤纸若干。

四、实验步骤

（一）实验试剂的配制

（1）500 mg/L 硝态氮标准溶液。精确称取烘至恒重的 KNO_3 0.7221 g 溶于蒸馏水中，定容至 200 mL。

（2）5% 水杨酸 – 硫酸溶液。称取 5 g 水杨酸溶于 100 mL 相对密度为 1.84 的浓硫酸中，搅拌溶解后贮存在棕色瓶中，可在冰箱中存放 1 周。

（3）8% 氢氧化钠溶液。80 g 氢氧化钠溶于 1 L 蒸馏水中即可。

（二）标准曲线的制作

（1）吸取 500 mg/L 硝态氮标准溶液 1，2，3，4，6，8，10，12 mL 分别放入 50 mL 容量瓶中，用无离子水定容至刻度，使之成浓度为 10，20，30，40，60，80，100，120 mg/L 的系列标准溶液。

（2）吸取上述系列标准溶液 0.1 mL，分别放入刻度试管中，以 0.1 mL 蒸馏水代替标准溶液作空白。再分别加入 0.4 mL 5% 水杨酸 – 硫酸溶液，摇匀，在室温下放置 20 min 后，再加入 8% NaOH 溶液 9.5 mL，摇匀冷却至室温。显色液总体积为 10 mL。

（3）绘制标准曲线：以空白作参比，在 410 nm 波长下测定光密度。以硝态氮浓度为横坐标，光密度为纵坐标，绘制标准曲线。

（三）样品中硝酸盐的测定

（1）样品液的制备。取一定量的植物材料剪碎混匀，用天平精确称取材料 2 g 左右，重复 3 次，分别放入 3 支刻度试管中，各加入 10 mL 无离子水，用玻璃泡封口，置入沸水浴中提取 30 min。到时间后取出，用自来水冷却，将提取液过滤到 25 mL 容量瓶中，并反复冲洗残渣，最后定容至刻度。

（2）样品液的测定。吸取样品液 0.1 mL 分别放入 3 支刻度试管中，然后加入 5% 水杨酸 – 硫酸溶液 0.4 mL，混匀后置室温下 20 min，再慢慢加入 9.5 mL 8%NaOH 溶液，待冷却至室温后，以空白作参比，在 410 nm 波长下测其光密度。在标准曲线上查得浓度，再用以下公式计算其含量。

$$\text{NO}_3^- \text{ 中的 N 含量} = \frac{C \times V_t}{W \times V_s}$$

式中，C——标准曲线上查得或回归方程计算得 NO_3^- 中的 N 含量（μg）；

$\quad\quad V$——提取样品液总量（mL）；

$\quad\quad W$——样品鲜重（g）。

$\quad\quad V_s$——测定用样品液体积（mL）。

五、问题讨论

根据计算结果分析所测定植株体内的硝态氮含量是否符合绿色蔬菜的要求。

实验六　蔬菜基地规划和栽培制度设计

一、实验目的

学习自给性蔬菜基地的规划和栽培制度设计的方法。

二、实验说明

调查学校食堂每月蔬菜需求，总结出每月习惯消耗的品种及数量要求，采取"反算倒安排"的方法，推算各播种季节（即季节茬口）应安排的蔬菜种类及其栽培面积，然后落实到菜田的土地茬口中去，进行各类蔬菜的茬口安排。在茬口安排中，应注意设施和露地的配合利用，育苗地和生产地的合理安排，充分利用轮作，间、混、套作，可按茬口设若干轮作区，分区实施。

三、实验步骤

假设蔬菜专业合作社所在地因高校在校学生人数迅速增长，为满足新增人口的蔬菜需求，在蔬菜专业合作社所在区域内集中连片新发展蔬菜基地 100 亩。

（1）根据以上条件设计一个该基地的规划，规划应包括主要配套设施的规划布局。要求将基地建设的总费用控制在 100 万元以内。

（2）根据以上条件设计一个该基地蔬菜种植计划和茬口安排计划，要求能满足新增人口每人每天不少于 0.5 kg 蔬菜，每月供应的主要蔬菜种类不少于 3~4 种。

四、问题讨论

（1）设计 100 亩蔬菜基地的茬口安排计划及田间区划排列图。
（2）根据这一设计，列出每月蔬菜面积单产、总产、上市期、上市量概况表。

实习一　蔬菜定植前的准备

一、实习目的

了解蔬菜定植前的准备工作，学会清洁田园、整地的方法。

二、材料与用具

地膜、膨化有机肥、化学肥料、铁锹、镐头、小型旋耕机等。

三、步骤与方法

（一）清洁田园

清除栽培地块的杂草、石块、上茬栽培作物的残根、残留薄膜等。

（二）整地

整地的目的是为蔬菜植物创造适宜的土壤环境，为栽培蔬菜高产优质奠定基础。整地主要包括平整土地、耕地和耙地等。

平整土地：在蔬菜定植前对高低不平的地块进行平整，可根据地块面积的大小和地块的不平程度使用相应的用具或机械。

翻地：耕翻土地分为机械耕翻、牲畜耕翻和人力耕翻。

耕翻深度因土壤质地不同和种植作物不同而异，一般耕深 25~30 cm。遵循"熟土在上，生土在下，不乱土层"的原则。

（三）作畦

整地之后，将有机肥全园撒施，并根据栽培植物的种类和栽培方式进行作畦。作畦后将化学肥料条施在畦内。

（1）平畦。地面平整后，按照一定距离在地面上筑起平行的小畦梗，整平畦面，畦面宽度依要栽植的作物的种类、行数和灌溉方式而定。

（2）高畦。地面平整后，按照一定距离在地面上挖平行的排水沟，并整平沟间的畦面，畦沟既是排水沟，也是田间作业小通道。南方采用高畦时畦面宽 180~200 cm，沟深 23~26 cm；北方采用高畦时畦面宽 60~120 cm，高度不超过 15 cm。

（3）垄。垄是一种顶部呈圆弧形的窄高畦。一般垄底宽 30~60 cm，垄高 15~30 cm，垄间距离根据蔬菜种植的行距而定。垄上土壤疏松，特别适合于肉质直根和薯芋类蔬菜，但作垄比较费工费时。

（4）覆盖地膜。高垄高畦作好后，为保墒增温应尽快覆盖地膜。覆盖地膜可以使用机械覆膜，也可以人工覆盖地膜。人工覆盖地膜时，先将高垄或高畦两侧开出压膜沟，三个人一组，一人在前张膜，二人分别在两侧边用手拉紧膜边压土固定，力求达到紧、严、平的标准。露地栽培覆盖地膜，应选择无风天气进行，若有小风，应从上风头向下风头操作，切勿逆风操作。覆膜后避免被风吹起，可在高畦背面按一边间隔压些湿土。

四、思考题

根据平畦、高畦、垄的特点，在北方干旱地区进行蔬菜栽培时应选择其中哪种方式，并分析原因。

实习二　蔬菜定植

一、实习目的

掌握主要蔬菜的定植方法，能进行蔬菜定植。

二、材料与用具

蔬菜幼苗、打孔器、定植铲等。

三、步骤与方法

1.定植时期

确定秧苗定植时期要考虑当地的气候条件、蔬菜种类和栽培目的等。对于一些耐寒和半耐寒的蔬菜种类，在北方地区，多在春季土壤化冻后，10 cm 土温在 5~10 ℃时定植。对于喜温性果菜类，温度是重要条件之一，一般要求日最低气温稳定在 5 ℃以上，10 cm 土温应稳定在 10 ℃以上。果菜类抢早定植，安全定植指标是 10 cm 土温不低于10~15 ℃，并且不受晚霜的危害。在安全的前提下，提早定植是争取早熟高产的重要环节。

北方春季应选无风的晴天定植，最好定植后有 2~3 d 的晴天，以借助较高的气温和土温促进缓苗。南方定植温度多较高，宜选无风阴天或傍晚，以避免烈日暴晒。

2.定植方法

（1）明水定植。整地作畦后，按要求的行距、株距开定植沟（穴）栽苗，栽完苗后按畦或地块统一浇水。此法浇水量大，地温降低明显，适于高温季节。

（2）暗水定植。按株行距开沟或挖穴，在沟（穴）灌水，水渗下后按株距将苗放入沟（穴）内，待水全部渗下后覆土封沟（穴）。此法用水量小，地温下降幅度小，表土不板结，透气性好、利于缓苗，但较费工。

定植深度一般应比原苗床稍深些，但栽苗的深浅要考虑到作物根系的深浅、强弱、栽培季节和方式等，例如黄瓜根系浅、需氧量高，定植宜浅。茄子根系较深、较耐低氧，定植宜深。番茄可栽至第一片真叶下，对于番茄等的徒长苗还可深栽，以促进茎上不定根的发生。大白菜根系浅、茎短缩，深栽易烂心。北方春季定植不宜过深，潮湿地区定植不宜过深。

四、思考题

根据所采用的定植方法分析明水定植法和暗水定植法的优缺点。

实习三　蔬菜的植株调整

一、实习目的

掌握几种主要蔬菜的分枝习性及常用整枝技术。

二、材料与用具

细木杆或竹竿、塑料绳或尼龙绳、小刀、剪子，适龄的番茄、茄子、黄瓜、甜瓜、菜豆、辣椒等蔬菜植株，植物生长激素等。

三、步骤与方法

植株调整是通过农艺物理调节和化学调节手段来调节植株的生长、发育和结果，促进产品器官形成。农艺物理调节整枝、打杈、摘心、摘叶、支架、绑蔓、疏花疏果、压蔓等措施调整蔬菜植株茎（蔓）、叶、花、果的时空分布和群体结构。化学调节是用化学药剂来调整蔬菜植株茎（蔓）、叶、花、果的生长。

（1）整枝、打杈。番茄整枝方式有多种，常用的有单干整枝、双干整枝；茄子整枝一般将"门茄"以下的侧枝全部摘除，"门茄"以上的侧枝，露地栽培一般保留"四母斗"四干整枝的 4 个侧枝，设施栽培通常留"四母斗" 2 个向上的侧枝，形成 V 形株型；黄瓜根据生长势的不同采用单干整枝或双干整枝，整枝一般与引蔓同时进行；甜瓜的整枝方式主要有单蔓整枝、双蔓整枝和多蔓整枝。

（2）摘心。对于主蔓发生晚而在子蔓上发生较早的甜瓜品种，可以主蔓摘心，对于主蔓和子蔓雌花发生较晚而在孙蔓上发生较早的甜瓜品种，均实行主蔓和子蔓两次摘心；番茄在生长后期摘心；黄瓜主蔓在超过生长架时留一片叶摘心；茄子长至"八面风"时，摘去各枝条的生长点。

（3）摘叶。各种蔬菜下部的黄叶、老叶、病叶应及时摘除。摘叶可以减少病虫害，增加通风透光，减少消耗。

（4）立支架和绑蔓。蔓生性蔬菜如瓜类、豆类等需要借助支撑物才能向上生长，另外一些蔬菜植物如番茄、辣椒等也需要支架，架材可用细木杆或竹竿，当植株长到一定高度时，先进行土壤中耕，将架材插入土壤，上部按架型结构（单竿架、人字架、篱行架、四脚架等）固定绑缚。蔓生性蔬菜茎蔓每 30 cm 左右绑蔓一次，茄果类每隔一定节位或每穗果实绑一道。

（5）吊绳引蔓。设施栽培的果菜类蔬菜可用尼龙绳或撕裂膜等牵引吊挂，绳的一端固定在植株根茎部，另一端用活结系在与畦同向的铁丝上（提前拉好）随着茎蔓生长，将茎蔓绕到绳上，以后隔 2 片叶绕一次蔓，用吊绳绕住茎蔓，使其直立向上。

（6）疏花疏果。以番茄为例，中、大果型品种在花期疏掉多余的花蕾及畸形花，坐果后疏掉果型不整齐、形状不标准的果实，通常在果实直径 3 cm 以后进行疏果，大果型每穗留 3~4 个果，中果型每穗留 4~5 个果，小果型每穗留 5 个以上果实，樱桃、番茄可保留全部果实。

（7）保花保果。主要使用化学药剂、人工辅助授粉等。

常用的植物生长激素如 2，4–D、防落素等，植物激素在花朵盛开当天上午处理效果最好，植物激素种类很多，生产上可以根据使用的种类不同来确定使用的浓度和时间，需要注意的是，植物激素不能重复处理，为避免重复，在配药时应加入部分红色广告色或墨水。

四、思考题

根据不同整枝方式之间的区别，分析不同栽培制度所应选择的合理整枝方式。

实习四　蔬菜的水肥管理

一、实习目的

掌握蔬菜水肥管理的基本方法和原则，并能根据气候、土壤、植株长势等具体情况进行合理灌溉和施肥。

二、材料与用具

水管、水泵、滴灌系统、铁锹、各类化学肥料等。

三、步骤与方法

1. 灌水

（1）地面灌溉。包括畦灌、沟灌。在地面上作水沟，使水沿一定坡度自然流入栽培畦内或垄间水沟。

（2）地上灌溉。包括喷灌、滴灌。这种方法自动化程度高，节水，灌溉均匀，有利于控制土壤及空气湿度，在设施生产中使用效果好。

2. 土壤追肥

追肥有撒施、沟施、穴施、随水冲施等方式。撒施是将肥料撒在土壤表面，随灌溉水渗入土壤；沟施、穴施是在行间或株间在作物根系附近开沟或穴，把肥料施入沟或穴里，然后灌水；随水冲施就是将肥料用水溶化，随水施入。

下面以茄果类蔬菜为例进行说明。

（1）番茄水肥管理。当第一穗果长至核桃大小时开始施肥灌水。每亩可追磷酸二铵15~20 kg。第一穗果采收后，可再按上述用量追施1次。每次追肥都应与灌水相结合。灌水次数、灌水量应根据植株长势和天气情况而定，而且要以防病为前提。浇水多易引起多种病害，要注意天气预报，浇水后不能赶上阴天。应选择晴天上午浇水，实行膜下滴灌。

（2）辣椒水肥管理。辣椒生育期长，产量高，必须保证充足的水分和养分供应。定植时由于地温偏低，只浇了少量定植水，缓苗后可浇1次缓苗水，这次水量可稍大些，以后一直到坐果前不需再浇水，进入蹲苗期。门椒采收后，应经常浇水保持土壤湿润。防止过度干旱后骤然浇水，否则易发生落花、落果和落叶，俗称"三落"。一般结果前期7 d左右浇1次水，结果盛期4~5 d浇1次水。浇水宜在晴天上午进行，最好采用滴灌或膜下暗灌，以防棚内湿度过高。辣椒喜肥又不耐肥，营养不足或营养过剩都易引起落花、落果，因此，追肥应以少量多次为原则。一般基肥比较充足的情况下，门椒坐果前可以满足需要，当门椒长到3 cm长时，可结合浇水进行第1次追肥，每亩随水冲施尿素12.5 kg，硫酸钾10 kg。此后进入盛果期，根据植株长势和结果情况，可追施化肥或腐熟有机肥1~2次。

（3）茄子水肥管理。定植水浇足后，一般在门茄坐果前可不浇水，门茄膨大后开始浇水，浇水应实行膜下暗灌，以降低空气湿度。浇水必须根据天气预报，保证浇水后保持2 d以上晴天，并在上午10：00前浇完。同时上午升温至30 ℃时放风，降至26 ℃后闷棚升温后再放风，通过升温尽可能地将水分蒸发成气体放出去。门茄膨大时开始追肥，每亩施三元复合肥25 kg，溶解后随水冲施。对茄采收后每亩再追施磷酸二铵15 kg、硫酸钾10 kg。

四、思考题

分析不同灌溉和追肥方法的优缺点。

第四部分　果蔬植物保护（基础实验）

实验一　园艺植物病害的症状观察

一、实验目的和要求

本次实验的目的在于了解植物病害的种类及多样性，认识病害对园艺植物生产的危害性，并掌握病征和病状的一般类型，以便在田间病害诊断中加以应用。

二、实验材料、仪器和设备

体视显微镜、幻灯机、投影仪及多媒体教学设备，放大镜、镊子、挑针、搪瓷盘等。

蔬菜幼苗猝倒病、立枯病、黄瓜霜霉病、黄瓜花叶病、黄瓜白粉病、黄瓜细菌性角斑病、白菜软腐病、茄子褐纹病、番茄晚疫病、番茄叶霉病、番茄病毒病、辣椒疫病、辣椒疮痂病、菜豆锈病、苹果树腐烂病、苹果根癌病、苹果树缺铁病、梨锈病、葡萄霜霉病、桃细菌性穿孔病、桃缩叶病、枣疯病、杨树溃疡病、牵牛花白锈病等新鲜材料或干制标本。

以上材料为实物标本或新鲜材料、挂图、病原菌永久玻片、多媒体教学课件（包括幻灯片、录像带、光盘等影像资料）等。

三、实验方法和步骤

（一）病状类型

1. 变色

由于叶绿素发育受到破坏，而使叶片的颜色发生改变，这种变色可以是普遍的也可以是局部的，变色的细胞本身并不死亡。

（1）褪绿：叶片普遍变为淡绿色或淡黄色。观察苹果树缺铁病。

（2）黄化：叶片普遍变为黄色。观察番茄病毒病（黄顶型）。

（3）花叶和斑驳：叶片局部褪绿，使之呈黄绿色或黄白色相间的花叶状，界限明显称花叶，界限模糊称斑驳。观察黄瓜花叶病。

（4）明脉：叶片沿叶脉呈半透明状。

2. 坏死

植物细胞和组织的死亡引起坏死。植物的根、茎、叶、花、果实都能发生坏死。

（1）叶斑和叶枯：局部组织变色，然后坏死而形成斑点。固定大小和形状的称叶斑，没有固定形状和大小的称叶枯。观察芹菜斑枯病。

（2）叶烧：水孔较多的部位如叶尖和叶缘枯死。

（3）炭疽：叶片和果实局部坏死，病部凹陷，上面常有小黑点。

（4）疮痂：植物体表先呈现皮包状隆起，然后表皮细胞破裂。观察辣椒疮痂病。

（5）溃疡：树木枝干的局部组织腐烂。观察杨树溃疡病。

（6）穿孔：叶片的局部组织坏死后脱落。观察桃细菌性穿孔病。

（7）猝倒或立枯：幼苗的茎基部或根部组织坏死而使幼苗枯死，死苗倒下者为猝倒，死苗直立者为立枯。观察茄子、辣椒幼苗猝倒病、立枯病。

3. 腐烂

多汁而幼嫩的植物组织受害后植物细胞和组织易发生腐烂。根据组织分解的程度不同，有干腐、湿腐和软腐之分，比较坚硬的植物组织发生腐烂称为干腐，柔软而多汁的植物组织发生腐烂称为湿腐，寄主组织细胞间中胶层的破坏称为软腐。观察苹果树腐烂病、苹果树干腐病、白菜软腐病。

4. 萎蔫

指植物根部或茎部的维管束组织受到感染而发生的枯萎现象，萎蔫可以是局部的也可以是全株性的。典型的萎蔫病害无外表病征，植物皮层组织完好，但内部维管束组织受到破坏。观察茄子黄萎病、黄瓜枯萎病。

5. 畸形

植株生长反常，促使植物的各个器官发生变态。

（1）矮缩：植株生长较正常的矮小。

（2）徒长：植株生长较正常的植株生长高大。

（3）丛簇：枝干的节间停止伸长而使叶片呈丛生状。

（4）卷叶、蕨叶和缩叶：叶片的卷曲和皱缩。

（5）发根：根系过度分枝而成丛生状。

（6）肿瘤：部分组织细胞过度生长而形成的变态。

（7）剑叶：叶片发育受到控制，使宽大的叶片变为细小狭长状。

（8）菌瘿：病部变成菌的集合体，如黑粉病。

（二）病征类型

（1）粉状物：病原真菌在植物受害部位形成黑色、白色、铁锈色的粉状物。观察黄瓜白粉病、菜豆锈病、慈姑黑粉病。

（2）霉状物：病原真菌在植物受害部位形成白色、褐色、黑色的霉层。观察葡萄霜霉病。

（3）点粒状物：病原真菌在植物受害部位形成的黑色小颗粒。观察苹果树腐烂病。

（4）菌核：病原真菌在植物受害部位形成大小不同的褐色或黑色颗粒。观察油菜菌核病。

（5）菌索：大量病原真菌菌丝平行排列在一起，形成丝状物。

（6）菌脓和菌痂：病原细菌在植物受害部位形成的黏液和胶痂状物。观察黄瓜细菌性角斑病的菌溢现象。

注意：以上病征只针对真菌和细菌、病毒、植原体、线虫病害和寄生性种子植物，以及非感染性病害无病征表现。

四、作业与思考题

（1）将上述病害标本的发病部位、病状类型和病征类型填于表4-1。

表 4-1　植物病害症状观察表

病害名称	发病部位	病状类型	病征类型

（2）植物病害的主要特征是什么？

（3）症状在病害诊断上有什么作用？

（4）植物病害对农业生产的危害性如何？

实验二　植物病原真菌形态观察

一、实验目的和要求

通过本次实验熟悉真菌的营养体和繁殖体的基本形态，为以后真菌病害的病原物鉴定和病害诊断奠定初步基础，并初步掌握徒手切片、制片和绘制病原菌草图技术。

二、实验材料、仪器和设备

显微镜、幻灯机、投影仪、计算机及多媒体教学设备。

灭菌培养皿、载玻片、盖玻片、浮载剂（蒸馏水和乳酚油）、挑针、镊子、双面刀片、擦镜纸、无菌水等。

立枯丝核菌有隔菌丝、瓜果腐霉菌、病菌吸器装片、病菌假根装片、接合孢子装片、致病疫霉菌、霜霉菌、牵牛花白锈病菌、根霉菌，桃缩叶病、白粉菌子囊装片、菜豆锈病菌、油菜菌核病菌、苹果腐烂病切片等，柳锈病新鲜叶片标本。

以上材料为实物标本或新鲜材料、挂图、病原菌永久玻片、多媒体教学课件（包括幻灯片、录像带、光盘等影像资料）等。

三、实验内容和方法

（一）真菌的菌丝体及其变态和菌组织

（1）无隔菌丝。挑取培养皿中的南瓜软腐病菌或瓜果腐霉的少许菌丝体，用蒸馏水或乳酚油作浮载剂，制临时玻片镜检。观察其菌丝形态特点。

提示：浮载剂放得太多容易使盖玻片和观察物飘浮移动，不易镜检。一般情况下，浮载剂只需加半滴即可。

（2）有隔菌丝。挑取培养皿中镰刀菌的少许菌丝体，用蒸馏水或乳酚油作浮载剂，制临时玻片镜检。观察其菌丝形态特点。

提示：对一些无色透明的病菌，显微镜下观察时，注意调节光源，光线不宜过强。挑取菌丝量尽量要少，并将其分散，以便观察。

（3）菌丝变态。

①吸器。从幻灯片或照片观察吸器形态。

②假根。取永久玻片，观察孢囊梗基部的假根——外表像根的根状菌丝。

③附着胞。从幻灯片或照片观察炭疽病的附着胞形态。

（4）菌组织体。

①菌核。观察油菜菌核病菌核的外形、颜色、大小，并镜检菌核切片，比较菌核外部组织和内部组织菌丝细胞的形状、大小及排列情况。

②菌索。观察幻灯片上的根状菌索，是由菌组织形成的绳索状结构，外形与高等植物的根相似。

③子座。切片观察苹果树腐烂病菌所形成的子座制片。

提示：切片时要注意切得薄，观察切片时往往看到的只是菌组织整体结构的一部分，一定要注意从局部联想其整体轮廓。

（二）真菌的繁殖体

1. 无性孢子

（1）游动孢子囊和游动孢子。挑取腐霉菌培养物，制作临时切片，镜检游动孢子囊和游动孢子。

（2）孢子囊和孢囊孢子。挑取根霉菌培养物，制作临时切片，镜检孢子囊和孢囊孢子。注意观察孢子囊的结构、囊轴、孢囊梗、假根及匍匐丝和孢囊孢子形态特征。

（3）分生孢子。其色泽、形态变化较大，从无色至深色，单胞到多胞，并具多种形态。采用挑、刮或切片的方法，取黄瓜圆叶枯病菌、苹果白粉病菌、番茄早疫病菌的病害标本，制作临时切片，观察分生孢子形态。注意观察其分生孢子的颜色、分隔及形状。

（4）厚垣孢子。挑取镰孢霉菌的培养物制片、镜检。菌丝中或孢子中个别细胞膨大、细胞壁加厚的孢子即厚垣孢子。

2. 有性孢子

（1）休眠孢子囊。挑取玉米褐斑病菌，镜检观察休眠孢子囊形态。

（2）卵孢子。取谷子白发病病穗，制作临时切片，镜检卵孢子形态。

（3）接合孢子。取永久玻片观察接合孢子形态。

（4）子囊孢子。取山楂白粉病病叶，用解剖针将白粉上的小黑点（闭囊壳）仔细拨至载玻片上的水滴中，加盖片并轻轻压破闭囊壳，镜检闭囊壳，观察子囊、子囊孢子和附属丝的形态，特别注意子囊的数目和附属丝的特点。

（5）担孢子。观察梨锈病冬孢子萌发形成的担子及担孢子的形态。

（三）卵菌门

（1）腐霉属。观察瓜果腐烂病病果上的白色菌丝体，将生长旺盛的小块菌丝体移至清水中培养 24~48 h，菌丝顶端即形成大量游动孢子囊，用针挑取在清水中培养过的菌丝，观察腐霉菌的游动孢子囊。游动孢子囊丝状、姜瓣状或球状等，顶生或间生，无特殊分化的孢囊梗。孢子囊不脱落，萌发时在其顶端产生一管状物，原生质经管状物排出而形成泡囊。游动孢子产生在泡囊内。

（2）疫霉属。取马铃薯或番茄晚疫病标本制片观察。孢囊梗 2~3 支成丛，自气孔伸出，假轴状分枝，小梗基部膨大，多次产生孢子囊，使孢子囊梗上部呈节状；孢子囊近球状、卵形或梨形等，具乳突。

（四）接合菌亚门根霉属

用挑针仔细地从培养的匍枝根霉菌中挑取少许连有培养基的培养物，制成临时玻片，在低倍镜下观察孢囊孢子、孢囊梗及囊轴、假根、匍枝状的菌丝。

（五）子囊菌亚门

（1）外囊菌属。挑取桃缩叶病病部表面灰白色霉层，观察子囊及子囊孢子的形态特征。

（2）白粉属。挑取瓜类白粉病病部白色粉状物和小黑点制片，镜检闭囊壳的形态，注意附属丝的形状和长短，然后用解剖针轻压盖片，挤压闭囊壳使之慢慢破裂，注意观察其内子囊的数目及形态，能否看到子囊孢子。

（3）叉丝单囊壳属。取苹果白粉病标本，挑取小黑点制片镜检闭囊壳和附属丝，注意附属丝刚直，顶端一次或数次整齐的叉状分枝，闭囊壳内产生一个子囊的特点。

（4）黑腐皮壳属。取苹果腐烂病带小黑点的小块病皮组织切片，镜检子囊壳的形状、颜色、着生部位及子囊壳和子囊孢子的形态。

（5）核盘菌属。取油菜菌核病标本，观察菌核萌发形成的子囊盘，平行排列的棍棒状的子囊和单胞纺锤形的子囊孢子，子囊间是否有侧丝。

（六）担子菌亚门

（1）单胞锈菌属。取菜豆锈病玻片标本，观察夏孢子堆和冬孢子堆的大小、颜色，是否穿破表皮。用解剖针挑取病叶上的冬孢子制片镜检，注意锈菌的形态特征。

（2）栅锈菌属。取柳锈病标本，观察性孢子和锈孢子形状、大小、颜色，用解剖针挑取叶片上的锈状物，制成临时装片，用显微镜观察夏孢子形态，也可用解剖刀切取病叶制成切片上的性孢子、锈孢子制片镜检。

（七）半知菌亚门

（1）丝核菌属。菌核褐色或黑色，内外颜色一致，菌丝褐色多直角分枝，在分枝处有缢缩。取茄苗立枯病标本观察症状特点，挑取培养皿中培养的立枯丝核菌制片，镜检菌丝颜色，分枝和分隔的特点。

（2）粉孢属。取小麦白粉病标本观察症状特点，镜检白粉病菌，注意观察分生孢子梗及分生孢子的形态特点，分生孢子梗是否分枝，是长还是短，分生孢子是否单胞，是否链生，孢子成熟的顺序如何。

（3）葡萄孢属。挑取番茄被害部位的灰色霉状物制片镜检。注意分生孢子梗及分生孢子着生情况，菌落颜色和木霉有何不同。

（4）褐孢霉属。取番茄叶霉病病叶，自叶背病斑处挑取褐色霉层制片，观察分生孢子梗分枝及分生孢子着生情况。

（5）链格孢属。挑取大葱紫斑病叶病斑上霉层制片，镜检分生孢子梗和分生孢子的形态，注意有无颜色，分生孢子是否有纵横隔膜，孢子顶端是否有喙状细胞。

（6）拟茎点菌。切取茄褐纹病叶片制片，镜检分生孢子器及其孢子形态，能否见到钩形和卵圆形两种器孢子，能否见到孢子器周围的子座组织。

（7）壳囊孢属。用刀切取带小黑点的病皮制片，镜检分生孢子器及其孢子的形态，注意分生孢子器着生在瘤状子座组织中，分生孢子器腔不规则地分为数室，分生孢子梗极细，不分枝，分生孢子香蕉形或腊肠形等特点。

四、结果与分析

（1）拍摄有隔菌丝、无隔菌丝、营养体变态结构、各类无性孢子和有性孢子的形态图。

（2）绘制柳锈菌形态图。

（3）针对不同的病征类型在显微观察时应采用何种制片方法？

实验三　园艺植物细菌、病毒和线虫及其所致病害症状观察

一、实验目的和要求

（1）了解主要作物病原细菌、病毒、线虫和寄生性种子植物等病原物形态。

（2）掌握细菌、病毒、线虫和寄生性种子植物等病原所致病害的症状特点。

二、实验原理

植物细菌病害表现各种类型的症状，不同属的细菌感染植物后引起的症状都有所不同。

（1）劳尔氏属（*Ralstonia*）：叶斑、枝枯、萎蔫。

（2）黄单胞杆菌属（*Xanthomonas*）：坏死、萎蔫。

（3）果胶杆菌属（*Pectobacterium*）：腐烂为主（少数萎蔫和枝枯）。

（4）土壤杆菌属（*Agrobacterium*）：瘤肿、畸形。

（5）棒形杆菌属（*Clavibacter*）：萎蔫、蜜穗、花叶。

病毒、线中和寄生性种子植物各因病原不同，所致症状各有特点。

三、实验材料、仪器和设备

（1）显微镜、幻灯机、投影仪、计算机及多媒体教学设备。

（2）灭菌培养皿、载玻片、盖玻片、浮载剂（蒸馏水或乳酚油）、吸水纸、解剖刀、挑针、镊子、纱布、刀片、酒精灯、放大镜、剪刀等。

（3）病害标本。马铃薯环腐病（*Clavibacter michiganensis subsp. sepedonicus*）病薯

和病菌切片、白菜软腐病（*Erwinia carotovora subsp. carotovora*）病株和病菌切片、油菜菌核病（*Sclerotinia sclerotiorum*）大豆胞囊线虫病（*Heterodera glycines*）危害症状和线虫形态、根结线虫（*Meloisogyme sp.*）切片、烟草花叶病（TMV）病叶和内含体图片、黄瓜花叶病（CMV）病叶和病毒颗粒图片、马铃薯病毒病（PVX、PVY、PLRV、PSTV）受害症状与病毒颗粒图片、大豆花叶病（SMV）病叶和病毒颗粒图片、大豆菟丝子（*Cuscuta chinensis*）、向日葵列当（*Orobanche aegyptica*）。以上材料为实物标本或新鲜材料、挂图、病原菌永久玻片、多媒体教学课件（包括幻灯片、录像带、光盘等影像资料）等。

四、实验方法和步骤

（1）各类型常见植物病原细菌形态观察。

（2）常见细菌所致病害症状观察。

①劳尔氏属：观察茄青枯菌引起的花生青枯病，发病植株不变色，萎蔫，茎内部维管束变黄褐色至黑褐色，切口处有菌脓流出，后期根部霉烂发黑。

②黄单胞杆菌属：观察橘溃疡病，叶片上的病斑木栓化隆起，表面开裂像火山口状，可通透两面，灰白色至深褐色，有黄色晕圈；稻白叶枯病，叶缘有波纹状黄白色病斑，心叶青枯，卷曲，幼苗凋萎。

③果胶杆菌属：观察白菜软腐病，根及茎基软腐，植株失水枯萎，叶松散软垂，有臭气。

④土壤杆菌属：观察桃树根癌肿病，病株基部形成大小不等的肿瘤，初淡褐色，表面粗糙不平，后颜色变深，内部组织木栓化，后成为坚硬的肿瘤。

⑤棒形杆菌属：观察马铃薯环腐病，薯块内部环状腐烂，植株受害后生长迟缓，地上部矮缩、萎蔫、分枝减少，叶片变小、叶色发黄。

（3）常见植物病毒所致病害的典型症状观察。观察标本和图片，总结病毒病症状特点。

（4）镜检不同类型病原线虫及其所致病害标本。镜检观察线虫形状，分辨线虫头部、尾部、口针、食道、生殖器等器官；比较不同类型线虫所致病害症状的差别。

（5）菟丝子、桑寄生等寄生性种子植物观察。观察标本，分辨寄生性植物的形态及侵入寄主组织内吸盘的特征。

五、结果与分析

（1）植物病原细菌的主要分类依据有哪些？

（2）植物病原线虫的危害症状有哪些？

（3）植物病毒的危害症状有哪些？

（4）绘制一种线虫形态图，标明重要部位。

实验四　昆虫外部形态观察

一、实验目的和要求

（1）掌握体视显微镜的使用方法，了解昆虫体躯的一般构造。

（2）掌握昆虫口器、触角、胸足和翅的基本构造及类型。

（3）认识昆虫的复眼和单眼；了解昆虫雌雄外生殖器的基本构造；了解昆虫和其他小动物的区别。

（4）能熟练使用体视显微镜。

二、实验原理

昆虫纲特征如下：

①体分头、胸、腹；

②头部具口器和 1 对触角、1 对复眼、0~3 个单眼；

③胸部分前胸、中胸和后胸 3 个胸节，各节有足 1 对，中后胸一般各有 1 对翅；

④腹部大多数由 9~11 体节组成，末端具肛门和外生殖器，有的还有尾须。

三、实验材料、仪器和设备

蝗虫、胡蜂、小地老虎、粉蝶、金龟子、家蝇、象甲、蝉、螳螂、龙虱、椿象、蝼蛄、蜜蜂等针插标本，蓟马玻片标本，蜘蛛、蛞蝓、虾、蟹等浸渍标本。

放大镜、解剖镜、镊子等。

四、实验方法和步骤

1. 体躯的一般构造

取蝗虫 1 头，观察下列各项。

（1）体躯分段。以胸足为标志区分头、胸、腹 3 个体段，胸足着生的部分为胸部，第一对胸足前为头部，第三对胸足之后为腹部，各体段又分若干体节。

（2）体段的构造及其主要附属器官。

①头部：观察头部用于分区的蜕裂线、额颊沟、额唇基沟等界限，区分昆虫头或类

型，查看复眼、单眼、触角、口器的位置与数量。

②胸部：蝗虫的胸部清楚地分为 3 个体节。最前的一节形如马鞍，为前胸；后两节分别为中胸和后胸，中、后胸背侧方各着生翅 1 对，分别称为前翅和后翅；胸部各节的腹侧方各着生足一对，分别为前足、中足和后足。每一胸节可分为上下和左右四面。两侧从翅基到足基之间的部分为侧板，腹面足基之间为腹面，左右翅基之间、背面露出的区域为背板。中、后胸各有气门 1 对。

③腹部：分节最明显，无足。蝗虫腹部由 11 节构成，腹节具有背板和腹板各 1 块，无侧板，第 1~8 腹节的背板和腹板之间以薄膜相连，称为侧膜。第 1~8 腹节大小相似，各节有气门 1 对，第 9、10 腹节较小。第 10 腹节背板上着生 1 对尾须；第 11 节的背板呈半圆形小片，盖在肛门上方，称肛上板，肛门两侧为肛侧板，末端有外生殖器。

2. 头部的分区

观察蝗虫头部表面额颊沟、额唇基沟、蜕裂线等沟缝，分析昆虫头部区域的划分。头的前面部分是额，额的下方是唇基，唇基下面悬有一片可以活动的上唇，额的上面是头顶，头壳两侧、复眼以下的部分是颊。

3. 昆虫的眼

昆虫的眼有单眼和复眼之分，单眼又有背单眼和侧单眼之分。观察棉蝗的单眼、复眼和家蚕幼虫的单眼，注意其数目和着生位置。

4. 触角的构造和类型

触角由柄节、梗节和鞭节构成。其中鞭节又由若干个亚节构成，在不同的种类中变化很大，从而形成各种不同类型的触角。观察胡蜂的触角，最基部的一节称为柄节，第二节称为梗节，自第三节起以后的各节统称为鞭节。常见的触角类型如下。

① 线状或丝状：细长如丝，各节呈圆筒形，除基部 2~3 节略大外，鞭节各亚节大小相似，渐向端部缩小。如蝗虫。

② 刚毛状：如蝉、蜻蜓，其触角短，基部 1~2 节较其余各节为大，鞭节各亚节纤细似刚毛。

③ 球杆状：如蝶类触角，鞭节端部数节渐膨大，基部各亚节细长如杆。

④ 锤状：如长角蛉、瓢甲的触角，类似球杆状触角，但鞭节端部数节急剧膨大，形如锤子。

⑤ 锯齿状：多数甲虫如叩头虫、芫菁、萤火虫，其鞭节各亚节向一侧突出成三角形，全形似一张锯片。

⑥ 栉齿状（羽毛状）：如雄性蚕蛾的触角，除基部 1~2 节外，鞭节各亚节向一边（单栉齿状）或两边突出（双栉齿状），如梳齿或鸟羽状。

⑦ 念珠状：鞭节由很多近球形的亚节组成，状如佛珠。如白蚁。

⑧ 鳃叶状：如金龟子触角，鞭节端部数节延长成片状，叠合在一起形似鱼鳃。

⑨ 膝状（肘状）：如蜜蜂的触角，柄节特别长，梗节短，鞭节由若干大小相同的亚节组成，与梗节间形成膝状弯曲。

⑩ 环毛状：如雄性蚊子的触角，除基部 2 节外，鞭节各亚节均具有一圈细毛，而近基部的细毛最长。

⑪ 芒状：触角粗短，一般 3 节，第 3 节特别膨大，其上着生 1 刚毛，称触角芒，芒上有时出现很多细毛。蝇类特有。

5. 口器的构造和类型

口器是昆虫的摄食器官。咀嚼式口器是昆虫口器的最基本类型，但由于各种昆虫取食方式不同，口器也相应发生变化，注意观察各类型口器如何从咀嚼式口器演化而来。

（1）咀嚼式口器。取棉蝗一头，先用镊子拨开上唇，观察上唇、上颚、下颚、下唇及舌着生的自然状态和活动方向，用镊子拉下最前面的一块薄片上唇放在载玻片上，其后依次将上颚、下颚、下唇及舌轻轻取下，依次放在载玻片上，仔细观察各部分的形态结构。

上唇：为一圆形的薄片。表面较光滑，前缘中央有缺刻，内面中央隆起、色深、多毛。

上颚：左右各 1 个，为坚硬的块状物，表面光滑，内侧近端部边缘有锯齿，称为切齿，内面基半部有粗糙的磨碎面，称为臼齿。

下颚：左右各 1 个，位于上颚之后，由数节组成。基部为三角形的轴节，与轴节相连的近方形的一节称茎节，茎节顶端外侧着生匙形的外颚叶，内侧着生一个末端有分叉小齿的内颚叶。茎节基部外侧着生着 1 条分节的下颚须，一般 5 节。

下唇：1 片，为咀嚼式口器的后壁。

舌：位于口腔的中央，肉质囊状或瓶状。

（2）刺吸式口器。取蝉一头，先观察口器的位置和外形。口器呈细管状称喙，由下唇延长而成，其基部盖有一狭小的三角形小片，即上唇，用解剖针轻轻横在喙基部，可以挑出藏在喙内的口针，最初只能见到 3 根口针，其中一条较细的为 1 对嵌合很紧的下颚口针，必须仔细拨压才能分开。

（3）昆虫幼虫的口器。鳞翅目幼虫口器属咀嚼式口器，观察家蚕幼虫口器。其上唇、上颚与蝗虫相似，下颚、下唇和舌联成一块复合体，突出在口器的后方，其中央尖端为吐丝器。

双翅目蝇类幼虫，头部缩入前胸内，口器为分化，取食器官仅为一对可以上下活动的口钩（上颚）。

（4）其他口器类型。

虹吸式口器：观察蝶、蛾标本，注意着生在头部下方、细长而卷曲似发条状的虹吸管，它是下颚的外颚叶特化的喙，为主要的摄食器官，可吸食花蜜等液体食物，基部两侧卷生 1 对发达的下唇须，向前竖立。其余上唇、下颚、下颚须和下唇等都退化或消失。

舐吸式口器：为双翅目蝇类所特有，如家蝇的口器。家蝇的口器粗短，由基喙、中喙和端喙组成。基喙包括唇基和 1 对棒状的下颚须，上颚与下颚的大部分消失；中喙是真正的喙，呈筒状。端喙（即唇瓣）是喙端部 2 个大椭圆形海绵状吸盘，两唇瓣间有 1 小空口（前口）与食物道相通，唾液也经前口流出。唇瓣表面有 2 条较深纵沟与多条环沟。

嚼吸式口器：如蜜蜂成虫的口器。注意观察其上颚，发达坚固，有齿列，适于咀嚼花粉、蜡质等固体食物，而由下颚、下唇等特化延长为喙，能伸缩，用以吸取花蜜及液体食物。

6. 翅的基本构造和类型

（1）翅的基本构造和分区。

取棉蝗将翅左右展开，先观察前后翅的着生位置，再观察蝗虫的后翅，将翅平展，向前方的边缘称前缘，向后方的边缘称内缘（或后缘），向外方的边缘称外缘。在翅基部，前缘与内缘的夹角称肩角，前缘与外缘的夹角称顶角，外缘与内缘的夹角称臀角。

翅面常发生一些褶线，把翅面划分成若干区域，在翅基部有基褶，将翅基划分出一个小三角形的区域，称腋区；从翅基伸至后缘（缺刻处）的翅褶称臀褶，臀褶以前的区域称臀前区，以后的部分称臀区。蝗虫后翅的臀区发达，呈扇形折叠。

（2）脉序。观察毛翅目成虫前翅玻片标本，对照原始脉序图，注意分清主要纵脉（前缘脉、亚前缘脉、径脉、中脉、肘脉、臀脉、轭脉）和横脉的名称及位置。

（3）翅的类型。按照翅的质地、形状和功能不同，可以把翅分成下列各种类型。

Ⅰ 膜翅：膜质，薄而透明，如蜻蜓、草蛉、蜂类的前后翅，蝗虫、甲虫、蝽类的后翅。

Ⅱ 毛翅：膜质，翅面被毛，多不透明或半透明。如毛翅目昆虫的翅。

Ⅲ 鳞翅：膜质，翅面被鳞片，多不透明。如蝶和蛾的翅。

Ⅳ 缨翅：膜质透明，翅脉退化，翅缘具缨状长毛。如蓟马的翅。

Ⅴ 半覆翅：臀前区革质，其余部分膜质。如大部分竹节虫的前翅。

Ⅵ 覆翅：革质，多不透明或半透明。如蝗虫和叶蝉类的前翅。

Ⅶ 半鞘翅：基部革质，端部膜质。如大多数蝽类的前翅。

Ⅷ 鞘翅：翅角质坚硬，翅脉消失。如鞘翅目昆虫的前翅。

Ⅸ 棒翅（平衡棒）：呈棍棒状，有感觉和平衡体躯的作用。如双翅目昆虫与雄蚧的后翅，捻翅目昆虫的前翅。

7. 昆虫胸足的基本构造和类型

（1）基本构造。观察蝗虫的中足，最基部的一节称基节，着生在膜质的窝内，第二个小节称转节，第三节比较粗大称腿节，腿节下较细长的一节称胫节，以下各小节总称跗节。跗节末端的前跗节，一般在成虫期已退化为两侧爪。蝗虫的跗节有 3 节，末端有 1 对爪，两爪之间的圆瓣称中垫。

（2）胸足的类型。昆虫由于生活环境和生活方式不同，足的功能产生相应改变，其形态和构造也发生了多种变化，常见的有下列足类型。

Ⅰ　步行足：常见的一类胸足，其基节较大，其他各节细长。如步甲、虎甲、蜚蠊等。

Ⅱ　跳跃足：跳跃足腿节特别发达，便于跳跃，胫节细长，末端有坚硬的距，如蝗虫、跳甲、跳蚤等的后足。

Ⅲ　捕捉足：基节特别长大，腿节的腹面有 1 条凹槽，槽边缘有 2 排刺；胫节的腹面也有 1 排刺，胫节弯曲时，与腿节嵌合，形如折刀，便于捕捉猎物，如螳螂的前足。

Ⅳ　游泳足：龙虱的中、后足，各节变扁而阔，胫节及跗节生有长毛，适于游泳。

Ⅴ　携粉足：蜜蜂的后足，第一跗节特别大，内侧有数列整齐的刚毛，称花粉刷；胫节宽扁，外缘有密集的长刚毛，形成一花粉篮，能把全身粘来的花粉收集成团状携带回巢。

Ⅵ　开掘足：粗而大，胫节膨大如扇，端部具 4 齿，跗节短阔呈铲状，便于掘土，如蝼蛄的前足。

Ⅶ　抱握足：跗节特别膨大，上有吸盘状构造，在交配时用以挟持雌虫，如雄龙虱前足。

Ⅷ　攀缘足：胫节末端有突出的齿与跗节和弯曲的爪合抱，能握持动物毛发，有利于寄生，如体虱和猪虱的足。

Ⅸ　净角足：胫节末端有 1~2 个瓣状距，可以覆盖在第一跗节基部的凹陷口上，形成一个空隙，容触角从中抽过，如蜜蜂的前足。

8. 生殖器

（1）雌虫产卵器。观察棉蝗的产卵器。蝗虫的产卵器主要由 3 对产卵瓣组成。第 8 腹节上着生第一产卵瓣（腹瓣），第 9 腹节上着生第二产卵瓣（内瓣），着生产卵瓣的基部称腹瓣片，第三产卵瓣（背瓣）是第 2 腹瓣片的延伸物。蝗虫背瓣和腹瓣发达，合成锥状，内瓣很小。在第 8 腹节腹板后缘中央有一小突起，称导卵器。

（2）雄虫交配器。观察蝗虫的交配器。蝗虫的交配器着生在第 9 节，常内陷在第 9 节腹板延伸成的下生殖板内。包括阳具和抱握器。直翅目类昆虫无抱握器。观察棉蝗的阳具，分为基部膨大的阳茎基和从阳茎基伸出的阳茎，射精管开口在阳茎端部称生殖孔。阳茎基的两侧常有一对阳茎侧叶。

五、注意事项

体视显微镜操作要规范。标本要轻拿轻放，防止损坏。

六、预习要求

复习有关理论，明确昆虫外部形态观察对昆虫识别的意义，了解昆虫外部形态观察的方法。

七、结果与分析

（1）绘胡蜂触角构造图，并注明各部分名称。

（2）绘蝗虫口器解剖图，并注明各部分名称。

（3）绘胡蜂触角图，并注明各部分名称。

（4）绘蝗虫后足构造图，并注明各部分名称。

（5）绘毛翅目昆虫的前翅脉序图，并注明各脉名称。

（6）填表。（见表4-2）

表4-2

昆虫	头式	触角	足	翅
蝗				
蝼蛄				
步甲				
金龟子				
天牛				
天蛾				
蟮				
蚂蚁				
蜜蜂				
蝇				
蜻蜓				
螳螂				

实验五　昆虫生物学特性观察

一、实验目的和要求

掌握昆虫几种主要变态类型，了解昆虫卵的类型，了解蛹的构造和类型，掌握昆虫幼虫的类型，了解昆虫雌雄二型和多型现象。

二、实验原理

昆虫最常见的变态类型是不完全变态和完全变态。不完全变态只有 3 个虫期，即卵期、幼虫期和成虫期；完全变态的昆虫具有 4 个虫期，即卵期、幼虫期、蛹期和成虫期。幼虫分原足型、无足型、寡足型、多足型，蛹分被蛹、离蛹、围蛹。

三、实验材料、仪器和设备

昆虫生活史标本（直翅目、半翅目、同翅目、鳞翅目、鞘翅目、膜翅目、双翅目）；各种类型的卵、幼虫和蛹的标本。

放大镜、镊子、解剖镜、解剖针、培养皿等。

四、实验方法和步骤

1. 观察昆虫的变态类型

观察生活史标本，认识昆虫的变态类型。

（1）不完全变态。只有 3 个虫期，即卵期、幼虫期和成虫期。不完全变态又分为渐变态、半变态和过渐变态。

①渐变态。昆虫幼虫期与成虫期在外部形态、栖境、生活习性等方面都很相似，所不同者，主要是翅和生殖器官（无论是外生殖器还是内生殖器）没有发育完全。所以转变为成虫后，除了翅和性器官的完全成长外，在形态上与幼虫没有其他重要差别。

②半变态。不完全变态类蜻蜓目昆虫，由于幼期营水生生活，所以体型、呼吸器官、取食器官、行动器官等均有不同程度的特化，以致成虫和幼虫期具有明显的形态分化，称为半变态。

③过渐变态。不完全变态类缨翅目、同翅目中的粉虱科和雄性介壳虫等变态方式较为特殊，它们的幼虫期在转变为成虫前有一个不食又不大动的类似蛹的虫龄，因而将原有若虫龄数减少到三龄或更少，但翅仍在体外发生，和完全变态类又有根本的差别，所以常称为过渐变态。

（2）完全变态。具有 4 个虫期，即卵期、幼虫期、蛹期和成虫期。

2. 观察昆虫卵的类型

昆虫的卵粒有各种类型，注意观察。

3. 观察幼虫类型

（1）原足型。附肢和体节尚未分化完全，像一个发育不完全的胚胎。如内寄生蜂的幼虫。

（2）多足型。除具发达的胸足，还有腹足。如鳞翅目和叶蜂幼虫。

（3）寡足型。胸足发育完全，腹部分节明显但无腹足。如金龟子幼虫。

（4）无足型。既无胸足也无腹足。如家蝇的幼虫。

4. 观察蛹的类型

（1）被蛹：这类蛹的触角和附肢等紧贴在蛹体上，不能活动，腹节多数或全部不能活动。

（2）离蛹：这类蛹的特征是附肢和翅不贴附在身体上，可以活动，同时腹节间也能自由活动。

（3）围蛹：蛹体本身是离蛹，但是蛹体被末龄幼虫所脱的皮包被。

5. 参观成虫性二型及多型现象

（1）性二型现象。昆虫雌雄两性除性器官存在差异外，区别常常还表现在个体的大小、体型的差异、颜色的变化等方面。这种现象称为性二型现象。注意比较小地老虎雌虫和雄虫触角的不同，玉带凤蝶雌雄成虫颜色和斑纹的不同。

（2）多型现象。指同种昆虫同一性别具有两种或更多不同类型的个体的现象。这种不同类型的变化并非表现在雌雄性的差异上，而是同一性别个体中不同类型的分化。参观蜜蜂的多型现象，除了能生殖的蜂王、雄蜂外，还有不能生殖的全是雌性的工蜂。

五、预习要求

复习有关理论，明确掌握昆虫生活学特性的意义，了解昆虫各发育时期的形态特点。

六、结果与分析

列表记载所观察的幼虫和蛹的类型，区别鳞翅目幼虫和叶蜂幼虫。

实验六　昆虫纲主要目科特征识别

一、实验目的和要求

认识和掌握农业昆虫常见目科的主要特征。会使用和编制昆虫检索表。

二、实验原理

昆虫纲分为 2 个亚纲 34 个目，其中和园艺植物生产关系密切的有以下种类。

直翅目：前翅为覆翅，后翅膜质；口器咀嚼式；触角丝状；前胸大而明显；前足胫节或第 1 腹节常具听器。

半翅目：体小至大型；单眼 2 个或无；触角 3~5 节；口器刺吸式，下唇延长形成分节的喙，喙通常 4 节，从头部的前端伸出。

同翅目：触角刚毛状或丝状；口器刺吸式，从头部腹面的后方伸出，喙通常 3 节；前翅革质或膜质，后翅膜质，静止时平置于体背上呈屋脊状，有的种类无翅；有些蚜虫和雌性介壳虫无翅，雄介壳虫后翅退化成平衡棒。

缨翅目：体长一般为 0.5~7 mm，体黄褐、苍白或黑色，有的若虫红色；触角 6~9 节；口器锉吸式；翅 2 对，膜质，狭长形而翅脉少，翅缘密生缨毛；足跗节端部生一可突出的端泡。

脉翅目：体小型至大型；翅膜质，前后翅大小形状相似，翅脉多呈网状，边缘两分叉；成虫口器咀嚼式，幼虫双刺吸式。

鞘翅目：体壁坚硬；复眼发达，一般无单眼；触角一般 11 节，形状多样；口器咀嚼式；前翅坚硬、角质为鞘翅，后翅膜质；跗节数目变化很大；前胸背板大，中胸小盾片发达，多呈三角形；前翅为半鞘翅；后翅膜质。

鳞翅目：体小至大型；口器虹吸式，喙由下颚的外颚叶形成，不用时卷曲于头下；翅一般 2 对，前后翅均为膜质，翅面覆盖鳞片。

膜翅目：触角多于 10 节，有丝状、膝状等；口器咀嚼式或嚼吸式；翅 2 对，膜质，翅脉少；跗节 5 节，有的足特化为携粉足；腹部第 1 节常与后胸连接，胸腹间常形成细腰。

双翅目：包括蚊、蝇、虻等。体小至中型；前翅 1 对，后翅特化为平衡棒，前翅膜质，脉纹简单；口器刺吸式或舐吸式；复眼发达；触角有芒状、念珠状、丝状。

三、实验材料、仪器和设备

编号的蝗虫、绿蟷、蝉、草蛉、蓟马、胡蜂、天牛、蛾、蝶、家蝇、螳螂等针插标本；同翅目、半翅目、直翅目、鞘翅目、鳞翅目、膜翅目、脉翅目、双翅目等昆虫分类玻盒标本；粉虱、蚧、蚜虫等玻片标本。

解剖镜、放大镜、显微镜、镊子、解剖针、载玻片等。

四、实验方法和步骤

1. 昆虫检索表的编制方法和使用方法

编制方法：选取特征 → 列表 → 成文。

（1）列表。（表4-3）

表4-3 五个目昆虫特征列表

目名	口器	翅	其他特征
直翅目	咀嚼式	前翅皮革质，后翅膜质	后足适于跳跃，或前足适于开掘
鞘翅目	咀嚼式	前翅为鞘翅，后翅膜质	
鳞翅目	虹吸式	前后翅均为鳞翅	
半翅目	刺吸式	前翅为半鞘翅，后翅膜质	喙着生于头前端
同翅目	刺吸式	前后翅膜质，或前翅稍加厚	喙着生于头腹面后端

（2）编制检索表（二项式）。

1 口器刺吸式·····························2

1 口器非刺吸式·························3

2 前翅为半鞘翅····················半翅目

2 前后翅膜质···························同翅目

3 口器为虹吸式····················鳞翅目

3 口器为咀嚼式·························4

4 前翅革质，后翅膜质···········直翅目

4 前翅鞘翅，后翅膜质···········鞘翅目

2. 昆虫纲常见目形态特征观察

分目主要观察口器和翅的特征。

3. 与园艺相关重要科昆虫特征观察

注意观察口器、触角、足等的特征。

五、预习要求

复习有关理论，了解昆虫重要目科间的区别。

六、结果与分析

（1）查阅资料（检索表或教材）检索编号标本所在的目科。

（2）简述直翅目、同翅目、半翅目、缨翅目、鞘翅目、鳞翅目、膜翅目和双翅目的

特征。

（3）任选 8 类（目或科）昆虫编制检索表。

附录：常见目分科检索表

1. 直翅目重要科检索表

1 成虫和若虫生活在地面上。取食植物的地上部分，前足步行式，雌性成虫产卵器发达外露 ······················2

1′ 成虫和若虫生活在土壤中，取食植物的根部。前足开掘式，雌性成虫产卵器外露 ······················ 蝼蛄科（Gryllotalpidae）

2 触角较长，长于身体，产卵器利剑状，听器在前足胫节上 ············3

2′ 触角较短，不及体长，产卵器齿状；听器在腹部第一节两侧 ············4

3 三对足的跗节均为 4 节，尾须短小，产卵器刀状 ··········螽斯科（Tettigoniidae）

3′ 三对足的跗节均为 3 节，或仅后足为 4 节；尾须很长，产卵器剑状 ······················ 蟋蟀科（Gryllidae）

4 前胸背板特别发达，向后伸展覆盖腹部，有的甚至超过腹末，前、中足跗节 2 节，后足跗节 3 节 ····················菱蝗科（Tetrigidae）

4′ 前胸背板不盖住腹部，三对足跗节均为 3 节············蝗科（Acridiidae）

2. 鞘翅目成虫常见科检索表

1 后足基节固定在后胸腹板上不能活动，并将第一可见腹板完全划分分开，前胸有背侧缝；后翅中央有 2 条横脉，形成一闭室（肉食亚目 Adephaga）·················3

1′ 后足基节不固定在后胸腹板上，能够活动，没有将第一可见腹板完全划分分开；后翅中央没有横脉及闭室，前胸背侧缝没有或不明显·················2

2 头不延伸成喙状；有两个明显的咽缝（多食亚目 Polyphaga）·········6

2′ 头延伸成喙状；咽缝愈合或消失·················35

3 陆生的种类；后足基节不到达鞘翅，因之后胸侧板和腹部第一可见节腹板相接触·················· 4

3′ 水生的种类；后足基节到达鞘翅，将后胸侧板与腹部第一可见腹板分开········5

4 头下口式，比前胸宽；有翅，能飞，白天在地面捕食小虫···虎甲科 Cicindellidae

4′ 头前口式，比胸部狭；无后翅，不能飞，一般为暗色种类；晚间捕食小虫················ 步甲科 Carabiclae

5 眼完整；触角现状；中后足不太短阔，生活在水中的种类······龙虱科 Dytiscidae

5′ 眼明显分为上下两部分，看来似有两对复眼；触角短而粗，第二节有一突起，中后足短阔，桨状，生活在水面的种类·················· 豉甲科 Cyrinidae

6 触角鳃叶状，末端 3-7 节向一侧延伸，膨大或栉状或叶片状（金龟总科 Scarabaeoidae）······30

6′ 触角不呈鳃叶状······7

7 跗节 5 节，但第四节极小，看来似乎 4 节，成为"拟 4 节"（天牛总科 Cerambycoidea）······33

7′ 跗节 5 节或 4 节，决不成拟 4 节······8

8 下唇须细长，触角状，比触角长或一样长；鞘翅完全盖住腹部；胸部腹面有中脊起，头部有明显的 Y 形缝；体坚硬；水生······ 水龟虫科 Hydrophilidae

8′ 下唇须比触角短，没有上述综合特征······9

9 鞘翅极短，坚硬；末端截形，腹部末端常露出几节······11

9′ 鞘翅不太短，如短则柔软，末端非截形，腹部末端一般不露出，或只露出 2 节以下······10

10 触角锤状，末节多少有膨大······21

10′ 触角呈各种形状，但决不呈锤状······14

11 触角膝状，第一节很长，末端 3 节呈锤状；前足开掘式，胫有齿或刺；体极坚硬；腹部露出 1 — 2 节······阎甲科 Hesteridae

11′ 触角非膝状，端部很少呈锤状，则第一节决不延长；前足非开掘式；腹部露出 3 节以上······12

12 鞘翅盖住腹部不到一半；腹部可见腹板 6 — 7 节······隐翅甲科 Staphilinidae

12′ 鞘翅盖住腹部一半以上，腹部可见腹板 5 — 6 节······13

13 前足基节互相接触，腹部可见腹板 5 节，第五节不呈圆锥形，尸食性的种类······埋葬甲科 Silphidae

13′ 前足基节不相接触；腹部可见腹板 6 节，第五节特别长，圆锥形，第六节极小······出尾甲科 Scaphidiidae

14 前中足和后足跗节的节数相同，各为 5 节或 4 节······15

14′ 前中足跗节 5 节，后足跗节 4 节，体通常长形，头的后方收缩成颈状；身体和鞘翅柔软······20

15 前胸腹板有向后延伸的中突起，嵌在中胸的凹沟内······18

15′ 前胸腹板没有向后延伸的中突起······16

16 腹部可见腹板 7 — 8 节；鞘翅柔软，体通常狭长，有的有发光器······萤科 Cantharidae

16′ 鞘翅通常坚硬；腹部可见腹板 6 节以下······17

17 后足基节呈叶片状扩大；常盖住腿节，如不明显，则触角末端 3 节特别长······19

17′ 后足基节不呈叶片状扩大；中垫大而多毛……………………………郭公甲科 Cleridae

18 后胸腹板有一明显的横缝；前胸与中胸固定不能活动；前胸腹板的中突起扁平；腹部第二、三节间缝不明显，幼虫生活在树皮下……………吉丁甲科 Buprestidae

18′ 后胸腹板无横缝；前胸与中胸间有关节，能活动；前胸腹板突起刺状；腹部第二、三节间缝明显；幼虫多生活在土壤中………………………叩甲科 Elateridae

19 后足基节接触；触角着生在额的两侧下，前胸腹板的基节间突起下嵌在中胸腹板上……………………………………………………………窃蠹科 Anobiidae

19′ 后足基节分离；触角着生在额上，相互接近；前胸腹板的基节间起嵌在中胸腹板上……………………………………………………………珠甲科 Ptinidae

20 爪简单；头前口式………………………………………赤翅甲科 Pyrochroidae

20′ 爪裂开或有齿，头下口式………………………………………芫菁科 Meloidae

21 体极扁，背面几成平板状，两侧平行，跗节5节，有的种类雄性后足少1跗节………………………………………………………………………………22

21′ 体不如上述情形…………………………………………………………23

22 前足基节窝开式；触角棍状不明显………………………扁甲科 Cucujidae

22′ 前足基节闭式；触角棍状显著………………………锯谷盗科 Silvanidae

23 各足跗节节数一样，都是5节或3节，很少前足节数较少…………………24

23′ 前中足跗节5节，后足4节（拟步甲总科 Tenebrionoidae）…………………29

24 后足基节有瓣状扩大，盖住腿节………………………皮蠹科 Dermestidae

24′ 后足基节没有瓣状扩大，不盖住腿节……………………………………25

25 跗节4节或5节………………………………………………………26

25′ 跗节各足都为3节………………………………………薪甲科 Lathridiidae

26 跗节"拟3节"，共4节，但第三节极小，看来似为3节；体半球形，背面极隆起；头嵌入在前胸的凹部内，触角短，不呈显著的锤状…………瓢甲科 Coccinellidae

26′ 跗节非"拟3节"，为明显的4节或5节…………………………………27

27 跗节4节，少数种类雄性前足跗节1节………………长蠹科 Bostrichidae

27′ 跗节5节，少数种类雄性前足少1节………………………………………28

28 触角的锤不对称，向一面突出，前足基节圆柱形，横生……谷盗科 Trogositidae

28′ 触角的锤状部对称；前足基节小，圆球形，陷入窝内………坚甲科 Colydiidae

29 前足基节圆球形，不相接触；跗节各节通常没有圆的扩大部分…………………………………………………………………………拟步甲科 Tenebrionidae

29′ 前足基节圆锥形，突出，互相接触或接近；跗节的末前节比别节宽，有圆形的扩大部分；下面有茸毛……………………………………伪叶甲科 Lagriidae

30 触角叶状节不发达，呈固定的短梳齿状，不能合并成实心的锤状……………31

30′ 触角状节发达，扁平，能活动，可合并成一实心的锤状……………………32

31 下唇大，能活动，其基节中央深裂；触角不用时能卷曲……黑蜣科 Psssalidae

31′ 下唇不明显，不能活动，其基部没有深裂；触角不用时不能卷曲
……………………………………………………………………锹甲科 Lucanidae

32 后足着生在身体的后方，其距离接近于身体末端而远于中足；腹部气门完全被鞘翅所覆盖；触角的锤状部有毛；粪食性种类……………………蜣螂科 Scarabaeidae

32′ 后足着生在身体的中间，其距离接近于中足而远于腹部末端；少有一对腹部气门露出在鞘翅外；触角的锤状部光滑或少毛；多为植食性的种类
……………………………………………………………金龟甲科 Melolonthidae

33 触角长或很长；复眼肾脏形；胫节通常有距；身体长形，背面常有绒毛；幼虫蠹食木材……………………………………………………天牛科 Ceram bycidae

33′ 触角不太长，复眼圆形；胫节没有距；多数为圆形、卵形，也有长形的种类
……………………………………………………………………………………34

34 头没有喙状突出；鞘翅通常完全盖住腹部；眼圆形，没有缺刻，主要取食植物的叶、茎或根……………………………………………………叶甲科 Chrysomelidae

34′ 头突出呈短而宽的喙；鞘翅短，腹部末节露出；眼有缺刻；蛀食豆粒………
……………………………………………………………………豆象科 Bruchidae

35 头的象鼻部分短而阔，或不明显，触角短，有明显而有力的锤；胫节有齿……………………………………………………………………小蠹科 Scolytidae

35′ 头的象鼻状部分突出，有各种形式；触角锤小或不明显或没有；胫节没有……………………………………………………………………象甲科 Curculiondae

3.鳞翅目成虫常见检索表

1 触角棒状，以后翅用贴着方式连接；休息时翅竖立在背面；白天活动的种类（锤角亚目 Rhopalocera）……………………………………………………………29

1′ 触角线状、梳状或羽状；前后翅用翅缰连接；休息时翅平放在腹部上或作屋脊状；多在晚间活动（缰翅亚目 Frenatae)……………………………………………2

2 前后翅中脉的主干与分支在中室内完全发达；前翅径脉造成一小翅室（径室）；没有喙……………………………………………………………木蠹蛾科 Cossidae

2′ 不如上述；如中室有中脉的主干，则径室没有……………………………………3

3 小型或极小的蛾。翅狭或极狭，脉纹常退化。如脉纹完整，则后翅 Rs 不与前一脉纹接触；后翅有 3 条 A 脉……………………………………………………………4

3′ 中形或大形的种类。翅阔，脉纹完全……………………………………………11

4、翅的大部分透明，除边缘和脉纹上外没有鳞片，后翅亚前缘脉隐藏在褶内。蜂状，白天活动……………………………………………………………透翅蛾科 Aegeridae

4′ 翅绝大部分有鳞片···5

5　前翅极狭，尖，矛头状，中室极长；后翅更狭，没有中室；脉纹相当退化······ 6

5′ 前翅不太狭，中室正常，后翅和前翅一样宽或更宽；脉纹完全·····················8

6　触角基节扩大，下面凹入，形成眼帽；下唇须微小而向下；前翅 R 与 M 的分枝多同柄···潜蛾科 Lyonetiidae

6′ 触角不成眼帽；下唇须大，前伸或上举；前翅除 R4 与 R5 外，均分离·········7

7　前翅中室直，中室端部离翅的前后缘距离相等；休息时触角向后···细蛾科 Gracilariidae

7′ 前翅中室向后弯曲，端部接近翅的后缘；休息时触角向前···鞘蛾科 Coleophoridae

8 顶和颜的上部有松散的刺毛；下唇须第一节短，第二节有毛，比纺锤形的第三节长···谷蛾科 Tineidae

8′ 颜光滑，顶上可能有不平的冠毛，下唇须可能有短毛，第三节长而尖或短·····9

9　前后翅的 1A 消失，后翅剪刀状，外缘有深刻入，前翅 R5 与 R4 同柄··麦蛾科 Gelechiidae

9′ 前后翅的 1A 存在 ···10

10 后翅 M1 与 M2 基部合成一柄，触角在休息时伸向前方·········菜蛾科 Plutellidae

10′ 后翅 M1 与 M2 分离。休息时触角伸向后方·············巢蛾科 Hyponomeutidae

11 前后翅中脉的主干存在，为一简单的脉纹穿过中室，在室外分叉·············12

11′ 前后翅中脉的主干在中室内退化···14

12 雄虫前翅有 3 条 A 脉，在端部互相合并，到边缘只有一条。雌虫无翅，或翅极退化··蓑蛾科 Psychidae

12′ 前翅 A 脉分离 ···13

13 没有喙；触角羽毛状···刺蛾科 Eucleidae

13′ 喙发达，雄性的触角中间扩大成羽状·····························斑蛾科 Zygaenidae

14 翅分裂：前翅分裂成两歧以上，后翅分裂在 3 歧以上，体细长，足极细长··羽蛾科 Pterophoridae

14′ 翅不分裂···15

15 下唇须第二节被有很厚的鳞造成三角形。前翅 R 各分支部单独从中室生出，不相合并；后翅 So ＋独立，不与 Rs 接近或接触，A 脉 3 条。前翅盲区突出，使翅略呈长方形，休息时两翅合起呈吊钟形·······························卷叶蛾科 Tortricidae

15′ 不如上述···16

16 后翅有 3 条 A 脉，Rs 在中室附近处与前面脉纹相接近，或有一部分合并；前翅 R 常有合并；中室闭式；前翅 R 1 比中室短·······························螟蛾科 Pyralidae

16′ 后翅只有 1 或 2 条 A 脉，如有 3 条则 As 在中室附近不与前面脉纹合并或接

28′　单眼没有，多小型暗色种，前翅无竖立的鳞毛⋯⋯⋯⋯⋯⋯⋯⋯苔蛾科 Lithosiidae

29　前翅 R 脉 5 枝，都从中室分开，不分叉；触角端部有钩⋯⋯弄蝶科 Hesperidae

29′　前翅 R 有几条消失，或基部合并成叉状；触角端部没有钩⋯⋯⋯⋯⋯⋯30

30　前足正常⋯⋯⋯⋯⋯⋯⋯⋯⋯⋯⋯⋯⋯⋯⋯⋯⋯⋯⋯⋯⋯⋯⋯⋯⋯⋯31

30′　前足退化，至少在雄性，显著与别对不同，没有爪⋯⋯⋯⋯⋯⋯⋯⋯⋯32

31　前翅有 2~3 条 A 脉，5 支 R 脉；后翅只 1 条 A 脉，常有一尾状突起⋯⋯⋯⋯⋯⋯⋯⋯⋯⋯⋯⋯⋯⋯⋯⋯⋯⋯⋯⋯⋯⋯⋯⋯⋯⋯凤蝶科 Papilionidae

31′　前翅只 1 条 A 脉，后翅有 2 条 A 脉，绝无尾状突起⋯⋯⋯⋯⋯粉蝶科 Pieridae

32　前翅 R 脉 3~4 枝，雌的前足有功能，雄的相当退化；触角上有白环⋯⋯⋯⋯⋯⋯⋯⋯⋯⋯⋯⋯⋯⋯⋯⋯⋯⋯⋯⋯⋯⋯⋯⋯⋯灰蝶科 Lycaenidae

32′　前翅 R 脉 5 枝，雌雄的前足都极退化，缩在胸下不起作用⋯⋯⋯⋯⋯⋯33

33　前翅有 1~3 条脉纹极膨大；雌性前足有跗节⋯⋯⋯⋯⋯⋯⋯眼蝶科 Satyridae

33′　前翅脉纹基部不膨大⋯⋯⋯⋯⋯⋯⋯⋯⋯⋯⋯⋯⋯⋯⋯蛱蝶科 Nymphalidae

实验七　农药质量简易鉴定

一、实验目的和要求

（1）掌握常见农药的简易鉴定方法。

（2）能够正确识别常用农药剂型，并掌握鉴定其质量的方法，操作规范，结论客观。

二、实验原理

1. 农药剂型

粉剂：成分原药和惰性粉（黏土、高岭土、滑石粉），为疏松粉末、无团块，一般含水量在 5% 以下。95% 过 75 μm 筛。用于喷粉或拌种，黏着力差。

可湿性粉剂：成分原药和湿润剂、惰性粉。可兑水喷雾。质量标准要求：外观为自由流动的粉末；有效成分不低于标明的含量；水分含量一般不高于 3.0%；酸碱性一般为中性，pH 范围一般为 5~9；润湿性以润湿时间计算，老品种为 5~15 min，新品种 1~2 min；悬浮率老品种 40% 左右，新品种 70% 左右；热储稳定性一般要求（54±2）℃贮存 14 d，有效成分分解率不高于 10%。各项质量标准中，以润湿性和分散性最为重要。

乳油：成分原药加入溶剂（二甲苯、甲苯、苯和石油烷烃等）、助溶剂（甲醇、乙醇、苯酚和乙酸乙酯等）、乳化剂（土耳其红油、双甘油月桂酸钠等），为均相液体，无沉淀或悬浮物。可兑水喷雾，触杀效果好。质量标准主要为：外观为单相透明液体；有效成分应不低于规定的含量；自发乳化性、乳化稳定性、酸碱度、水分含量、热贮稳定性、冷贮稳定性、闪点等符合规定的标准。

水可分散性粒剂：成分原药和湿润剂、分散剂、崩解剂、稳定剂、黏结剂及载体等组成。优点：无粉尘飞扬、有效成分含量高、稳定性好、颗粒崩解快。

颗粒剂产品应粗细均匀，不应含有过多粉末。

2. 农药气味

有机磷农药有强烈的刺激味。对硫磷有大蒜气味，菊酯类农药的气味相对温和一些，例如胺菊酯就具有除虫菊一样的气味。

3. 农药法规

《农药管理条例》明确规定："禁止生产、经营和使用假农药。"有下列情形之一的为假农药。

①以非农药冒充农药或者以此种农药冒充他种农药；

②所含有效成分的种类、名称与产品标签或者说明书上注明的农药有效成分的种类、名称不符；

③假冒、伪劣、转让农药登记证或农药标签；

④国家正式公布禁止生产或因不能作为农药使用而撤销登记的农药。

《农药管理条例》明确规定："禁止生产、经营和使用劣质农药"。有下列情形之一的为劣质农药。

①不符合农药产品质量标准；

②已超过质量保证期并失去使用效能；

③混有导致药害等有害成分；

④包装或标签严重缺损。

三、实验材料、仪器和设备

烧杯、放大镜、镊子、解剖镜、解剖针、培养皿，各剂型农药等。

四、实验方法和步骤

1. 从包装上鉴别

国家规定：农药产品包装必须贴有标签或附具说明书，上面应当注明农药名称、企业名称、地址、产品批号和农药登记证号或者农药临时登记证号、农药生产许可证号或者农药生产批准文件号。还应当注明农药的有效成分、含量、重量、产品性能、毒性、用途、使用技术、使用方法、生产日期、有效期和注意事项等。如上述标志残缺，尤其是农药名称、企业名称和地址、产品批号、有效成分、生产日期短缺或不完整，可能是假农药。农药的有效期一般是从产品生产日期算起，时间为 2 年。此外，还可检查厂家包装的瓶、包、箱的封口，如有明显的拆封痕迹或现象，则质量可疑。

2. 从外观上判别

（1）粉剂、可湿性粉剂：观察制剂是否为疏松粉末、有无团块，颜色是否均匀。

（2）乳油：观察制剂是否为均相液体，有无沉淀或悬浮物。加水稀释后，肉眼观察乳液是否均匀，是否有可见的漂浮颗粒、油滴、沉淀物。农药瓶内出现分层现象的乳剂，可用力摇动药瓶，使农药均匀，静置 1 h，观察是否还是分层。把发生沉淀的乳油连瓶放入 5~100 ℃的热水中，经过 1 h 后观察沉淀物溶解情况。

（3）悬浮剂：是否为可流动的悬浮液，无结块。少量分层的悬浮剂，经摇晃后能否恢复原状。

（4）熏蒸片剂：是否粉末状。

（5）水剂：是否为均相液体，有无沉淀或悬浮物，加水稀释后是否出现混浊沉淀。

（6）颗粒剂：是否粗细均匀，是否含有过多粉末。

3. 从气味上鉴别

用手在瓶口轻轻地扇动一下，微微嗅一下味道。

4. 加水观察

（1）可湿性粉剂。细度的测定：称 10 g 配制好的可湿性粉剂于 44 μm 筛中，盖好筛盖，均匀摇动，使小于 44 μm 的粉粒全部筛出，称量未通过 44 μm 筛可湿性粉剂的重量。一般要求 95% 通过 44 μm 筛。

润湿时间的测定：在烧杯中倒入一定量的标准硬水，称量配制好的可湿性粉剂 5 g 在距液面 2 cm 的高度倒入标准硬水中，开始计时，至 5 g 可湿性粉剂全部被水润湿的时间为润湿时间，一般要求润湿时间小于 2 min。

（2）乳油。

① 在 100 mL 量筒中加入 100 mL 硬水，用滴管吸取供试乳油，滴 1~2 滴加于量筒中，观察其分散性，分级标准如下。

一级：良，能自动分散蓝色光的乳白色雾状，反转无可见粒子，量筒壁上有一层蓝色乳膜。

二级：中，呈透明雾状。

三级：差，呈油珠下沉。

② 乳化性观察：在 100 mL 量筒中加入 100 mL 硬水，用滴管吸取供试乳油，滴加至量筒中，盖上盖子，量筒反复倾倒，观察乳化状态，分级标准如下。

一级：良，乳液呈蓝色光的浓乳白色，迅速倒置量筒，乳液壁上形成蓝色的乳膜。

二级：乳液呈一般白色或者稍带蓝色光的不太浓的乳白色。

三级：呈苍白色乳液，有悬浮颗粒。

③稳定性观察：乳液室温下放置 1 h，分级标准如下。

一级：良，形成蓝色雾状，乳油透明。

二级：中，少许沉淀或者浮油。

三级：差，有沉淀或者浮油。

五、实验结果与分析

（1）记载相关的实验数据，并进行计算、比较和分析；查阅相关剂型检测国家标准，判定农药是否合格。

（2）一种好的农药制剂应当具备怎样的标准？请从所获得的结果结合农药剂型加工的理论知识加以分析和判断。

第五部分　果蔬植物保护（病害识别与鉴定实验）

实验一　蔷薇科果树病害的识别与鉴定

一、实验目的和要求

掌握苹果、梨、桃等蔷薇科果树主要病害的诊断特征。

正确识别腐烂病、早期落叶病、黑星病、炭疽病、轮纹病、锈病、白粉病、锈果病等蔷薇科果树主要病害的症状和病原特点。

二、实验原理

1. 苹果树腐烂病（*Valsa mali*）和梨树腐烂病（*ambiens*）

（1）症状。苹果腐烂病主要有溃疡型和枝枯型2种病斑类型。

① 溃疡型：主要发生于主干，初期病斑红褐色，水渍状，稍隆起，病组织松软，用手指按压则下陷。表皮易剥离，皮层呈红褐色腐烂，烂皮有浓烈的酒糟味；后期病斑干缩凹陷，硬化，边缘开裂，表面产生许多小黑点（子座）；润湿时，小黑点上可溢出黄色丝状孢子角。

② 枝枯型：主要发生于2~4年生小枝及剪口、侧枝、辅养枝及果柄果台上。病斑形状不规则，迅速围枝一周，导致枝条枯死；后期病部亦可产生小黑点，并溢出黄丝。

苹果树腐烂病的症状特点可概括为"皮层烂，酒糟味，小黑点，冒黄丝"。梨树腐烂病症状特点与苹果树腐烂病相似。但病斑面积较大，深度较浅，后期干燥病斑表面常发生龟裂，腐烂皮层酒糟味较淡，后期产生的小黑点小而密，孢子角颜色较淡，呈浅黄色。

（2）病原。有性态属真菌界子囊菌门黑腐皮壳属，无性态属无性菌类壳囊孢属（*Cytospora*）。病斑上的小黑点为病菌子实体，有2种：一种是形态较大的内子座，子座内生有多个子囊壳，每个子囊壳均有1个孔口，子囊壳圆烧瓶状；子囊棍棒形，子囊孢子成熟后，子囊壁易消解；子囊孢子无色，单胞、香蕉形。另一种是形态较小的外子座，子座内生有多腔室的分生孢子器，各腔室大小、形状均不相同，但有一个共同的孔口；分生孢子梗无色、分枝或不分枝；分生孢子无色、单胞、香蕉状，内有油滴。孢子生成后与胶体物质混合在一起，遇雨水或高湿时，吸水膨胀，形成丝状孢子角，从孔口挤出。

2. 苹果、桃干腐病（*Botryosphaeria dothidea*）

（1）症状。

①苹果干腐病主要为害主枝和侧枝。也可为害主干。幼树多在嫁接口附近发病，病斑暗褐色，围茎一周可致全株死亡；主干上部发病，常形成带状条斑，表面凹陷，边缘开裂。大树常在主枝及侧枝上发病，病斑褐色至深褐色，干缩凹陷，长条形、椭圆形或不规则形，表面常有纵横裂纹，病斑一般较浅，严重时也可烂至木质部。病斑围枝一周，可造成枝枯。病斑及枯枝上常有密而小的黑点，润湿时黑点上冒出灰白色黏液。

②桃干腐病主要为害主干和主枝。初期病部表皮呈椭圆形下陷，变褐色，有豆粒状的胶点。胶点下组织腐烂，具酒精味，逐渐发展到木质部，后期病部干缩凹陷，密生黑色小粒状子座，内藏子囊壳和分生孢子器，遇雨出现橙黄色分生孢子角。当病斑围绕干枝一周时则树或主枝死亡。

（2）病原。有性态属真菌界子囊菌门葡萄座腔菌属。无性态可产生 2 种孢子，一种为大茎点霉属（*Macrophoma*），分生孢子器散生，分生孢子无色，单胞，长椭圆形；另一种为小穴壳（*Dothiorelia*）型，分生孢子器与子囊壳混生于同一子座中。分生孢子亦为无色，单胞，长椭圆形。子座内生子囊腔。子囊座圆形或洋梨形，黑褐色，具乳突状孔口。子囊长棍棒状，双囊壁。子囊孢子单无色，椭圆形，有拟侧丝。

3. 苹果、梨轮纹病（*Botryosphaeria berengeriana f.sp. piricola*）

（1）症状。主要为害枝干与果实。在枝干上先以皮孔为中心形成瘤状突起，在突起周围形成坏死斑。秋后病斑停止扩展，边缘开裂、翘起，形成一环形沟；第二年病斑继续扩展，环形沟外形成一环状坏死斑，秋后又开裂翘起，逐年扩展形成轮纹状病斑。病斑多时，树皮粗糙，故又称粗皮病。在二年生的坏死斑上可产生小黑点，潮湿时，其上可溢出灰白色黏液。果实上病斑圆形，褐色，呈颜色深浅交错的轮纹状，表面不凹陷，腐烂果肉可深达果心。后期从病斑中部开始逐渐产生小黑点，散生。严重时全果腐烂，最后失水呈黑色僵果。

（2）病原。有性态属真菌界子囊菌门葡萄座腔菌属。子囊壳球形或扁球形，内生子囊及侧丝。子囊孢子无色，单胞，椭圆形。自然界无性态常见。无性态属真菌界元性菌类大茎点霉属（*Macrophoma kawatsukai*）。病斑上的小黑点多为病菌的分生孢子器。分生孢子无色，单胞，梭形至长椭圆形。

4. 苹果、梨、桃炭疽病（*Colletotrichum gloeosporioides*）

（1）症状。果实病斑圆形或近圆形，表面凹陷，褐至红褐色，从内向外逐渐产生排成同心轮纹状的小黑点。潮湿时，小黑点上可溢出淡黄褐色至粉红色黏液；病果肉变褐，腐烂，具苦味。后期病果失水萎缩成为黑色僵果。在苹果、梨上，病斑纵切面均是漏斗形，并可直达果心；桃炭疽病果呈明显的同心环纹状皱缩，后全果软腐；在葡萄的某些品种上，病斑初为淡褐色至褐色放射状菌索型，表面不凹陷，后发展为圆形凹陷病斑。桃枝条发病主要发生在早春的结果枝，病斑褐色，长圆形，稍凹陷，伴有流胶。气候潮湿时，病斑上密布粉红色孢子，病梢多向一侧弯曲，当病斑围绕枝条一周后，枝条上部即枯死，病枝未枯死部分，叶片萎缩下垂，并向正面卷成管状。新梢受害，初在表面产生暗绿色水渍状长椭圆的病斑，后渐变为褐色，边缘带红褐色，略凹陷，表面也长有橘红色的小粒点。叶片发病，产生近圆形或不整形淡褐色的病斑。病、健分界明显，后病斑中部呈灰褐色或灰白色，有橘红色至黑色的小粒点长出，最后病组织干枯，脱落，造成叶片穿孔。观察病害标本，注意病斑的凹陷状态及有无粉红色物质。

（2）病原。属真菌界无性菌类炭疽菌属。病部小黑点是该菌的分生孢子盘，粉红色黏液为分生孢子和胶体物质的混合物。分生孢子盘枕状，无刚毛，盘内平行排列一层圆柱形的分生孢子梗。分生孢子梗无色，单胞，顶生无色、单胞、椭圆形的分生孢子，内含 2 个油球，周围有胶状物质。

5. 苹果褐斑病（*Marssonina mali*）

（1）症状。主要为害叶片。病斑中部褐色，边缘绿色，外围黄色，上生小黑点。症状分为 3 种类型。

①同心轮纹型：病斑圆形或近圆形，边缘明显，小黑点在病斑上排列成同心轮纹状。

②针芒型：病斑不规则形，呈针芒状向四周放射，无明显边缘。

③混合型：病斑中部近圆形，上生小黑点，但无明显同心轮纹，外围呈针芒状放射。

（2）病原。真菌界无性菌类盘二孢属。病斑上小黑点即为病菌的分生孢子盘。分生孢子盘初生于表皮下，成熟后突破表皮外露。分生孢子梗无色，单胞，圆柱形，呈栅状排列。分生孢子无色，双胞，上胞较大而钝圆，下胞较狭窄而尖，分隔处稍缢缩，像葫芦状，偶有单胞。

6. 苹果轮斑病与斑点落叶病（*Alternaria alternataf.sp. mali*）

（1）症状。

①轮斑病：多在老叶上发生。病斑较大，圆形或半圆形，边缘整齐，褐色，有明显轮纹。潮湿条件下，病斑背面可产生黑色霉层，不易造成叶片脱落。

②斑点落叶病：为害嫩叶，病斑中等，圆形、近圆形或不规则形，红褐色，经常有轮纹和环纹，可造成叶片扭曲畸形，严重时早期脱落。潮湿条件下，病斑上也可产生黑色霉状物，但不明显或稀疏。

（2）病原。轮斑病菌和斑点落叶病菌均属真菌界无性菌类链格孢属，两者形态相同，但致病力不同。分生孢子梗自气孔伸出，丛生，暗褐色，合轴状，多细胞。分生孢子顶生或侧生，偶有链状，短倒棍棒形，暗褐色，具纵横隔膜。

7. 梨黑斑病（*Alternaria kikuchiana*）

（1）症状。为害果实和叶片。果实上病斑黑色，圆形或近圆形，凹陷。叶上初形成圆形黑色小斑点，扩展后为圆形、近圆形或多角形，病斑中央灰白色，边缘黑褐色，常有轮纹。润湿条件下，病斑表面可产生许多墨绿色到黑色霉状物。

（2）病原。属真菌界无性菌类链格孢属。分生孢子梗暗褐色，直立，有分隔。分生孢子短，倒棍棒形，暗褐色，有纵横隔膜。

8. 苹果白粉病（*Podosphaera leucotricha*）、梨白粉病（*Phyllactinia pyri*）和山楂白粉病（*Podosphaera oxyacanthae*）

（1）症状。

①苹果白粉病主要为害新梢和叶片，也可感染幼果。受害部位表面产生白色粉状物或粉斑。新梢受害，造成新梢叶片簇生，细长，扭曲，常不能展开，且表面布满白色粉状物。新梢停止生长，严重时枯死，后期（秋季）在病梢或病梢叶片的叶柄上产生黑色毛刺状物。叶片受害，表面多形成白色粉斑，严重时亦可布满白色粉状物。幼果发病，常造成果实开裂、畸形。

②梨白粉病只为害叶片。初期在叶片背面产生白色粉状物，后期其上产生黑褐色小颗粒（闭囊壳）。

③山楂白粉病幼叶被害初期发生淡紫色或黄褐色病斑，以后叶片正、背两面出现白粉，以叶背为多，严重时叶片扭曲纵卷，后期病斑转为紫褐色，出现小黑粒（子囊壳）。新梢受害后生长细弱，节间短，叶细卷缩，新叶扭曲纵卷，嫩茎布满白粉，严重时枯死，布满白粉。花蕾受害多在近蕾柄处，病部先出现粉红色小点，后密生白色粉层，畸形肿大，轻者仍可开花坐果，但最终多数自病部脱落。果实受害后，病斑硬化龟裂，果形不正，着色差。

（2）病原。3种白粉病病原均属真菌界子囊菌门核菌纲白粉菌目，其中苹果白粉病和山楂白粉病为叉丝单囊壳属，梨白粉病为球针壳属。

① 苹果秋季病梢上产生的黑色毛刺状物即为病菌的闭囊壳，闭囊壳球形，黑褐色，顶部产生多条长而坚硬的附属丝。附属丝顶端有时呈二叉状分枝。每个闭囊壳内有一个球形或近球形子囊。子囊孢子无色，单胞，椭圆形。

② 山楂白粉病上的小黑粒为闭囊壳，暗褐色，球形，顶端有刚直的附属丝。附属丝顶端具2~5次叉状分枝。分生孢子梗粗短，不分枝。分生孢子串生，无色，单胞。

③ 梨白粉病菌闭囊壳黑色，于"赤道"部位着生多根球针状附属丝；壳内子囊多个，卵圆形，每个子囊内有2个子囊孢子。子囊孢子无色，单胞，椭圆形。

9. 苹果锈病（*Gymnos porangium yamadai*）和梨锈病（*G. haraeanum*）

（1）症状。两种锈病症状相同。主要为害叶片，也可为害幼果、叶柄、果柄等。无论哪个部位发病，其主要特点均为病部橙黄色，组织肥厚，肿胀，病部初生黄色小点（性孢子器），后期变成黑色，晚期病斑上长出黄白色毛刷物（锈孢子器）。叶片受害，性孢子器产生在叶正面，锈孢子器产生于叶背面。其他部位受害，性孢子器与锈孢子器均产生于病斑表面。

（2）病原。两种病菌均属真菌界担子菌门胶锈菌属。冬孢子产生于转主桧柏上，双胞，黄褐色，梭形，具有长柄，长柄遇水胶化。性孢子椭圆形，锈孢子球形，表面具细瘤。

10. 梨黑星病（*Venturia nashicola*；*V. pirina*）

（1）症状。为害果实、嫩梢、叶片、芽、叶柄、果柄等幼嫩绿色部分。嫩梢发病，基部布满紫黑色霉层，霉层可向上扩展，到达叶柄甚至叶片基部，严重时造成新梢枯死。叶片受害，多在叶片背面的叶脉两侧产生墨绿色至黑色霉状物，严重时霉状物布满整个叶背，叶片正面与霉状物相对应处出现褪绿黄斑，有时叶片正面也可产生霉状物。重病叶片往往变黄而早期脱落。芽受害，鳞片上布满黑色霉状物，严重时芽变黑枯死，轻病芽翌年萌发形成病梢。幼果受害，病斑黑色，表面生浓密黑霉，病果往往不能长大，畸形，甚至龟裂，常早期脱落。果实膨大前期受害，病斑黑色凹陷，上生黑霉，随果实生长而呈畸形果。病斑表面常产生稀疏的黑色霉状物或无霉状物。

（2）病原。有性态属真菌界子囊菌门黑星菌属。有2个种：*Venturio nashicola* 主要为害日本梨和中国梨；*V. pirina* 主要为害西洋梨。无性态属真菌界无性菌类黑星孢属真菌（*Fusicladium*）。子囊腔在过冬后的落叶上产生。叶背较多，初埋生，后外露，深褐色，近球形。子囊孢子长卵圆形或椭圆形，偏下方有一横隔，黄褐色。病部产生的褐色至灰黑色霉状物即为病菌的分生孢子梗与分生孢子。分生孢子梗丛生，短粗，暗褐色，单胞，梗壁上有许多钝形齿状突起（孢子痕）。分生孢子顶生或侧生，淡褐色，单胞（偶有双胞），瓜子形或纺锤形。

11. 桃缩叶病（*Taphrina defornans*）

（1）症状。叶片肥厚，皱缩，呈波纹状，渐变红褐色，后期于病叶表面产生一层粉状物，严重时病叶变褐、焦枯、脱落。

（2）病原。真菌界子囊菌亚门外囊菌属。病部灰白色粉状物为病菌的子囊与子囊孢子。子囊呈层状平行排列于寄主表面，圆筒形，子囊下有足细胞。子囊孢子无色，单胞，近球形至椭圆形，在子囊外可芽殖。

12. 桃穿孔病（*Xanthomonas arboricola pv. pruni*；*Clasterosporium carpophilum*；*Pseudocercospura circumscissa*）

（1）症状。

①细菌性穿孔病：穿孔边缘不整齐，多在叶脉两侧或叶片边缘发生，病斑紫褐色至

黑褐色，外围有黄晕。

②霉斑穿孔病：穿孔边缘整齐，无坏死残余组织；病斑褐色，潮湿时叶背长污白色霉状物。

③褐斑穿孔病：穿孔边缘整齐，有明显的坏死残余组织；病斑中部淡褐色，边缘紫色或红褐色，斑上有一明显的环纹，潮湿时病斑上长出灰褐色霉状物。

（2）病原。

①细菌性穿孔病菌（*Xanthomonas arboricola pv. pruni*）：属变形细菌门黄单胞菌属。菌体短杆状，单根极生鞭毛，革兰氏染色反应阴性，肉汁胨培养基上菌落黄色。

②霉斑穿孔病菌（*Ctasterosporium carpophilum*）：属真菌界无性菌类刀孢霉属。分生孢子梗丛生；分生孢子棍棒形或纺锤形，3~6个分隔，黑褐色。

③褐斑穿孔病菌（*Pseudocercospora circumsczssa*）：属真菌界无性菌类假尾孢属。分生孢子梗丛生；分生孢子细长，鞭状或倒棍棒形，3~9个分隔，橄榄色。

13. 桃、杏、李褐腐病（*Sclerotinia fructicola*；*S. laxa*；*S. fructigena*）

（1）症状。可为害果、花、叶、茎。从幼果至成熟果均可发病，以果实接近成熟期发病重。病部褐色，水渍状腐烂。湿度大的条件下，病部易长出灰褐色绒球状霉层（分生孢子梗和分生孢子），多呈同心轮纹状排列。花受害，初形成水渍状病斑，后扩展至全花，使其变褐软腐，并在病部丛生灰色霉层，最后花干枯附着于枝上，不脱落。嫩叶受害自叶缘开始发病，病叶变褐萎垂，状若霜害，残留枝上。枝条受害往往以病花等为中心形成病斑。枝条发病多是从病花、病叶扩展到花梗或叶柄，然后再向下蔓延至枝梢，形成边缘紫褐色、中央灰褐色的长圆形溃疡斑，并常伴有流胶。湿度大时，产生灰色霉层。病斑环绕枝条使上部病枝梢枯死。

（2）病原。有性态属真菌界子囊菌门核盘菌属。有3个种。无性态属真菌界无性菌类丛梗孢属（*Monilia*）真菌。落地越冬的僵果（假菌核）上可产生子囊盘。子囊盘紫褐色，具柄，盘上生子囊和侧丝组成的子实层。子囊孢子无色，单胞，柠檬形至椭圆形。分生孢子梗短，分枝或不分枝，顶端串生分生孢子。分生孢子无色，单胞，柠檬形至椭圆形。

14. 苹果、梨青霉烂果病（*Penicillium expansum*；*P.italicum*）

（1）症状。发生在储藏运输期。病斑圆形或近圆形，呈局部性腐烂，表面淡灰绿色至淡褐色，常有凹陷。条件适宜时，全果迅速腐烂，果肉呈烂泥状，有特殊的霉味。随着病斑的扩展，从病斑表面中心开始逐渐产生霉丛或霉层。霉状物初为白色，渐变灰色，最后成为青绿色，有时霉状物可排列成轮纹状。腐烂病果失水干缩后，常仅留一层果皮。

（2）病原。真菌界无性菌类青霉属。病果表面产生的霉状物即为病菌的分生孢子梗与分生孢子。分生孢子梗无色，呈帚形分枝，分枝顶端着生无色瓶状小梗，小梗上产生串状、球形、无色、单胞的分生孢子。

15. 苹果霉心病（*Alternaria sp.*; *Trichothecium roseurn*; *Fusarium monilifor me*）

（1）症状。仅在储运期发生。主要特点是果肉从内向外逐渐腐烂。初期表面无异常，切开果实可见果心变褐坏死，并有白色或粉红色或青绿色或黑色等颜色的霉状物；后期霉状物突破心室向果肉扩展，导致果肉腐烂；严重时果肉大部腐烂。果皮外可见不规则的褐色斑块。

（2）病原。由真菌界无性菌类链格孢属、单端孢属和镰刀菌属等多种弱寄生真菌引起。链格孢分生孢子梗屈曲状。分生孢子卵形，链生，淡褐色，纵横分隔。单端孢分生孢子梗顶端向基性产生成串分生孢子，并聚集成孢子头。分生孢子近卵形，浅粉红色，双胞。镰刀菌产生两种分生孢子：小型分生孢子卵形，单胞，串生；大型分生孢子镰刀形，3~5 个分隔，孢子聚集时呈淡红色。

16. 苹果紫纹羽病（*Helicobasidium brebissonini*）

（1）症状。可为害苹果和多种果树。初发生于细根，后逐渐扩展到主根及根颈部。主要特点是病根表面缠绕有紫红色菌索或丝网状菌丝，甚至形成厚绒布状的菌丝膜。后期菌丝膜表面产生半球形紫红色菌核。病根皮层腐烂，木质部腐朽，但栓皮不腐烂，呈壳状套于根外，捏之易破碎。烂根有浓烈蘑菇味。

（2）病原。真菌界担子菌门卷担菌属。菌丝体紫红色，在病根外集结成菌丝膜和根状菌索，紫色或紫红色。菌丝膜外表着生担子和担孢子。担子无色，圆筒形，横隔成 4 个细胞，且向一方弯曲；每个细胞生出 1 个小梗。小梗无色，圆锥形，顶端着生无色、单胞、卵圆形的担孢子。担孢子无色，顶端圆，基部尖。菌核半球形，紫色。

17. 蔷薇科果树根癌病（*Agrobacterium tumefaciens*）

（1）症状。主要在根颈部形成肿瘤，肿瘤也可发生在主根与侧根上，甚至在地上主干、主枝基部。削弱树势，严重时常导致果树死亡。肿瘤形状、大小、质地因寄主不同而异。一般木本寄主的癌瘤大而硬，木质化，球形、扁球形或愈合成不规则形，少则 1~2 个，多达 10 个以上，大小差异很大。苗木上的癌瘤一般只有核桃大小，绝大多数发生在接穗与砧木的愈合部分。初生癌瘤乳白色或略带红色，光滑，柔软，后逐渐变褐色乃至深褐色，木质化而坚硬，表面粗糙或凹凸不平。

（2）病原。变形细菌门土壤杆菌属。菌体短杆状，具 1~4 根周生鞭毛，革兰氏染色反应阴性。在肉汁培养基上菌落白色，圆形，光亮，透明。

18. 苹果花叶病（*Apple mosazc vzrus*，ApMV）

（1）症状。叶片上出现褪绿斑块，使叶片颜色浓淡不均，呈现花叶状。严重时，褪绿部分可变黄或变白，甚至枯死。叶片畸形，有时也出现叶脉变黄、叶肉仍保持绿色的黄色网纹类型。

（2）病原。雀麦花叶病毒科等轴不稳环斑病毒属（*Ilarvirus*）。粒体球形，三分体，可感染苹果等多种木本植物。

19.苹果锈果病（*Apple scar skin viroid*，**ASSVd**）

（1）症状。为害果实。主要有 3 种症状类型。

①锈果型：从萼洼处开始，向梗洼方向放射出多条锈色斑纹，典型时斑纹为 5 条，并与心室相对应。斑纹由表皮细胞木栓化所致，形状不甚规则。严重时果面龟裂，果实畸形，果肉僵硬。

②花脸型：果实着色盾果面散生许多不着色的黄绿色斑块，使果实呈现黄绿相间的花脸状。

③混合型：果面上既有锈色斑纹，又有着色不均的花脸型。此外，在黄色品种上还可产生许多深绿色凹陷斑点，果面凹凸不平。

（2）病原。马铃薯纺锤块茎类病毒科苹果锈果类病毒属（*Apscaviroid*）。粒体为一条环状 ssRNA，无蛋白质衣壳。

三、实验材料、仪器和设备

（1）仪器用品：显微镜、幻灯机、投影仪、计算机、载玻片、盖片、解剖刀、挑针、软化液、棉蓝、切片、培养皿、蒸馏水、擦镜纸、徒手切片夹持物等。

（2）实验材料：果树主要病害（苹果：腐烂病、轮纹病、干腐病、根癌病、毛根病、根朽病、紫纹羽病、锈果病、炭疽病、霉心病、褐斑病、斑点落叶病、白粉病、小叶病等；梨：黑星病、黑斑病、锈病、白粉病、黄叶病、轮纹病、青霉病等；桃：软腐病、缩叶病、黑星病、炭疽病、穿孔病；核果类果树：根癌病、桃杏李干腐病、褐腐病、杏疔病、李子红点病等）的症状标本、新鲜材料、切片、挂图、照片、幻灯片、多媒体课件等。

四、实验方法和步骤

1.苹果树腐烂病和梨树腐烂病

（1）症状。观察两种腐烂病症状标本或照片，注意观察病斑的颜色、形状，以及边缘是否明显、病部柔软还是坚硬、是否凹陷、有无散生小黑点、小黑点类型是什么、有无黄色孢子角，辨别其异同。

（2）病原。取病部作徒手切片，镜检分生孢子器和子囊壳的形态特征，观察分生孢子梗、分生孢子和子囊孢子形态。注意两种腐烂病病菌形态是否一致。

2.苹果、桃干腐病

（1）症状。观察新鲜病害标本，注意病部腐烂特点、有无酒精味以及子座的着生情况。观察症状标本或照片，注意其与苹果树腐烂病的区别。

（2）病原。镜检病菌切片，观察分生孢子器和分生孢子的特点，以及子囊座、子囊、子囊孢子的形态特征。

3. 苹果、梨轮纹病

（1）症状。观察症状标本或照片，注意其症状特点。

（2）病原。镜检病菌切片，观察子囊壳及子囊孢子、分生孢子器及分生孢子的形态特征。

4. 苹果、梨、桃炭疽病

（1）症状。观察症状标本或照片，注意病斑表面是否凹陷、小黑点是否呈轮纹状排列、有无粉红色物质，并与轮纹病进行比较。

（2）病原。镜检病原切片，观察分生孢子盘、分生孢子梗及分生孢子的形态特征。挑取桃病部粉红色孢子团，观察分生孢子形状、颜色，注意有无油球。

5. 苹果褐斑病

（1）症状。观察病害标本，注意症状特点与类型。

（2）病原。取病叶作徒手切片，制片镜检，观察分生孢子盘、分生孢子梗及分生孢子的形态特点。

6. 苹果轮斑病与斑点落叶病

（1）症状。观察症状标本或照片，比较轮斑病与斑点落叶病的症状异同。

（2）病原。从叶片表面刮取黑色霉状物制片镜检，观察分生孢子梗及分生孢子的形态特征。

7. 梨黑斑病

（1）症状。观察病害标本或照片，注意其症状特点。

（2）病原。从病部刮取黑色霉状物制片镜检，观察分生孢子梗及分生孢子的形态特征。

8. 苹果白粉病、梨白粉病和山楂白粉病

（1）症状。观察3种白粉病症状标本，注意受害部位的病状与病征特点。

（2）病原。从病部挑取小黑粒制片镜检，观察闭囊壳及附属丝特征和着生部位，压破闭囊壳，观察壳内子囊的形态、数目以及子囊孢子的形状等，如为永久玻片直接观察即可，不得挤压。

9. 苹果锈病和梨锈病

（1）症状。观察病害标本，注意症状特点及性孢子器、锈孢子器的着生位置等。

（2）病原。从冬孢子角上挑取冬孢子制片镜检，观察冬孢子特点，注意冬孢子壁的薄厚、柄的长短等；镜检病菌切片，观察性孢子器和性孢子、锈孢子器和锈孢子的形态特点。

10. 梨黑星病

（1）症状。观察症状标本或照片，注意病斑颜色、是否凹陷及霉状物等特点。

（2）病原。刮取病部霉状物制片镜检，观察分生孢子梗及分生孢子特点；观察病菌有性态切片，注意子囊腔、子囊孢子形态等特征。

11. 桃缩叶病

（1）症状。观察标本，掌握病害症状特点。

（2）病原。镜检病菌切片，观察子实层、子囊及子囊孢子形态特征。

12. 桃穿孔病

（1）症状。观察病害标本，比较3种穿孔病症状异同。

（2）病原。分别观察3种病菌的玻片，注意细菌性穿孔病菌菌体形态特征，注意两种真菌性穿孔病菌的分生孢子梗和分生孢子的特征。

13. 桃、杏、李褐腐病

（1）症状。观察病害标本，注意果实上霉层是否呈球状和同心轮纹状排列。

（2）病原。挑取病果上霉层镜检，观察分生孢子梗及分生孢子的特征。

14. 苹果、梨青霉烂果病

（1）症状。观察症状标本或照片，注意病斑颜色、凹陷及霉状物特点。

（2）病原。挑取霉状物制片，观察分生孢子梗及分生孢子形态特点。

15. 苹果霉心病

（1）症状。观察症状标本或照片，注意病果腐烂特点及霉状物颜色等。

（2）病原。观察各种病菌玻片，注意其分生孢子梗和分生孢子特征。

16. 苹果紫纹羽病

（1）症状。观察症状标本或照片，注意菌丝、菌索及菌丝膜特点。可为害苹果和多种果树。

（2）病原。镜检病菌切片，观察菌索形态与结构。

17. 蔷薇科果树根癌病

（1）症状。观察症状标本，注意肿瘤的大小、颜色、外部形态、着生部位及木质化等。

（2）病原。用油镜检查病菌玻片，注意菌体形态和革兰氏染色反应。

18. 苹果花叶病

（1）症状。观察症状标本，注意叶片褪绿特点。

（2）病原。观察电镜照片，注意病毒粒体形态。

19. 苹果锈果病

（1）症状。观察症状标本或照片，区别不同症状类型的异同。

（2）病原。观察电镜照片或多媒体课件图片，注意类病毒粒体结构。

五、注意事项

使用高倍镜注意由近端向远端调节，以防压破玻片；使用油镜后及时擦拭干净。

六、实验结果与分析

（1）比较苹果轮纹病（果实）和苹果炭疽病的症状异同。

（2）比较苹果几种叶部病害的症状异同。

（3）绘苹果腐烂病菌子囊壳、轮纹病菌分生孢子器形态图。

（4）绘苹果褐斑病菌、梨黑星病菌、黑斑病菌无性态形态图。

（5）绘苹果炭疽病菌、梨黑星病菌无性态和有性态形态图。

（6）绘桃缩叶病菌和桃褐腐病菌形态图。

（7）比较桃树 3 种穿孔病症状的异同。

实验二　葡萄病害的识别与鉴定

一、实验目的及要求

掌握葡萄主要病害的诊断特征。

认识葡萄白腐病、霜霉病、黑痘病、穗轴褐枯病、褐斑病、炭疽病、黑腐病、根癌病、病毒病、毛毡病等 10 种主要病害的症状和病原特点。

二、实验原理

1. 葡萄白腐病（*Coniella diplodiella*）

（1）症状。可为害果粒、穗轴、果柄、叶片和枝蔓。穗轴、果柄受害，形成褐色水渍状病斑，病皮极易剥离，有土腥味，并可蔓延到果粒上。果粒受害后呈淡褐色腐烂，极易脱落。后期从果皮下密生许多灰白色小粒点（分生孢子器），小粒点上可溢出许多灰白色黏液，使果粒呈白腐状。严重时，可使整个果穗腐烂。最后病果失水干缩，变成猪肝色僵果，不易脱落。叶片受害，多从叶缘开始，病斑较大，外围淡黄褐色，中部褐色，半圆形或近圆形，轮纹状，后期病斑上散生灰黑色小粒点。老熟枝蔓发病，病斑暗褐色，稍凹陷，上生灰白色小点；后期病斑纵裂，肉质破碎，仅留下维管束，使病皮呈"披麻状"。

（2）病原。真菌界无性菌类垫壳孢属。分生孢子器圆形或扁圆形，顶端稍突起，底部壁较厚。分生孢子梗生于器底部，单胞，不分枝，淡褐色。分生孢子单胞，淡褐色至暗褐色，椭圆形或卵圆形，一端稍尖，内含 1~2 个油球。

2. 葡萄霜霉病（*Plasmopara viticola*）

（1）症状。主要为害叶片。叶片正面产生褪绿黄斑，背面产生白色霜霉状物。新梢、幼果发病，表面产生白色霜霉状物。

（2）病原。色菌界卵菌门单轴霉属。白色霜霉状物为病菌的孢囊梗和孢子囊。孢子囊梗从气孔中伸出，丛生，单轴直角分枝 3~5 次。孢子囊无色，卵形至椭圆形，顶端有乳突。卵孢子产生于病组织内部，球形，褐色，表面光滑，略有波纹状起伏。挑取少量白色霜霉状物制片镜检，观察孢囊梗的分枝特点、顶端状况及孢子囊形态等。

3. 葡萄黑痘病（*Sphaceloma ampetinum*）

（1）症状。主要为害绿色的幼嫩部分。果柄、叶柄、嫩梢、卷须等受害，斑长条形、梭形或不规则形，中部色浅呈灰、灰褐或灰黑色，边缘色深呈深褐或黑色，且病斑中部常凹陷、开裂。幼果发病，病斑圆形，中部凹陷呈灰白色，外部深褐色，边缘紫色，整个病斑似鸟眼状。潮湿时，病斑上可产生小黑点，并溢出灰白色黏液。叶片发病，病斑圆形或不规则形，中央灰白色，边缘暗褐色或紫褐色，后期病斑中央常破碎穿孔。

（2）病原。真菌界无性菌类痂圆孢属。分生孢子盘瘤状，基部埋生于寄主组织。分生孢子梗短小，无色，单胞。分生孢子椭圆形，无色，单胞，稍弯曲，两端各有 1 个油球。

4. 葡萄穗轴褐枯病（*Alternaria viticola*）

（1）症状。主要在花蕾期到幼果期发生。初在穗轴上产生淡褐色水渍状斑点，扩大后为淡褐色至褐色不规则形凹陷的病斑。病斑围绕受害部位一周，则造成其下部组织枯死。

（2）病原。属真菌界无性菌类链格孢属。分生孢子梗直立不分枝，上端屈状，有分隔，褐色，梗顶端色淡，孢痕明显，合轴延伸。分生孢子单生，倒棍棒状，褐色，砖格状分隔，喙较长。

5. 葡萄褐斑病（*Phaeoisariopsis Qitis*；*Phaeoramularia dissiliens*）

（1）症状。

①大褐斑病：病斑近圆形或不规则形，直径 3~10 mm，中部黑褐色，边缘红褐色，外围黄褐色，病斑背面可长黑褐色霉层，有时病斑中部有环纹。

②小褐斑病：病斑多角形或近圆形，直径 2~3 mm，深褐色，中部颜色稍浅，后期背面产生较明显的黑色霉状物。

（2）病原。大褐斑病菌属真菌界无性菌类褐柱丝孢属：分生孢子梗细长，褐色，多胞，常 10~30 根集结成束状，孢子梗束基部紧密结合在一起，顶部分开；分生孢子倒棍棒状，褐色，多胞，稍弯曲。小褐斑病菌属真菌界无性菌类色链格孢属：分生孢子梗由子座中伸出，疏散不成束，暗褐色，直或稍弯曲，隔膜多；分生孢子圆筒形或椭圆形，直或稍弯曲，暗褐色，有 1~4 个隔膜。

6. 葡萄炭疽病（*Colletotrichum gloeosporioides*）

（1）症状。病害一般只发生在着色后或近成熟果实上。初在果面产生针头大小的褐色圆形小斑点，扩大后，病斑凹陷，产生轮纹状排列的小黑点（分生孢子盘）。潮湿时，小黑点上溢出粉红色黏物质（分生孢子）。病斑可扩展到半个或整个果面，果粒变褐、软腐，易脱落，或逐渐干缩成僵果。通常，果穗上个别果粒先发病，3~4 d 后即扩展到全穗。果梗及轴上病斑暗褐色，长圆形，凹陷，严重时病部以下果穗干枯脱落。

（2）病原。属真菌界无性菌类炭疽菌属。分生孢子盘黑色。分生孢子梗无色，单胞，圆筒形或棍棒形。分生孢子无色，单胞，圆筒形或椭圆形。

7. 葡萄黑腐病（*Guignardia bidwellii*）

（1）症状。主要为害果实，也能感染新梢、叶片、叶柄等。果实被害后，发病初期产生紫褐色小斑点，逐渐扩大后，边缘褐色，中央灰白色，稍凹陷，发病果软烂，而后变为干缩僵果，有明显棱角，不易脱落。病果上生出许多黑色颗粒状小突起，即病菌的分生孢子器或子囊壳。叶片发病，病斑近圆形，淡黄色，扩大后为红褐色、圆形不规则的病斑，中间灰白色，外围暗褐色，上生出许多黑色小突起，隐约可见排列成环状。新梢、叶柄发病，病斑椭圆形或梭形，微凹陷，其上也生黑色小粒点。

（2）病原。有性态属真菌界子囊菌门球座菌属。假囊壳近球形，孔口不突出，壳壁很厚，一般 2~3 个假囊壳连在一起。子囊棍棒状，束生。子囊孢子无色，单胞，椭圆形或卵圆形。无性态属真菌界无性菌类叶点霉属。分生孢子器黑褐色，球形，器壁突出，顶端有孔口。分生孢子单胞，无色，卵形或椭圆形。病果上产生的黑色小粒点为分生孢子器或假囊壳，而其他部位产生的黑色小粒点多是分生孢子器。

8. 葡萄根癌病（*Agrobacterium tumefaciens*）

（1）症状。主要为害根颈、主根、侧根。由于冬季埋土，二年生以上的主蔓近地面处常受害。苗木则多发生在接穗和砧木愈合处。发病初期在病部形成似愈伤组织状的瘤状物，稍带绿色，光滑质软，随着瘤子的增大，表面粗糙，质地渐硬，并由绿色变为褐色，内部组织为白色。后期遇雨腐烂发臭，最后解体。癌瘤多为球形或扁球形，大小不一。发病植株生长衰弱，叶变黄，轻者影响树势，重者干枯死亡。苗木受害，早期地上部的症状不明显。病情不断发展，根系发育受阻，细根少，树体衰弱，病株矮小，茎蔓短，叶色黄化，提早落叶，严重时可造成全株干枯死亡。

（2）病原。属变形细菌门土壤杆菌属。菌体形态特征与苹果根癌病菌相似。

9. 葡萄病毒病（*Grapevine virus diseases*）

（1）症状。

①扇叶病：病株叶片略呈扇状，叶脉发育不正常，主脉不明显，由叶片基部伸出

数条主脉，叶缘多齿，常有褪绿斑或条纹。其中黄花叶株系病叶黄化，叶面散生褪绿斑，严重时使整叶变黄；脉带株系病叶沿叶脉变黄，叶略畸形。枝蔓受害，病株分枝不正常，枝条节间短，常发生双节或扁枝症状，宿主矮化。果实受害，果穗分枝少，结果少，果实大小不一，落果严重。病株枝蔓木质化部分横切面，呈放射状横隔。观察叶片扇形畸变情况，茎节有无变化。

②卷叶病：叶片从叶缘向下反卷。在红色品种上，主脉间变红；在白色品种上，主脉间变黄，显出绿色脉带。反卷叶片变皱缩、发脆，严重时，叶片坏死呈灼焦状。感病后红色品种果实颜色变淡，白色品种果实颜色变黄变暗，果实变小，着色不良，成熟期延长，植株萎缩。在某些鲜食品种上，叶片边缘变黄或灼伤焦枯，但不反卷。

（2）病原。葡萄扇叶病由豇豆花叶病毒科线虫传多面体病毒属（*Nepovirus*）葡萄扇叶病毒［Grapevine fanleaf virus（GFLV），Nepovirus］引起，粒体球形，二分体。葡萄卷叶病由长线形病毒科长线形病毒属（*Closterovirus*）葡萄卷叶伴随病毒［Grapevine leaf roll-associated virus（GLRaV），Closterovirus］引起，粒体长线形，单分体。

10. 葡萄毛毡病（*Eriophes vitis*）

（1）症状。仅为害叶片。初期病斑正面隆起，背面凹陷，凹陷处密生白色长毛状物，呈绒毯状，后期逐渐变成黄、红、红褐色。

（2）病原。为微型螨类，属蜘蛛纲绣壁虱属。

三、实验材料、仪器和设备

（1）仪器用品：显微镜、幻灯机、投影仪、计算机、载玻片、盖片、解剖刀、挑针、软化液、棉蓝、切片、培养皿、蒸馏水、擦镜纸、刀片、徒手切片夹持物等。

（2）实验材料：葡萄主要病害（白腐病、霜霉病、黑痘病、穗轴褐枯病、灰霉病、褐斑病、黑腐病、炭疽病、毛毡病等）的症状标本、病原标本、切片、挂图、照片、幻灯片、多媒体课件等。

四、实验方法和步骤

1. 葡萄白腐病

（1）症状。观察症状标本，注意各不同部位的受害特点、分生孢子器的颜色等。

（2）病原。取带有灰白色小点的果皮作徒手切片，镜检观察分生孢子器及分生孢子的形态特点。

2. 葡萄霜霉病

（1）症状。观察病害标本，注意症状及霜霉状物的产生位置、颜色。

（2）病原。取一块新鲜的已变黄叶片病斑放在载玻片上，加一滴 1%NaOH 或乳酚油，在酒精灯上煮沸使之透明，然后加盖玻片镜检，观察卵孢子颜色、形状、表面特征等。

3. 葡萄黑痘病

（1）症状。观察症状标本或照片，注意各受害部位的症状异同及病斑各层颜色。

（2）病原。观察病菌玻片，注意分生孢子盘、分生孢子梗和分生孢子的特点。

4. 葡萄穗轴褐枯病

（1）症状。观察症状标本或照片，与葡萄白腐病为害穗轴时的症状进行比较。

（2）病原。观察病菌玻片，注意分生孢子梗和分生孢子的特点。

5. 葡萄褐斑病

（1）症状。观察两种褐斑病病害标本，比较其症状异同。

（2）病原。分别从大、小褐斑病标本上刮取少量霉状物制片镜检，观察分生孢子梗与分生孢子的形态特征。

6. 葡萄炭疽病

（1）症状。观察病害标本，注意病部是否凹陷、小黑点如何排列、溢出的分生孢子团块何种颜色。

（2）病原。观察病菌玻片，注意分生孢子盘结构和分生孢子的形态特征。

7. 葡萄黑腐病

（1）症状。观察病害标本，注意其与白腐病的症状区别。

（2）病原。观察病菌玻片，注意假囊壳和子囊孢子、分生孢子器和分生孢子的形态特征。

8. 葡萄根癌病

（1）症状。观察症状标本，注意肿瘤的大小、颜色、外部形态、着生部位及木质化等。

（2）病原。用油镜检查病菌玻片，注意菌体形态和革兰氏染色反应。

9. 葡萄病毒病

（1）症状。观察两种病害叶片，注意各自症状特点。

（2）病原。观察电镜照片，比较两种病毒粒体的形态。

10. 葡萄毛毡病

（1）症状。观察症状标本，注意叶片病斑特征和毛状物的颜色、密度等，并与葡萄霜霉病（叶片）进行比较。

（2）病原。在显微镜下观察虫体形态。

五、预习要求

预习有关实验理论，明确各蔷薇科果树病害病原的分类地位，了解各病害症状特点。

六、实验结果与分析

（1）列表比较几种葡萄果实病害症状的异同。

（2）绘葡萄白腐病菌分生孢子器，葡萄霜霉病菌孢囊梗及孢子囊，葡萄大、小褐斑病菌分生孢子梗及分生孢子形态图。

实验三　小浆果病害的识别与鉴定

一、实验目的及要求

通过症状掌握小浆果主要病害的诊断特征；识别草莓叶枯病、蛇眼病、枯萎病、根腐病、灰霉病、炭疽病、灰斑病、蓝莓灰霉病、锈病，软枣猕猴桃茎基腐病等小浆果病害的症状和病原形态特点。

二、实验原理

1.草莓叶枯病（V形褐斑病）（*Gnomonia fragariae*）

（1）症状。仅为害叶片。初生紫褐色小斑，多分布在叶缘附近，扩大后形成黄绿色大斑。嫩叶罹病，多从叶尖开始，沿叶脉向里扩展，形成V形黄褐色坏死斑，边缘暗褐色，有时病斑上可出现轮纹，后期病部产生黑色小点，即病菌的子囊壳。通常叶片上病斑较少，多为一个大斑，易与轮斑病混淆，需镜检病原加以区别。

（2）病原。属真菌界子囊菌门日规壳属。子囊壳多在土壤中形成。子囊孢子长纺锤形，双细胞，无色。分生孢子盘呈黏块状。分生孢子椭圆形，单胞，无色。

2.草莓蛇眼病（*Ramularia grevineama*）

（1）症状。主要为害叶片。病斑多从下部老叶开始，逐步向上发展。发病初期在叶片上出现许多大小不等的近圆形紫红色小斑，以后中央转变成灰白至灰褐色，有时有紫红色轮纹。湿度高时，病斑表面产生白色粉状霉层，即病菌的分坐孢子梗和分生孢子。后期在病斑上可生出许多小黑点，即病菌的子囊座。严重时，叶片上病斑密布，病叶很快坏死枯焦。

（2）病原。属真菌界无性菌类柱隔孢属。分生孢子梗丛生，分枝或不分枝，基部子座不发达。分生孢子圆筒形至纺锤形，无色，单胞，或具1~2个隔膜。有性态为草莓球腔菌（*Mycosphaerella fragariae*），属真菌界子囊菌门球腔菌属。假囊光球形叠扁球形，初埋生，后露出表皮。子囊束生，长圆形或棍棒状。子囊孢子卵形，无色，具1个隔膜。

3. 草莓枯萎病（*Fusarium oxysporum*）

（1）症状。在草莓全生育期都可发生，以生长前期发病对生产影响大。发病多从一侧向全株发展，初期仅心叶变黄，有的卷缩或产生畸形叶，使病株叶片失去光泽，长势衰弱，随病害发展叶缘逐渐坏死，老叶呈紫红色萎蔫，终致全株枯黄坏死。剖开根冠和茎部，可见根部、茎部、果梗和叶柄维管束变褐。田间易与黄萎病混淆，但枯萎病新叶变黄、卷缩和畸形，多在高温季节发生，与黄萎有所不同。

（2）病原。属真菌界无性菌类镰刀菌属。大型分生孢子镰刀形至纺锤形，直或弯曲，基部有足细胞或近似足细胞，3~5个隔膜，以3个隔膜居多。小型分生孢子卵形或肾形，无色，单胞或双胞。厚垣孢子球形，多数单胞，顶生或间生，光滑或皱缩。

4. 草莓根腐病（*Fusarium oxysporum*）

（1）症状。主要为害根系。发病时由细小侧根或新生根开始，初出现浅红褐色不规则的斑块，颜色逐渐变深呈暗褐色。随病害发展全部根系迅速坏死变褐。地上部分先是外叶叶缘发黄、变褐，以后病株表现缺水状，坏死卷缩，由外叶逐渐向心叶发展至全株枯黄死亡。

（2）病原。已报道的病原物多达20种。红中柱型病原主要为色藻界卵菌门疫霉属草莓疫霉（*Phytophthora. fragariae*）；黑根腐型病原包括半知菌类尖孢镰刀菌（*Fusarium oxysporum*）、立枯丝核菌（*Rhizoctonia solani*）、终极腐霉（*Pythium ultimum*）和拟盘多毛孢属（*Pestalotiopsis sp.*）等。

5. 草莓灰霉病（*Botrytis cznerea*）

（1）症状。主要为害花和果实，也侵害叶片和叶柄。发病多从花期开始，病菌最初从将开败的花或较衰弱的部位感染，使花呈浅褐色坏死腐烂，产生灰色霉层。叶多从基部老黄叶边缘侵入，形成V形黄褐色斑，或沿花瓣掉落的部位感染，形成近圆形坏死斑，其上有不甚明显的轮纹，上生较稀疏的灰霉。果实染病多从残留的花瓣或靠近、接触地面的部位开始，也可从早期与病残组织接触的部位侵入。初呈水渍状灰褐色坏死，随后颜色变深，果实腐烂，表面产生浓密的灰色霉层。叶柄发病，呈浅褐色坏死、干缩，其上产生稀疏灰霉。

（2）病原。真菌界无性菌类葡萄孢属。分生孢子梗数根丛生，褐色，有隔膜，顶端有1~2次分枝，并密生小柄，端生大量分生孢子。分生孢子椭圆形至圆形，单胞，无色，常形成菌核。

6. 草莓炭疽病（*Colletotrichum gloeosporioides*）

（1）症状。可发生在叶片、叶柄、托叶、匍匐茎、浆果、根茎部等各个部位上，造成局部病斑和全株萎蔫枯死。茎叶上病斑一般长 3~7 mm，黑色，纺锤形或椭圆形，溃疡状，稍凹陷。病斑包围叶柄或匍匐茎一周时，病斑以上部分枯死；移栽后茎基部发病，导致草莓地上部枯萎，根部正常，切开发病茎基部可见由外向内发生褐变，发病初期萎蔫不明显，但可见新叶 3 出复叶的 3 个小叶大小差异明显。湿润条件下病部长出肉红色黏质孢子团；浆果受害，产生近圆形病斑，淡褐色至暗褐色，软腐状并凹陷，后期也可长出肉红色黏质孢子团。

（2）病原。半知菌亚门，炭疽菌属（*C. gloeospoioides*）为主，*C. acutatum Simmonds*、*C. fragariae Brooks* 等分布较少。*C. gloeospoioides* 分生孢子梗褐色、单胞、圆筒形或棍棒形；分生孢子圆柱形或圆筒状、单胞、无色、两端钝圆，内含 2~3 个油球，大小为（13~15μm）×（6~7μm）。在人工培养基上，未见分生孢子盘及分生孢子团形成。

7. 草莓灰斑病（*Phyllosticta fragaricola*）

（1）症状。又称褐角斑病、叶斑病。主要为害叶片、果柄、花萼，匍匐茎有时也受害。叶片染病，初形成小而不规则的褐色至紫红色病斑，病斑扩大后，中心变成灰白色圆斑，边缘紫红色，似蛇眼状，后期病斑上产生许多小黑点，即病菌的分生孢子器。果柄、花萼、匍匐茎染病后多形成边缘颜色较深的不规则形的黄褐至黑褐色斑，干燥时易从病部断折。

（2）病原。真菌界无性菌类叶点霉属。分生孢子器球形至扁球形，浅褐色，大部分埋生于寄主组织内。分生孢子卵圆形至椭圆形，浅色，表面平滑。

8. 蓝莓灰霉病（*Botrytis cinerea*）

（1）症状。主要为害蓝莓的花、幼果，新梢、叶片等幼嫩组织也可受害。一般在开花后期至花萎蔫后开始感染，花冠褐变腐烂，幼果上残留花器最早出现腐烂，病残体接触植株其他部位极易引起二次感染。幼果发病主要从果实萼片边缘侵入，前期出现淡褐色水渍状，迅速扩散到整个果面，呈褐色，后果实凹陷腐烂。叶片发病多从叶缘形成 V 形病斑，逐渐向叶片内部扩散，随时间增加，病斑颜色由浅入深，具轮纹状。潮湿天气下发病部位均可出现稀疏灰色霉层。

（2）病原。半知菌亚门葡萄孢属真菌，有性态为富氏葡萄核盘菌。分生孢子梗淡褐色，有隔膜，略弯曲，顶端细胞膨大呈球形，上面有许多小梗，小梗上聚生大量分生孢子，分生孢子椭圆形或卵圆形，单胞，淡褐色或无色。可产生黑色不规则菌核。

9. 蓝莓锈病（*Pucciniastrum vaccinii*）

（1）症状。受害叶片上出现棕红色锈斑，叶片背面形成红褐色夏孢子堆；病叶变黄，落叶早。

（2）病原。担子菌亚门膨痂锈菌属。

10. 软枣猕猴桃茎基腐病

（1）症状。一般近地面茎基部从剪口或叶痕开始褐变软腐，腐烂部位沿形成层向上和横向蔓延，表皮孔口或裂口流出褐色汁液，后期病组织呈湿滑粥状，上部叶片逐渐萎蔫枯死。病害一般不向根部扩展，并可从根部萌发出健康的枝条。

（2）病原。目前尚未确定，半知菌亚门镰孢菌属可能性较大。

三、实验材料、仪器和设备

（1）仪器用品。显微镜、幻灯机、投影仪、计算机、载玻片、盖片、解剖刀、挑针、软化液、蒸馏水、擦镜纸、刀片等。

（2）实验材料。草莓、蓝莓、软枣猕猴桃主要病害（草莓：叶枯病、蛇眼病、枯萎病、根腐病、灰霉病、炭疽病等）的症状标本、病原标本、切片、挂图、照片、幻灯片、多媒体课件等。

四、实验方法和步骤

1. 草莓叶枯病（V形褐斑病）

（1）症状。仔细观察标本，注意是否有 V 形黄褐色坏死斑、是否可见轮纹。

（2）病原。观察病菌玻片，注意子囊壳、子囊孢子和分生孢子盘、分生孢子的形态特点。

2. 草莓蛇眼病

（1）症状。仔细观察标本，注意观察病斑形状、大小，边缘和中心的颜色，有无小黑点。

（2）病原。观察病菌玻片，注意分生孢子梗及分生孢子的形态特征。

3. 草莓枯萎病

（1）症状。观察病害标本，注意观察维管束变色情况，以区别其他原因造成的萎蔫。

（2）病原。观察病菌玻片，注意几种类型孢子的形态特点。

4. 草莓根腐病

（1）症状。观察病害标本，比较根腐病与枯萎病的区别。

（2）病原。观察病菌玻片，注意几种类型孢子的形态特点。

5. 草莓灰霉病

（1）症状。观察病害标本，注意病斑形态和霉层特征。

（2）病原。挑取病部霉层制片，观察分生孢子梗和分生孢子的形态特征。

6. 草莓炭疽病

（1）症状。观察病害标本，注意病斑形状、颜色，有无肉红色黏质孢子团。

（2）病原。观察病菌切片，注意分生孢子梗和分生孢子形态，有无油球。

7. 草莓灰斑病

（1）症状。观察病害标本，注意病斑特点，是否有小黑点产生。

（2）病原。观察病菌玻片，注意分生孢子器和分生孢子的形态特点。

8. 蓝莓灰霉病

（1）症状。观察标本，注意发病部位，病斑形状、颜色，霉状物颜色、质地。

（2）病原。观察病菌玻片，注意分生孢子梗颜色、形状，分生孢子颜色和形状。

9. 蓝莓锈病

（1）症状。观察标本，注意病斑形状、颜色，夏孢子堆位置、颜色、质地。

（2）病原。制作简易玻片标本，观察夏孢子形状和颜色。

10. 软枣猕猴桃茎基腐病

（1）症状。观察标配或照片，记录腐烂发生的部位，观察病斑颜色、形状、质地、查看病征有无。

五、预习要求

预习有关实验理论，明确各小浆果病害病原分类地位，了解各病害的症状特点。

六、结果与分析

（1）列表比较草莓枯萎病、根腐病和炭疽病的症状异同。

（2）绘草莓枯萎病分生孢子、炭疽病分生孢子、蓝莓锈病夏孢子形态图。

实验四　十字花科蔬菜病害的识别与鉴定

一、实验目的和要求

掌握十字花科蔬菜主要病害的诊断特征；熟悉十字花科三大病害和黑斑病、白斑病、黑腐病等主要病害的症状特点；通过观察和镜检，掌握十字花科蔬菜主要病害病原物的基本形态特征。

二、实验原理

1. 白菜霜霉病（*Peronospora parasitica*）

（1）症状。秋菜上主要为害叶片。子叶上出现水渍状小斑点，有白色霉层。成株期叶片病斑水渍状，多角形，黄褐色。潮湿时，病斑背面生出白色霉层。采种株受害，花器畸形，变色，生出白色霉层。

（2）病原。属色菌界卵菌门霜霉属。孢囊梗为典型的二叉状分枝，顶端小梗弯曲呈钳状。孢子囊球形，无色。卵孢子黄褐色，不规则球形，表面不甚光滑。

2. 白菜黑斑病（*Alternaria brasicae*；*A.exitiosa*）

（1）症状。主要为害叶片。也可为害叶柄、花梗和种荚。白菜、萝卜、甘蓝、花椰菜等均可受害。叶片上病斑近圆形，灰白色至灰褐色，有明显的轮纹；叶柄上病斑梭形，暗褐色，凹陷；潮湿时病部产生黑色霉层。

（2）病原。属真菌界无性菌类链格孢属。有2个种分生孢子梗褐色，不分枝，但有分隔。分生孢子单生，淡褐色至黄褐色，手雷状，有长喙，具纵横隔膜。

3. 白菜白斑病（*Cercosporella albomaculans*）

（1）症状。白斑病主要为害叶片。还可为害油菜、萝卜等。初期病斑圆形，灰色，后呈浅灰色，边缘有深绿色晕圈。潮湿时，病部生出灰色霉层。后期病部变薄，易穿孔。

（2）病原。属真菌界无性菌类小白尾孢属。分生孢子梗束生，无色，多数直立而不分枝。分生孢子线形，无色，具1～4个分隔。

4. 白菜炭疽病（*Colletotrichum higgiszanum*）

（1）症状。主要为害叶片、叶柄和叶脉，有时可为害花梗和种荚等。叶片上形成近圆形病斑，较小，中央枯白色，边缘褐色，后期病斑穿孔。叶柄和叶脉上病斑梭形，凹陷，淡褐色；潮湿时，病部产生橘黄色黏稠物。

（2）病原。属真菌界无性菌类炭疽菌属。分生孢子盘中有黑褐色刚毛。分生孢子单胞，无色，卵圆形至长椭圆形。

5. 十字花科蔬菜白锈病（*Albugo candida*）

（1）症状。主要发生在叶片上。叶片正面病斑黄绿色，边缘不清晰；叶背病斑近圆形，稍突起的白色疱斑。白色疱斑具光泽，成熟时疱斑表皮破裂，散出白色粉末。花器也可受害出现疱斑。

（2）病原。属色菌界卵菌门白锈菌属。孢囊梗并列，短棍棒状，不分枝。孢子囊串生，单胞，无色，多数球形。

6. 十字花科蔬菜根肿病（*Pllasmodiophora brasszcae*）

（1）症状。蔬菜苗期即可受害。主要发生在根部。成株期植株发育不良、矮小、叶片发黄、萎蔫、枯萎，重者全株枯死；根部生成形状不整、大小不等的肿瘤，后期肿瘤可龟裂、腐烂。

（2）病原。属原生动物界根肿菌门根肿菌属。病菌在寄主根细胞内形成孢子囊，密集排列呈鱼卵块状；单个孢子囊球形，单胞，无色或淡色。孢子囊萌发可产生游动孢子。

7. 十字花科蔬菜菌核病（*Sclerotznia sclerotiorum*）

（1）症状。在蔬菜后期及留种株上发生较重。主要为害茎秆、叶片或叶球及种荚。病部产生水渍状、淡褐色的病斑。茎基部或叶球湿腐，扩展较快，表面长满浓密的白絮状霉层，以后产生黑色鼠粪状菌核。采种株茎秆组织内部腐朽，后期中空，内有黑色菌核。

（2）病原。属真菌界子囊菌门核盘菌属。菌丝无色，粗壮，发达，分隔明显，且密集，易纠结形成菌核。后期菌核表面呈黑色，球形或鼠粪状。子囊盘由菌核生出，黑褐色。子囊棍棒状。子囊孢子无色，单胞，椭圆形。

8. 白菜软腐病（*Erwinza carotovora subsp. carotovora*）

（1）症状。白菜多在包心期开始发病。菜株外叶萎蔫，重者外叶平贴地面，叶球外露，叶柄基部腐烂胶黏。有的从外叶边缘或心叶顶端开始腐烂。

（2）病原。属变形细菌门欧文氏菌属。菌体短杆状，单胞，多单生或双生，具 2~8 根周生鞭毛，草兰氏染色阴性反应，菌落圆形，灰白色。

9. 十字花科蔬菜黑腐病（*Xanthomonas campestris pv. campestris*）

（1）症状。主要在成株期为害叶片。病叶多从叶缘向内形成 V 字形、黄褐色病斑，边缘淡黄色，有的沿叶片中肋呈淡褐色干腐；重病株倒瘫。湿度大时，病部油渍状湿腐，溢出黄褐色菌脓。病株无臭味。

（2）病原。属变形细菌门黄单胞菌属。菌体短杆状，单胞，无色，可链生，具 1 根单极生鞭毛，革兰氏染色阴性反应。

10. 白菜病毒病（*Turnip mosaic virus* TuMV）

（1）症状。在白菜整个生育期均可为害。幼苗心叶明脉、褪绿、花叶、皱缩，重者扭曲畸形，叶脉上出现褐色坏死斑。成株期病株矮缩，叶片上可产生黑褐色小斑，病株根系发育不良。

（2）病原。主要为芜菁花叶病毒 [*turnip mosaic virus*(TuMV)，Potyvirus]，属马铃薯 Y 病毒科马铃薯 Y 病毒属（Potyvirus）。

三、实验的材料、仪器和设备

（1）仪器用品：载玻片、盖玻片、解剖刀、解剖针、移植针、清水滴瓶、刀片、酒精灯、镜头纸、显微镜、幻灯机、投影仪、计算机及多媒体教学设备等。

（2）实验材料：十字花科主要病害（病毒病、霜霉病、软腐病、白斑病、黑腐病、黑斑病、炭疽病、根肿病、菌核病等）的标本、新鲜材料、挂图、病原菌制备片，相应的多媒体教学课件（含幻灯片、录像带、光盘等影像资料）。

四、实验的方法与步骤

1. 白菜霜霉病

（1）症状。取病叶标本，注意观察病斑发生部位、形状、颜色及病斑背面霉状物的特点。

（2）病原。挑取病时背面霉层制片，镜检孢囊梗和孢子囊形态，注意孢囊梗分枝特点，孢子囊是否具乳状突？取干枯病叶用乳酚油透明后，镜检组织内卵孢子形状、壁厚薄、颜色及表面是否略带皱纹。

2. 白菜黑斑病

（1）症状。取病害标本，注意观察病叶和叶柄上病斑的形状区别、病斑颜色、有无轮纹及是否产生黑色的霉状物。

（2）病原。从病部霉层或培养基上挑取病菌，制片镜检分生孢子梗和分生孢子的形态，注意两种病菌在孢子大小、颜色、形状和分隔情况等方面的区别。

3. 白菜白斑病

（1）症状。取病叶标本，注意观察病斑形状、颜色及其上有否灰色霉状物、病斑周围是否浓绿。

（2）病原。从病斑背面挑敢霉层（保湿后多）制片镜检，注意观察分生孢子梗直或略弯、单胞、无色，分生孢子无色、线状或鞭状、直或微弯、具有分隔等特点。

4. 白菜炭疽病

（1）症状。取病叶标本，注意比较叶片、叶柄和叶脉上为害的异同之处；观察病斑形态、颜色、凹陷、黏稠物溢出等特点；并和黑斑病比较观察，注意病斑大小、轮纹有无等区别。

（2）病原。从病部挑取病菌制片，镜检分生孢子盘及分生孢子梗的形态；分生孢子的形状、大小、颜色；分生孢子盘上刚毛的形态和颜色等的特点。

5. 十字花科蔬菜白锈病

（1）症状。取病害标本，注意观察白锈病在白菜、萝卜等的叶片、茎秆和种荚上的为害特点、叶片正面病斑的颜色、边缘是否清晰、叶背病斑是否为乳白色圆形突起的疱斑、表皮是否破裂散出白色粉状物。

（2）病原。挑取病叶上疱状突起内的病菌制片或玻片标本，镜检孢囊梗和孢子囊，注意其形态、颜色和着生方式等特点。

6. 十字花科蔬菜根肿病

（1）症状。取病株根部，注意观察主根和侧根上的形状不整、大小不等的肿瘤形成情况及其与正常根系的区别。

（2）病原。从病根部标本上挑取病菌制片或取制备片，镜检孢子囊的形状、颜色和孢子囊密集排列呈鱼卵块状的特点。

7. 十字花科蔬菜菌核病

（1）症状。取受害组织，观察其分解腐烂的状态及其病菌霉层的表现特点，注意茎基部、叶球上及茎秆内是否生有黑色鼠粪状菌核。

（2）病原。从病部挑取菌丝制片镜检，注意其颜色、形态、分隔等特点。取培养产生的子囊盘或取其制备片，镜检子囊盘的形态、颜色；子囊和子囊孢子的颜色、形状等特点。

8. 白菜软腐病

（1）症状。观察白菜软腐病病株为害特点、腐烂起始部位和状态、颜色、是否有臭味。

（2）病原。切取新鲜材料病部制片，观察溢菌现象；进行细菌染色，观察菌体形态和革兰氏染色反应。

9. 十字花科蔬菜黑腐病

（1）症状。取病株标本，观察病斑形状、颜色等特点，是否呈 V 字形，病斑的菌脓有何特点，注意和软腐病的为害的异同。

（2）病原。观察方法可参照软腐病。

10. 白菜病毒病（*Turnip mosaic virus* TuMV）

（1）症状。观察白菜病毒病症状特点，注意植株是否矮化畸形、叶片颜色和形状有无变化、叶脉上有无坏死斑和明脉现象，根部发育是否正常。

（2）病原。可结合电镜照片或多媒体教学课件，观察病毒粒体形态。

五、预习要求

预习有关实验理论，明确十字花科蔬菜病害病害病原分类地位，了解各病害症状特点。

六、结果分析

（1）绘白菜霜霉病和黑斑病病原菌形态图。

（2）列表比较白菜主要叶部病害：霜霉病、病毒病、黑腐病、黑斑病、白斑病和炭疽病的症状特点。

（3）比较白菜软腐病和黑腐病的症状区别。

实验五 葫芦科蔬菜病害的识别与鉴定

一、实验的目的及要求

掌握葫芦科主要病害的诊断特征，为病害的正确诊断尤其是早期诊断、田间调查以及指导生产及时防治，提供科学依据。熟悉葫芦科蔬菜上为害较重的主要病害的症状和病原物的形态特点。

二、实验原理

1. 黄瓜霜霉病（*Pseudoperonospora cubensis*）

（1）症状。主要为害成株期叶片。病斑水渍状、多角形、黄褐色至红褐色。潮湿时，病斑背面生出灰黑色霉层。

（2）病原。属色菌界卵菌门假霜霉属。孢囊梗无色，无隔，呈单轴状锐角分枝。孢子囊卵球形，无色，顶端具乳头状土气。

2. 黄瓜黑星病（*Cladosporium cucurnerinum*）

（1）症状。苗期和成株期均可为害。可侵染叶片、卷须、茎蔓和瓜条，以幼嫩部分受害严重。子叶上产生黄白色圆形斑点；成株期叶片上病斑近圆形，淡黄褐色，易破裂，穿孔；卷须及茎蔓上病斑梭形，凹陷，开裂；瓜条上病斑暗绿色，不规则形。病斑上可溢出橘黄色胶质物。湿度大时，病部生出灰黑色霉层。

（2）病原。属真菌界无性菌类枝孢属。病部霉层为病菌的分生孢子梗和分生孢子。分生孢子梗细长，褐色，顶端有短分枝。分生孢子串生，多数单胞，椭圆形，浅褐色。

3. 瓜类枯萎病（*Fusarium oxysporurm f.sp. cucumerinum*）

（1）症状。典型症状是植株萎蔫。多在成株期开花结果后表现症状。病株似缺水状萎蔫，反复几次后不能复原。茎基部出现黄褐色条斑，常有胶质物溢出，易纵裂，潮湿时产生白粉色霉层；茎部维管束变褐色。

（2）病原。属真菌界无性菌类镰刀菌属。有 3 种类型的孢子：小型分生孢子无色，单胞，卵圆形或香蕉形；大型分生孢子无色，多胞，镰刀形或纺锤形；厚垣孢子淡黄褐色，近球形、光滑。

4. 瓜类炭疽病（*Colletotrichum orbiculare*）

（1）症状。在苗期和成株期均可为害。可侵染叶片、茎蔓和近成熟的瓜条。病苗茎基部产生褐色梭形凹陷病斑，子叶边缘形成半圆形的红褐色病斑；成株期叶片上形成红褐色圆形病斑；茎蔓上病斑梭形，常有胶质物溢出；瓜条上病斑圆形，黄褐色至红褐色，明显凹陷，常溢出橘红色的胶质物。

（2）病原。属真菌界无性菌类炭疽菌属。分生孢子盘中有黑褐色刚毛。分生孢子单胞，无色，卵圆形至长椭圆形。

5. 瓜类菌核病（*Sclerotinia sclerotiorum*）

（1）症状。苗期和成株期均可发病。主要侵染茎蔓和瓜条。以幼瓜、凋萎花蒂、叶腋处易发病。病部湿腐，扩展较快，表面长满浓密的白絮状霉层，以后产生黑色菌核。

（2）病原。属奥菌界子囊菌门核盘菌属。菌丝无色，粗壮发达，分隔明显且密集，易纠结形成菌核。菌核初白色，后表面呈黑色，球形、鼠粪状或不规则形。

6. 瓜类白粉病（*Sphaerotheca fuliginea*；*Erysiphae cucurbitacearum*）

（1）症状。主要为害叶片。病部初现白色小粉点，扩大呈白粉状斑，以后连片；后期粉层灰白色，其间产生许多小黑点。

（2）病原。有两种白粉菌：① *S. fuliginea*，属真菌界子囊菌丹单丝壳属。病菌分生孢子梗无色，短小，不分枝。分生孢子无色，单胞，椭圆形，串生。闭囊壳褐色，球形，表面具菌丝状附属丝。子囊单个，卵圆形。② *E. cucurbitacearum*，属真菌界子囊菌门白粉菌属，无性阶段与前者相似。闭囊壳褐色，球形，表面附属丝丝状，内有多个卵圆形子囊。

7. 黄瓜灰霉病（*Botrytis cinerae*）

（1）症状。主要为害叶片和果实。幼瓜受害严重。瓜条蒂部呈水渍状、褪色、变软，很快生出灰褐色霉层，病瓜易腐烂。叶片上病斑为水渍状，暗绿色，近圆形，有时呈隐约的轮纹。

（2）病原。属真菌界无性菌类葡萄孢属。分生孢子梗直立，多为褐色，顶端具1~2次分枝。分生孢子单胞，无色，球形至卵圆形。

8. 黄瓜疫病（*Phytophthora drechsleri*）

（1）症状。在整个生长期各个部位均可为害，以幼茎、嫩尖受害重。幼苗受害嫩尖缢缩，水渍状，其上部叶片枯萎，植株枯死。病叶上为水渍状，暗绿色，近圆形大斑，易扩展腐烂。嫩枝受害呈水渍状，暗绿色腐烂。病瓜条上为水渍状、暗绿色、近圆形凹陷斑。病害在湿度大时扩展快，病部生出稀疏的白色霉层。

（2）病原。属色菌界卵菌门疫霉属。孢子囊无色，卵圆形至长椭圆形，顶端具乳头状突起。孢子囊萌发产生游动孢子。卵孢子球形，淡黄色。

9. 瓜类蔓枯病（*Didyrnella bryoniae*）

（1）症状。主要为害叶片和茎蔓。叶片上病斑多从叶缘向内发展呈 V 字形或半圆形，黄褐色至枯黄色，后期病斑易破碎。病斑上密生小黑点。茎蔓上病斑梭形，黄褐色，有时溢出橘黄色胶质物，病蔓维管束不变色。

（2）病原。有性态属真菌界子囊菌门亚隔孢壳属，无性态为真菌界无性菌类茎点霉属（Phoma cucurbitacearum）。子囊壳球形，黑褐色。子囊棍棒状。子囊孢子无色，椭圆形，双胞。分生孢子器椭圆形。分生孢子椭圆形至圆柱形，无色，双胞。

10. 黄瓜绵腐病（*Pythium aphanidermatum*）

（1）症状。主要在瓜条近成熟期为害，近地面的瓜条易受害。果面上病斑水渍状，不规则形，青褐色至黄褐色，多凹陷，扩展很快，致病部腐烂，表面生出棉絮状的白色霉层。

（2）病原。属色菌界卵菌门腐霉属。菌丝无色，无隔。孢子囊姜瓣状。

11. 黄瓜细菌性角斑病（*Pseudomonas syringae pv. lachrymans*）

（1）症状。主要为害成株期叶片，偶尔可为害果实。病斑油渍状，多角形，枯白色至枯黄色。潮湿时，病斑边缘溢出乳黄色菌脓，干燥时结为菌痂。

（2）病原。属变形细菌门假单胞菌属。菌体短杆状，单胞，无色，具 1~5 根单极生鞭毛，革兰氏染色阴性反应。在 PDA 培养基上形成圆形乳白色菌落。

12. 瓜类病毒病（*Cucurbit virus diseases*)

（1）症状。在各种瓜类整个生育期均可为害，以成株期为害严重。心叶褪绿、花叶、皱缩，重者扭曲畸形。染病瓜条表现深绿与浅绿相间状斑块、果面凹凸不平或畸形。

（2）病原。有多种病毒。如黄瓜花叶病毒[*Cucumber mosaic virus*（CMV），*Cucumovirus*]，属雀麦花叶病毒科黄瓜花叶病毒属（*Cucumovirus*），粒体球形，三分体，寄主范围很广，由蚜虫以非持久方式传播。甜瓜花叶病毒（*Muslemelon mosaic virus*，MMV），该病毒名录上没有。

三、实验的材料、仪器和设备

（1）仪器用品：载玻片、盖玻片、解剖刀、解剖针、移植针、清水滴瓶、刀片、酒精灯、镜头纸、显微镜、幻灯机、投影仪、计算机及多媒体教学设备等。

（2）实验材料：黄瓜主要病害（霜霉病、枯萎病、细菌性角斑病、黑星 病、白粉病、炭疽病、菌核病、灰霉病、绵腐病、疫病、蔓枯病、褐斑病、细菌斑点病）的标本、新鲜材料、挂图、病原菌制备片，相应的多媒体教学课件（含幻灯片、录像带、光盘等影像资料）。

四、实验的方法与步骤

1. 黄瓜霜霉病

（1）症状。取病叶标本，注意观察病斑形状、颜色及病斑背面霉状物的特点等．

（2）病原。刮取病叶土灰色霉层制片镜检，注意观察孢囊梗的分枝、孢子囊的形态特征、孢子囊有无乳头状突起。

2. 黄瓜黑星病

（1）症状。取病害标本，观察各病斑形态、颜色及其上病菌表现状态、病部是否呈星形放射状开裂、后期病斑穿孔与否、病果上病斑形状、颜色及有无橘黄色胶质物溢出。

（2）病原。挑取病果上霉层或培养的病菌制片，镜检分生孢子梗及分生孢子颜色、形态等，注意观察孢子着生状态、细胞数目和颜色。

3. 瓜类枯萎病

（1）症状。观察病株，注意其全株性萎蔫和枯死、茎蔓病部外表皮层组织撕裂的特点。剖视病部维管束，注意内部是否变褐色。

（2）病原。挑取病茎上白粉色霉层制片，镜检大、小分生孢子及厚垣孢子的形态、颜色、分隔等。

4. 瓜类炭疽病

（1）症状。取病叶标本，注意比较幼茎、叶片、茎蔓和瓜条上为害的异同之处；观察病斑形态、颜色、凹陷、胶质物溢出等特点。

（2）病原。以病部徒手切片或取病菌玻片，镜检分生孢子盘及分生孢子梗的形态；分生孢子的形状、大小、颜色；分生孢子盘上刚毛的形态和颜色等。

5. 瓜类菌核病

（1）症状。取受病组织，观察其分解腐烂的状态及其病菌霉层的表现特点、比较和枯萎病的为害的不同、茎蔓及病果上是否生有黑色菌核。

（2）病原。从病部挑取菌丝制片镜检，注意其颜色、形态、分隔等特点。

6. 瓜类白粉病

（1）症状。观察病叶标本，注意观察病害症状主要发生在叶部的哪一面、病斑边缘是否明显、病部有无白粉状物和间杂的小黑点、它们分别为何物。

（2）病原。取黄瓜白粉病叶，挑取病部菌体，制片镜检病菌分生孢子梗、分生孢子的颜色、形态特点以及闭囊壳、附属丝特征，注意闭囊壳的颜色、附属丝的形状。轻压盖玻片，挤破闭囊壳，观察子囊的形状和数目。

7. 黄瓜灰霉病

（1）症状。观察病害标本，注意观察病果水渍状、变褐、变软腐烂的特点、病叶上病斑是否暗绿色、近圆形，有无隐约的轮纹。

（2）病原。挑取病部或培养的病菌制片镜检，注意观察分生孢子梗的颜色、形态、分枝等特点、分生孢子是否小而密集、球形无色。

8. 黄瓜疫病

（1）症状。取受害病部组织，观察受害特点，注意幼嫩部位发病情况、病部是否为水渍状、暗绿色腐烂，是否生出稀疏的白色霉层。

（2）病原。从病部标本上挑取病菌，制片镜检孢子囊的形状、颜色，卵孢子的形态、颜色等。

9. 瓜类蔓枯病

（1）症状。观察此病受害组织，注意叶片上病斑的形状、病斑上小黑点的密集程度、茎蔓上病斑形状、颜色及橘黄色胶质物溢出、病蔓维管束的颜色。

（2）病原。取病部组织做徒手切片，镜检分生孢子器和子囊壳的形态、颜色；子囊孢子和分生孢子是否均为双胞及其大小、颜色、形状。

10. 黄瓜绵腐病

（1）症状。取病瓜条和其他病害的病果比较观察，注意各病害病斑的颜色、腐烂程度等特点，比较零层的颜色和着生特点等的区别。

（2）病原。从病部或培养基上挑取病菌制片镜检，观察病菌菌丝及孢子囊的颜色、形态特点，注意菌丝是否有隔和孢子囊的形态。

11. 黄瓜细菌性角斑病

（1）症状。取病叶标本，观察病斑形状、颜色等特点，病斑的菌脓的特点，和霜霉病的区别特点。

（2）病原。用刀片切取病叶标本，观察溢菌现象；进行细菌染色，观察菌体形态和革兰氏染色反应。

12. 瓜类病毒病

（1）症状。观察瓜类病毒病植株症状特点，注意植株矮化畸形情况，叶片颜色、形状变化，是否出现浓绿与淡绿相间的花叶状；染病瓜条是否表现深绿与浅绿相间状斑块、果面凹凸不平或畸形、严重者有无布满大小瘤或密集隆起皱褶。

（2）病原。结合电镜照片或多媒体教学课件图片，观察病毒粒体形态。

四、预习要求

预习有关实验理论，明确葫芦科蔬菜病害病害病原分类地位，了解各病害症状特点。

五、结果分析

（1）绘黄瓜霜霉病菌、枯萎病菌和黑星病菌形态图。
（2）列表比较黄瓜霜霉病和细菌角斑病的症状特点。
（3）列表比较黄瓜枯萎病和菌核病的症状特点。

实验六　茄科蔬菜病害的识别与鉴定

一、实验的目的及要求

掌握茄科主要病害的诊断特征，为病害的正确诊断尤其是早期诊断、田间调查以及指导生产及时防治，提供科学依据；熟悉生产上常见多发、为害较重的茄科蔬菜病害的症状特点和病原菌形态特性。

二、实验原理

1. 番茄灰霉病（*Botrytis cinerea*）

（1）症状。主要为害叶片和果实，以果实受害最重。叶片上病斑水渍状，暗绿色，近圆形，有时呈现隐约的轮纹，从叶尖或叶缘侵染的可表现为 V 字形。果实多从果蒂凹陷处呈水渍状白斑，变软腐烂，很快生出灰褐色霉层。

（2）病原。属真菌界无性菌类葡萄孢属。分生孢子梗多力褐色，直立，分隔，顶端具 1 ~ 2 次分枝。分生孢子单胞，无色，球形至卵圆形。

2. 番茄晚疫病（*Phytophthora infestans*）

（1）症状。整个生育期均可发病。主要为害叶片、果实和茎秆。幼苗受害使茎叶接触处变黑腐烂，致植株枯萎。成株期叶片上病斑从叶尖或叶缘开始，水渍状，暗绿色，潮湿时病健交界处生出霜状白霉。茎秆上病斑黑褐色，条状，交界不明显。果实上病斑不规则块状，棕褐色，较硬，边缘不清晰，潮湿时生出霜状白霉。

（2）病原。属色菌界卵菌门疫霉属。孢囊梗无色，无隔，粗细不均而呈膨大结节状。孢子囊无色，卵圆形至长椭圆形，顶端具乳头状突起。

3. 番茄早疫病（*Alternaria solani*）

（1）症状。植株整个生育期均可发病。可为害叶片、茎秆和果实。叶片上病斑多为圆形，深褐色。叶柄和茎秆上病斑椭圆形；果面上病斑圆形，暗褐色，凹陷。各部病斑均具明显的同心轮纹，潮湿时生出灰黑色霉层。

（2）病原。属真菌界无性菌类链格孢属。分生孢子梗褐色，分隔，不分枝。分生孢子单生，淡褐色至黄褐色，手雷状，有长喙，具纵横隔膜。

4. 番茄叶霉病（*Fulvia fulva*）

（1）症状。主要为害叶片，偶尔侵害果实。叶片上病斑椭圆形或不规则形，淡黄绿色，边缘不明显；病斑背面生出灰色、褐色、橘黄色至紫褐色的绒状霉层。

（2）病原。属真菌界无性菌类褐孢霉属。病部霉层为病菌分生孢子梗和分生孢子。分生孢子梗较长，褐色，顶端有短分枝。分生孢子椭圆形、长圆形至棍棒形，浅褐色，单胞、双胞、多胞均有。

5. 番茄斑枯病（*Septoria lycopersici*）

（1）症状。植株整个生育期均可发病。主要为害叶片。也可侵害茎秆和果实。叶片上病斑较小，圆形，中央灰白色，边缘深褐色，斑面上散生小黑点。

（2）病原。属真菌界无性菌类壳针孢属。分生孢子器球形，黑色。分生孢子无色，针状，具 3~9 个隔膜。

6. 番茄白粉病（*Oidiopsis sicula*）

（1）症状。在成株期发病。主要为害叶片，偶尔为害茎秆和叶柄。病部初现白色小粉点，扩大呈白粉状斑，以后连片。

（2）病原。无性态属真菌界无性菌类拟粉孢属。菌丝体可以内生。分生孢子梗成簇从气孔伸出，无色，短小，不分枝，基部不膨大。分生孢子无色，单胞，椭圆形，串生。有性态为真菌界子囊菌门鞑靼内丝白粉菌，我国未见。闭囊壳上附属丝菌丝状。

7. 茄子黄萎病（*Verticillium dahliae*）

（1）症状。多在门茄坐果后开始发病。典型症状是叶片的叶肉变黄呈黄绿相间的斑驳状，植株萎蔫，落叶。开始病株整株或半边似缺水状萎蔫，反复几次后不能复原；有的全叶黄萎，严重时全株叶片脱落，茎部维管束变褐色。

（2）病原。属真菌界无性菌类轮枝孢属。菌丝初无色，老熟时褐色。分生孢子梗直立，较长，呈轮状分枝。分生孢子椭圆形，单胞。

8. 茄子褐纹病（*Phomopsis vexans*）

（1）症状。主要为害叶片、茎秆和果实。叶片上病斑枯白色至褐色，其上轮生许多小黑赢，病斑后期可干裂、穿孔。茎秆上病斑梭形，中央灰白色，边缘褐色，密生小黑点。果实上病斑圆形，浅褐色或黑褐色，具明显的同心轮纹，密生小黑点。

（2）病原。属真菌界无性菌类拟茎点霉属。病菌分生孢子器椭球形。分生孢子有椭圆形和丝状两种类型，均无色，单胞。取病果皮（带小黑点）做徒手切片。

9. 茄子绵疫病（*Phytophthora nicotianae var. parasitica*）

（1）症状。主要为害果实。病部初期为水渍状、暗褐色、圆形病斑，稍凹陷，扩展较快。高湿时，病斑产生白色絮状菌丝，内部果肉腐烂变黑。叶片和茎秆受害可产生褐色病斑，病部生出稀疏的白絮状霉层。

（2）病原。属色菌界卵菌门疫霉属。孢囊梗与菌丝无明显区别。孢子囊无色，卵圆形至长椭圆形，顶端具乳头状突起。卵孢子球形，淡色。

10. 茄子褐色圆星病（*Cercospora melongenae*）

（1）症状。主要为害叶片。叶片上病斑圆形至近圆形，中部灰褐色，边缘红褐色，湿度大时，病斑上生出浅灰色霉层。

（2）病原。属真菌界无性菌类尾孢属。分生孢子梗无分枝，多曲折状，浅褐色。分生孢子鞭状，无色，具多个分隔。

11. 辣椒炭疽病（*Colletotrichum capsici*）

（1）症状。主要为害果实和叶片。叶片上病斑褐色，近圆形，中部灰白色，边缘褐色。果面上病斑黄褐色，圆形或不规则形，凹陷，中部灰白色，边缘红褐色，轮生小黑点。

（2）病原。属真菌界无性菌类炭疽菌属。分生孢子单胞，无色，卵圆形至长椭圆形。分生孢子盘中有黑褐色刚毛。

12. 辣椒疫病（*Phytophthora capsici*）

（1）症状。植株整个生育期均可发病。可为害叶片、茎秆和果实。叶片上病斑近圆形，暗褐色。茎秆上分叉处易受害，出现褐色条斑，病部以上枝叶易凋萎。果实受害多从蒂部开始，病斑水渍状，暗绿色，很快软腐；湿度大时，病部表面密生霜粉状灰白色霉层。

（2）病原。属色菌界卵菌门疫霉属。孢囊梗无色，丝状。孢子囊单胞，淡色，卵圆形，顶端具乳头状突起。卵孢子球形，淡黄色。

13. 辣椒白粉病（*Oidiopsis sicula*）

（1）症状。成株期发病。主要为害叶片。病部初现白色小粉点，扩大呈白粉状斑，以后连片，严重时可导致落叶。

（2）病原。无性态属真菌界无性菌类拟粉孢属；有性态为真菌界子囊菌门鞑靼内丝白粉菌，我国未见。病菌形态特征同番茄白粉病菌。

14. 茄科蔬菜青枯病（*Ralstonia solanacearum*）

（1）症状。主要为害茎秆和叶片，全株受损。发病初期，植株地上部叶片萎垂，无光泽，整株叶片自下而上枯黄，靠近地表的茎基部首先发病，逐渐向上发展。病部初呈水渍状，黄褐色，无光泽，稍变软。纵剖茎基部，可见维管束变褐色，用手挤压有污白色菌脓溢出。后期病部变褐腐烂，伴有污白发臭的汁液，最后脱水干燥仅剩表皮。

（2）病原。属变形细菌门劳尔氏菌属。菌体短杆状，革兰氏染色反应阴性，具1~4根极生鞭毛，不形成荚膜和芽孢，两端着色较深。在牛肉汁蛋白胨培养基上，菌落污白色，不规则形或近圆形，直径 1~4 cm，湿润有兆泽。

15. 番茄溃疡病（*Clavibacter michiganensis subsp. michiganensis*）

（1）症状。整株为害。茎秆基部和果实上症状明显。病株下部叶片萎蔫，似缺水状。病茎基部增粗，可产生大量的气生根，后期中空，髓部变褐色。果实上病斑圆形，外圈白色，中心粗糙，褐色，似鸟眼状。

（2）病原。属变形细菌门棒形杆菌属。菌体短杆状，单胞，无色，无鞭毛，革兰氏染色反应阳性。在培养基上形成圆形黄色菌落。

16. 辣椒疮痂病（*Xanthomonas vesicatoria*）

（1）症状。主要为害叶片、果实和茎秆。叶片上病斑褐色，多不规则形，边缘稍隆起，呈疮痂状，病叶易变黄脱落。果面上病斑呈疮痂状，稍隆起，圆形或长圆形，黑褐色，潮湿时病部可溢出菌液。

（2）病原。属变形细菌门黄单胞菌属。菌体短杆状，单胞，无色，具 1~5 根单极生鞭毛，革兰氏染色阴性反应。在 PDA 培养基上形成圆形乳黄色菌落。

17. 番茄病毒病（*Tomato vlrus diseases*）

（1）症状。有 3 种类型：①花叶型：叶片上表现花叶，叶脉紫色，植株矮小，果实表面呈花脸状；②条斑型：茎秆上形成暗褐色条纹，表面下陷，可致植株枯死；③蕨叶型：新叶线状似蕨叶，植株矮小，黄绿色，复叶节间缩短，呈丛枝状。

（2）病原。有多种病毒，主要包括烟草花叶病毒属（Tobarnovirus）烟草花叶病毒 [Tobacco mosaic(TMV)，Tobamovirus]、雀麦花叶病毒科黄瓜花叶病毒属（Cucurnovirus）、黄瓜花叶病毒 [Cucumber mosaic virus(CMV)] 和马铃薯 Y 病毒科马铃薯 Y 病毒属（Potyvirus）马铃薯 Y 病毒 [Potato virus Y(PVY)，Potyvirus] 等。TMV 粒体里杆状，CMV 粒体为球状，PVY 粒体呈线状。

三、实验的材料、仪器和设备

（1）仪器用品：载玻片、盖玻片、解剖刀、解剖针、移植针、清水滴瓶、刀片、酒精灯、镜头纸、显微镜、幻灯机、投影仪、计算机及多媒体教学设备等。

（2）实验材料：茄科蔬菜主要病害（番茄病毒病、灰霉病、晚疫病、叶霉病、早疫病、斑枯病、溃疡病等；茄子黄萎病、褐纹病、绵疫病等；辣椒炭疽病、疮痂病、疫病、白星病、病毒病等）的标本、新鲜材料、挂图、病原菌制备片，相应的多媒体教学课件（含幻灯片、录像带、光盘等影像资料）。

四、实验的方法与步骤

1. 番茄灰霉病

（1）症状。观察病害标本，注意病果水渍状、变褐、变软腐烂的特点；病叶上病斑是否暗绿色、近圆形，有无隐约的轮纹。

（2）病原。从病部或培养基上挑取病菌制片镜检，注意观察分生孢子梗的颜色、形态、分枝等特点；分生孢子是否小而密集、球形无色。

2. 番茄晚疫病

（1）症状。取病害标本，观察叶片、茎秆和果实上的为害特点、颜色是否为青褐色转深褐色、叶片病健交界有无霜状霉轮 v 茎秆上病斑是否为条形黑秆状、果实上是否呈边缘不清晰、棕褐色、较硬的病斑。

（2）病原。从标本的病部上挑取病菌，制片镜检观察孢囊梗和孢子囊的形状、颜色等特点，注意孢囊梗的膨大结节状特点。

3. 番茄早疫病

（1）症状。取病害标本，观察各部位病斑形状、颜色等的区别，注意病斑同心轮纹的特点。

（2）病原。从病部霉层或培养基上挑取病菌，制片镜检观察分生孢子梗和分生孢子的形态，注意孢子大小、颜色、形状和分隔情况；纵横分隔是否明显。

4. 番茄叶霉病

（1）症状。取病叶标本，观察病斑形态、颜色及其上病菌表现状态；病斑正面的特点，病斑上霉层的颜色。

（2）病原。从病叶上挑取病菌制片，镜检观察分生孢子梗及分生孢子颜色、形态等特点，注意孢子着生状态、颜色及孢子细胞数目。

5. 番茄斑枯病

（1）症状。取病叶标本，观察病斑形状、颜色等特点，注意斑面上是否有明显的小黑点。

（2）病原。取病叶作徒手切片，镜检观察分生孢子器的颜色、形态，注意分生孢子是否为针状、无色、多个隔膜。

6. 番茄白粉病

（1）症状。观察病叶标本，注意病害症状主要发生在叶部的部位、病斑边缘是否明显病部有无白粉状物。

（2）病原。取番茄白粉病叶，挑取病部菌体，制片镜检观察病菌分生孢子梗和分生孢子的颜色、形态特点。

7. 茄子黄萎病

（1）症状。观察病株，注意其全株性或半边性萎蔫枯死、叶片上掌状斑驳的特点；注意其叶上症状表现，是否呈现斑驳状枯黄，剖视病部维管束，注意内部是否变褐色。

（2）病原。挑取培养的病菌制片或取制备片镜检，注意分生孢子梗直立、轮状分枝和分生孢子的形态、颜色等特点；观察分生孢子梗的轮状分枝与其他病菌的不同。

8. 茄子褐纹病

（1）症状。取病害标本，观察各部病斑的形状及颜色有何变化、果实上病斑是否凹陷、是否有小黑点、病斑上的小黑点是否均排列成同心轮纹状。

（2）病原。镜检观察分生孢子器和分生孢子形态，注意茎秆及果实上的分生孢子器中多产生哪种孢子，你检查的以哪种孢子为多。

9. 茄子绵疫病

（1）症状。取病叶标本，观察病果上病斑颜色、形状、腐烂特点和表生的白色绵霉状物；注意病斑的大小、颜色、形状，注意霉层的生出部位。

（2）病原。从病部挑取病菌制片，镜检观察孢子囊及卵孢子的形状、颜色等。

10. 茄子褐色圆星病

（1）症状。从病部挑取病菌制片镜检，观察病菌分生孢子梗和分生孢子的颜色、形态特点；注意分生孢子梗是否曲折状、浅褐色，分生孢子是否鞭状、多隔。

（2）病原。取病叶标本，注意观察病斑的大小、形状、颜色等特点；病斑是否为中部灰褐色，边绷红褐色。

11. 辣椒炭疽病

（1）症状。取病叶和病果标本，注意观察病斑圆形或不规则形、呈灰色腐烂、中央凹陷、上生轮状小黑点的症状特点。比较观察炭疽病和疮痂病叶部为害症状的区别，斑形、颜色的异同？

（2）病原。取带小黑点的病果皮做徒手切片，镜检观察分生孢子盘及贫生孢子梗的形态和分生孢子的形状、大小、颜色，注意分生孢子盘周缘是否生有较粗壮、具分隔、暗褐色的刚毛。

12. 辣椒疫病

（1）症状。取病害标本，观察叶、茎、果上的症状特点，注意病斑是否为暗褐色、腐烂，表面呈现的灰白色霉粉为何物。

（2）病原。从病部挑取病菌制片，镜检观察孢囊梗、孢子囊和卵孢子的形态、颜色等特点。

13. 辣椒白粉病

（1）症状。观察病叶标本，注意病害症状主要发生在叶部的正面还是背面，病斑边缘是否明显，病部有无白粉状物。

（2）病原。挑取病叶上菌体制片，镜检观察分生孢子梗和分生孢子的颜色、形态等特点。

14. 茄科蔬菜青枯病

（1）症状。观察标本和病害照片，注意为害部位，病部颜色、形状的变化。

（2）病原。观察病菌玻片和培养菌落，注意病菌形态和培养性状。

15. 番茄溃疡病

（1）症状。观察病茎标本，注意病部畸形增粗，生出气生根的特点，病茎后期是否中空。剖视病茎髓部是否变褐色，果实上病斑是否外圈白色、中心粗糙褐色，似鸟眼状。

（2）病原。用刀片切取病部制片，观察溢菌现象，进行细菌染色，镜检观察菌体形态和革兰氏染色反应。

16. 辣椒疮痂病

（1）症状。取病叶标本，和炭疽病比较观察，注意病斑的颜色、形状等特点；病斑是否呈疮痂状、稍隆起。注意病果上病斑的颜色、形状等特点。

（2）病原。用刀片切取病部制片，观察溢菌现象，进行细菌染色，镜检观察菌体形态和革兰氏染色反应。

17. 番茄病毒病

（1）症状。观察病害标本，注意叶片、茎秆、果实受害的特点，注意区分三种症状类型的异同点。

（2）病原。观察电镜照片或多媒体教学课件图片，比较三种病毒粒体的形态差异。

五、预习要求

预习有关实验理论，明确茄科蔬菜病害病原分类地位，了解各病害症状特点。

六、结果分析

（1）绘番茄晚疫病菌和灰霉病菌形态图。

（2）绘茄子褐纹病菌和辣椒炭疽病菌形态图。

（3）列表比较番茄早疫病、晚疫病和灰霉病为害叶片和果实的症状特点。

（4）列表比较茄子褐纹病、褐色圆星病为害叶片的症状特点。

实验七　豆科蔬菜病害的识别与鉴定

一、实验的目的及要求

掌握豆科主要病害的诊断特征，为病害的正确诊断尤其是早期诊断、田间调查以及指导生产及时防治，提供科学依据；熟悉豆科蔬菜上为害较重的主要病害的症状和病原物的形态特点。

二、实验原理

1. 菜豆炭疽病（*Colletotrichum lindemuthianum*）

（1）症状。主要为害茎和荚，亦可为害叶片和叶柄。茎部和叶柄上病斑呈褐锈色细条形斑。荚上病斑近圆形至不规则形，边缘红褐色，中央凹陷，褐色，潮湿时内生大量粉红色分生孢子团，干燥时形成小黑点。叶片上病斑边缘呈深褐色，中间浅褐色，常愈合为大型不规则病斑。

（2）病原。属真菌界无牲菌类炭疽菌属。分生孢子盘黑色，周围有许多黑色或深褐色刚毛。分生孢子梗短，无色。分生孢子无色，单孢，卵圆形。

2. 菜豆锈病（*Uromyces appendicuLatus*）

（1）症状。主要为害叶片。病斑圆形，病叶正反面都产生红褐色隆起的夏孢子堆，表皮破裂后散出铁锈状粉状物，即病菌的夏孢子，后期在病部产生黑褐色的冬孢子堆。

（2）病原。属真菌界担子菌门单胞锈属。夏孢子单细胞，椭圆形或卵圆形，黄褐色，表面有细刺；冬孢子单细胞，栗褐色，近圆形，顶端有浅褐色的乳头状突起。基部有柄，无色。

3. 菜豆枯萎病（*Fusarium oxysporum f.sp.phaseoli*）

（1）症状。多在成株期发病。病株叶片自下而上逐渐变黄，似缺肥状，后导致整株萎蔫枯死。病株根部、茎基部变褐腐烂，在茎秆上产生长条形褐色病斑。潮湿时，在枯死病部产生粉红色黏质状霉层。剖茎检查，可见维管束变为红褐色至褐色。

（2）病原。属真菌界无性菌类镰刀菌属。大型分生孢子镰刀形，稍弯，无色，透明，顶端细胞圆锥形，足胞明显，一般 2～3 个隔膜。小型分生孢子单细胞，椭圆形或卵圆形，无色，透明。厚垣孢子球形或近球形，淡褐色，顶生或间生。

4. 菜豆菌核病（*Sclerotinia sclerotiorum*）

（1）症状。多从茎基部或接近地面的组织部位开始为害。初水渍状，逐渐发展呈灰白色，表皮溃烂。潮湿时，病斑表面生白絮状霉层，后期病部形成鼠粪状黑色菌核。

（2）病原。属真菌界子囊菌门核盘菌属。菌丝无色，粗壮，发达，分隔明显且密集，易纠结形成菌核。后期菌核表面黑色，球形或鼠粪状。子囊盘由菌核上生出，黑褐色。子囊棍棒状。子囊孢子无色，单胞，椭圆形。

5. 菜豆根腐病（*Fusarium solani f.sp. phaseoli*）

（1）症状。主要侵染根茎基部。病部产生黑褐色斑，稍凹陷，由侧根蔓延至主根干腐坏死，维管束呈红褐色，地上部茎叶萎蔫或枯死。湿度大时，病部产生粉红色霉状物。

（2）病原。属真菌界无性菌类镰刀菌属。产生两种分生孢子：小型分生孢子无色，单胞，卵圆形或香蕉形；大型分生孢子无色，多胞，镰刀形或纺锤形。

6. 菜豆褐斑病（*Pseudocercospora cruenta*）

（1）症状。主要为害叶片。病斑近圆形，初黄褐色，扩大后渐呈深褐色，后期中部变灰褐色。潮湿时，病部背面产生青砖灰色霉层。

（2）病原。属真菌界无性菌类假尾孢属。分生孢子梗无分枝，多曲折状，浅褐色。分生孢子鞭状，无色，具3~8个分隔。

7. 豇豆煤霉病（*Cercospora vignae*）

（1）症状。主要为害叶片。初生红褐色小点，扩展为圆形至不规则形、灰褐色至紫褐色轮纹斑，大小 4~10 mm，边缘稍隆起。潮湿时，病斑两面均生烟灰色霉层。

（2）病原。属真菌界无性菌类尾孢属。病菌分生孢子梗多曲折状，无分枝，褐色。分生孢子长鞭状，无色，具3~15个分隔。

8. 豆科蔬菜白粉病（*Erysiphe spp.*）

（1）症状。成株期发病。主要为害叶片。病部初现白色小粉点，扩大呈白粉状斑，以后连片，严重时可导致落叶。

（2）病原。属真菌界子囊菌门白粉菌属。分生孢子梗无色，短小，有的具分枝。分生孢子无色，单胞，椭圆形，串生。闭囊壳少见。

9. 菜豆角斑病（*Phaeozsariopsis griseola*）

（1）症状。主要为害叶片和果荚。叶片上产生多角形黄褐色斑，后变紫褐色，叶背簇生灰黑色刺毛状霉层。荚果上生黄褐色斑，不凹陷别于炭疽病，表面生灰黑色霉层。

（2）病原。属真菌界无性菌类色拟棒束孢属。分生孢子梗黄褐色，具分隔，长而聚生呈束状，顶端有短分枝。分生孢子柱状或长棒状，褐色，多3~5个分隔。

10. 菜豆细菌性疫病（*Xathomonas axonopodis pv. phaseoli*）

（1）症状。主要为害叶片。也可为害叶柄、茎和豆荚等部位。叶片受害，多在叶边缘产生不规则形的暗绿色水渍状斑点，病斑中间褐色，外围有一黄色的褪绿晕环。潮湿时，病斑上有淡黄色菌脓溢出；干燥时，形成黄白色菌膜。严重时，病斑愈合成大斑，导致叶片枯死。

（2）病原。属变形细菌门黄单胞菌属。菌体短杆状，有荚膜，无芽孢，具单根极生鞭毛，革兰氏染色反应阴性。

11. 豆科蔬菜病毒病（*Legume virus diseases*）

（1）症状。主要在各种豆类蔬菜的成株期为害。主要为害叶片。心叶褪绿、花叶、皱缩，表现出明显的深绿与浅绿相间状的斑块，严重者叶片扭曲、畸形。

（2）病原。有多种病毒，依作物不同而病毒种类有差异。主要有菜豆普通花叶病毒 [Bean common nosazc virus(BCMV)，Potyvirus] 属马铃薯Y病毒科马铃薯Y病毒属（Potyvrus），粒体线状，单分体，由蚜虫以非持久方式传播；豇豆花叶病毒 [Cowpea mosaic virus(CPMV)，Comovirus] 属蚕豆真花叶病毒 [Broad bean true mosaic (BYMV)，Comovirus] 属豇豆花叶病毒科豇豆花叶病毒属（Comovirus），粒体球状，二分体，由甲虫传播；黄瓜花叶病毒 [Cucumber. Mosaic virus(CMV)，Cucumovirus] 雀麦花叶病毒科黄瓜花叶病毒属（Cucumovirus），粒体球状，三分体，由蚜虫以非持久方式传播。

三、实验的材料、仪器和设备

（1）仪器用品：载玻片、盖玻片、解剖刀、解剖针、移植针、清水滴瓶、刀片、酒精灯、镜头纸、显微镜、幻灯机、投影仪、计算机及多媒体教学设备等。

（2）实验材料：豆科蔬菜主要病害（菜豆炭疽病、锈病、细菌性疫病、枯萎病、根腐病、菌核病等；豇豆锈病、花叶病、白粉病、煤霉病、褐斑病等；豆科蔬菜病毒病；蚕豆锈病、豌豆锈病等）的标本、新鲜材料、挂图、病原菌制备片，相应的多媒体教学课件（含幻灯片、录像带、光盘等影像资料）。

四、实验的方法与步骤

1. 菜豆炭疽病

（1）症状。注意观察病斑发生的部位、形状和色泽，是否有粉红色孢子团和小黑点。

（2）病原。在病组织材料上刮取黑色小点状物或用徒手切片法制片镜检，观察分生孢子盘的形状、大小、色泽及是否有黑色刚毛，分生孢子的形状及色泽。

2. 菜豆锈病

（1）症状。观察病叶标本，注意：①夏孢子堆发生的部位、形状、色泽；②夏孢子堆和冬孢子堆的异同。

（2）病原。在病斑上，刮取少量锈状物，制片镜检，观察夏孢子、冬孢子的形状、大小、色泽。

3. 菜豆枯萎病

（1）症状。剖茎检查，可见维管束变为红褐色至褐色。仔细观察病株发病部位、是否为系统侵染、病斑有何特点、有无霉层产生、维管束是否变色。

（2）病原。观察大、小分生孢子和厚垣孢子形状、颜色、分隔情况。

4. 菜豆菌核病

（1）症状。取受害组织，观察溃烂特征及霉层特点，注意茎基部、病荚上及病叶上是否生有黑色鼠粪状菌核。

（2）病原。取培养产生的子囊盘制片或玻片标本，镜检观察子囊盘的形态、颜色；子囊和子囊孢子的颜色、形状等特点。

5. 菜豆根腐病

（1）症状。取受害病部组织，观察受害特点，注意受害茎蔓基部是否呈水渍状、腐烂特点是湿腐还是干腐、霉层颜色、稀疏还是致密。

（2）病原。挑取病茎上粉白色霉层制片，镜检观察大、小两型分生孢子的形态、颜色、分隔等特点。

6. 菜豆褐斑病

（1）症状。观察病叶标本，注意病斑的形状、大小、颜色等特点，有无灰色霉状物。

（2）病原。从病部挑取病菌制片镜检，观察分生孢子梗和分生孢子的颜色、形态特点，注意分生孢子梗是否曲折状、浅褐色，分生孢子是否鞭状、多隔。

7. 豇豆煤霉病

（1）症状。取病叶标本，观察病斑的形状、大小、颜色等有何特点；注意病斑颜色、有无隐约轮纹、是否产生烟灰色霉状物。

（2）病原。从病部挑取病菌制片镜检，观察病菌分生孢子梗和分生孢子的颜色、形态特点；注意分生孢子梗是否曲折状、褐色，分生孢子是否鞭状、多隔。

8. 豆科蔬菜白粉病

（1）症状。观察病叶标本，注意病害症状主要发生在叶部的正面还是背面、病斑边缘是否明显、病部有无白粉状物。

（2）病原。挑取病部菌体制片，镜检观察分生孢子梗和分生孢子的颜色、形态特点。

9. 菜豆角斑病

（1）症状。取病叶标本，注意观察病斑形状、颜色等特点，病斑背面霉状物的特点，注意病荚上的病斑和炭疽病为害的区别。

（2）病原。从病组织上挑取霉层制片，镜检分生孢子梗颜色、形态、束状簇生等特点，注意分生孢子着生状态、细胞数目、颜色。

10. 菜豆细菌性疫病

（1）症状。注意观察病斑的形状、色泽等特点、是否有菌脓或菌膜。

（2）病原。观察肉汁胨琼脂平板上菌落的形状、色泽、质地；通过细菌染色，观察菌体形态及革兰氏染色反应。

11. 豆科蔬菜病毒病

（1）症状。观察豆类病毒病植株症状特点，注意植株是否矮化畸形，叶片颜色、形状的变化，是否出现浓绿与淡绿相间的花叶状，严重时的扭曲、畸形情况。

（2）病原。观察电镜照片或多媒体教学课件图片，比较不同病毒的粒体形态。

五、预习要求

预习有关实验理论，明确十字花科蔬菜病害病害病原分类地位，了解各病害症状特点。

六、结果分析

（1）列表比较菜豆几种叶部病害症状特点。

（2）描述豇豆煤霉病和菜豆褐斑病的症状区别。

（3）绘 2~3 种主要病害的病菌形态图。

第六部分　果蔬植物保护（害虫识别实验）

实验一　地下害虫的识别

一、实验目的和要求

了解主要地下害虫及其为害状，掌握主要地下害虫的外部形态特征；根据为害状初步判断地下害虫种类，能正确识别主要地下害虫。

二、实验原理

地下害虫包括蝼蛄、地老虎、蛴螬、金针虫等。

（1）地老虎类。均属鳞翅目夜蛾科。常见的有小地老虎（见图6-1）和黄地老虎（见图6-2）。1~2岁幼虫昼夜取食幼苗嫩叶呈小型窗斑，3龄以后夜间出土咬断幼苗茎基部。

（2）金针虫类。金针虫是叩头虫幼虫的总称，属鞘翅目叩头甲科。我国主要有

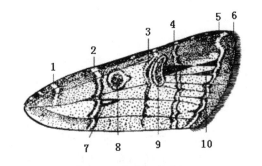

图 6-1　小地老虎前翅

1—基横线；2—内横线；3—中横线；4—外横线；
5—亚缘线；6—缘线；7—楔形纹；8—环形纹；
9—肾形纹；10—剑形纹

沟金针虫（Pleonomus canliculatus Faldermann）和细胸金针虫（Agriotes fusicollis Miwa）。幼虫于地下咬食刚发芽的种子及作物幼苗的地下部分，造成缺苗断垄。对于块茎、块根能钻入内部蛀食且造成隧道，并能为病菌侵入创造有利条件。

（3）蝼蛄。蝼蛄为直翅目，前足为开掘足。

不同害虫为害状有所不同，可根据为害状判断害虫种类。

三、实验材料、仪器和设备

（1）常见地下害虫蝼蛄、地老虎、金龟子、金针虫、种蝇的生活史和幼、成虫标本。

果蔬生产综合实验实训指导书

（2）解剖镜、放大镜、镊子、解剖针、培养皿等。

四、实验方法和步骤

地下害虫是指为害期间生活在土中，主要为害作物地下部分或近地面茎的害虫。这类害虫种类较多，我国的地下害虫约有50余种，主要种类也有20余种。其中较为常见的有地老虎类、蝼蛄类、金针虫类和蛴螬类。

1. 地老虎类

观察2种地老虎幼虫为害幼苗的特征。

比较区别2种地老虎成虫和幼虫的主要形态特征。

图6-2 黄地老虎（周尧图）

注意比较2种地老虎成虫的前翅特征。小地老虎成虫前翅外横线、内横线如何，是否双条曲线，肾形斑、环形斑、楔形斑是否明显，处于什么位置，成虫前翅什么颜色。

观察比较幼虫腹部背面毛片排列情况、臀板的颜色与花纹，体长、体形有何差异。

2. 金针虫类

观察金针虫幼虫的体色、体形及尾节的主要特征。

3. 蝼蛄类

属直翅目，蝼蛄科。在我国北方大多为华北蝼蛄和东方蝼蛄，以成若虫于地下及地上活动为害作物，造成缺苗、断垄。为害时除咬食种子外，还能取食或咬断作物根、茎部分，使呈纤维状。地下活动时常造成不规则的隧道，使作物根部与土壤分离而干死。

仔细观察华北蝼蛄和东方蝼蛄体长，后足胫节背侧内缘有几个刺（见图6-3）。

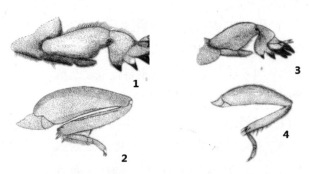

图6-3 蝼蛄前足和后足（周尧图）

1，2—华北蝼蛄；3，4—东方蝼蛄

4. 金龟子类

金龟子的幼虫通称蛴螬，能咬食作物幼苗各部及嫩茎造成缺苗，也能蛀食地下块根或块茎。

仔细观察金龟子成虫体长、体宽、体色、前足胫节外侧齿突多少及尖锐与否，腹板与臀板情况。蛴螬（金龟子幼虫）腹部末节刚毛排列情况。

5. 根蛆类

双翅目花蝇科幼虫统称根蛆。常见的有种蝇、葱蝇、萝卜蝇等（见图6-4、图6-5）。观察成虫头部额囊缝、前翅腋瓣和中后足刚毛。观察幼虫腹部末端突起位置。

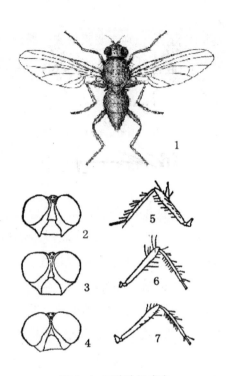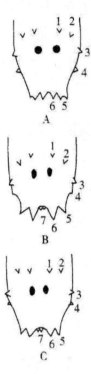

图6-4　3种地蛆成虫

1—种蝇 头正面；2—萝卜蝇；3—葱蝇；4—种蝇 右后足；5—萝卜蝇；6—葱蝇；7—种蝇

图6-5　3种地蛆幼虫腹末（仿管致和）

A—萝卜蝇；B—葱蝇；C—种蝇

6. 韭蛆

即韭菜迟眼蕈蚊，注意观察其幼虫体色体形，头部颜色。

五、注意事项

注意保护标本。

六、预习要求

复习有关理论，明确地下害虫识别对其防治的意义，了解识别地下害虫的方法。

七、结果与分析

（1）将看到的地下害虫根据其形态特征编制一个二项式检索表。

（2）绘图表现地下害虫关键特征。

实验二　果树害虫的识别（一）

一、实验目的和要求

了解园艺植物咀嚼式口器食叶害虫及其为害状；识别主要咀嚼式口器食叶害虫的外部形态特征；能根据受害状判断是否是咀嚼式口器食叶害虫为害；能正确识别常见食叶害虫的种类。

二、实验方法

常见食叶害虫包括果树表面食叶害虫、卷叶害虫和潜叶害虫。

1. 夜蛾类

属鳞翅目夜蛾科。主要有斜纹夜蛾 Prodenia litura（Fabricius）、银纹夜蛾 Plusia agnata Staudinger。均以幼虫食叶成缺刻或孔洞。斜纹夜蛾前翅环状纹不明显，斑纹复杂，由前缘向后缘外方有 3 条白色斜纹；银纹夜蛾前翅有 2 条银色横线纹，翅中央有 1 个 V 字形银色斑和 1 个近三角形银色斑点。斜纹夜蛾腹部各节背面均有一对半月形或三角形的黑斑，以 1、7、8 三节的黑斑最大，这是与其他夜蛾幼虫区分的重要特征。银纹夜蛾幼虫淡绿色，体前端较细，后端较粗，背线白色、双线，气门线黑色，第一、二对腹足退化，行走时体背拱曲。

2. 刺蛾类

属鳞翅目刺蛾科。观察成虫触角、前翅颜色；观察幼虫体色、枝刺位置、形状和颜色。

幼虫：刺蛾幼虫蛞蝓形，头小，缩入前胸内，胸足小，体上有瘤或刺，生有毒毛，颜色鲜艳。

蛹：多在雀蛋状石灰质的茧内，有颜色。

为害状：以幼虫取食叶片，幼龄群集取食，大后分散为害，食叶呈缺刻。

3. 毒蛾、枯叶蛾、灯蛾

（1）毒蛾科。成虫（蛾）中型至大型。体粗壮多毛，雌蛾腹端有刚毛簇。口器退化，下唇须小。无单眼。触角双栉齿状，雄蛾的栉齿比雌蛾的长。有鼓膜器。翅发达，大多数种类翅面被鳞片和细毛，有些种类，如古毒蛾属、草毒蛾属，雌蛾翅退化或仅留残迹或完全无翅。成虫（蛾）大小、色泽往往因性别有显著差异。静止时多毛的前足向前伸出。幼虫体被长短不一的毛，在瘤上形成毛束或毛刷。幼虫具毒毛，因此得科名。幼虫第 6、7 腹节或仅第 7 腹节有翻缩腺，是本科幼虫的重要鉴别特征。幼龄幼虫有群集和吐丝下垂的习性。蛹为被蛹，体被毛束，体表光滑或有小孔、小瘤，有臀棘。老熟幼虫在地表枯枝落叶中或树皮缝隙中以丝或叶片、幼虫体毛缠绕成茧，在茧中化蛹。卵多成堆地产在树皮、树枝、树叶背面，林中地被物或雌蛾茧上。卵堆上常覆盖雌蛾的分泌物或雌蛾腹部末端的毛。

（2）天幕毛虫。成虫：雌虫体长约 20 mm，棕黄色，触角锯齿状。前翅中央有深褐色宽带，宽带两边各有一条黄褐色横线。雄虫体长 15~17 mm，淡黄色，触角羽毛状，前翅具两条褐色细横线。卵：圆筒形，灰白色，数百粒密集成卵块。幼虫：老熟幼虫体长 50~55 mm，暗青色或蓝黑色，背线黄白色，两侧各有两条橙黄色条纹。腹部各节背面具黑色毛瘤数个。蛹：体长 17~20 mm，黄褐色至黑褐色。

（3）美国白蛾。成虫：体长 9~12 mm，多为白色，头、胸白色，腹部背面白色或黄色，上有黑点。雄成虫前翅有较多黑褐色斑点，雌成虫前翅纯白色，后翅常为纯白色或在近边缘处有小黑点。幼虫：分黑头型和红头型，我国目前发现的多为黑头型。幼虫 6~7 龄，黑头型头黑色，背部有一条灰褐色纵带，纵带两侧各有一排黑色毛瘤，毛瘤上着生丛状白色长毛；体两侧淡黄色，毛瘤橘黄色或褐色；腹面灰黄或淡灰色。红头型头红色。卵：圆球形，有光泽，直径约 0.5 mm，卵块紧密排列，有密毛粘连，卵绿色，孵化前变褐色。

4. 卷叶蛾类

（1）卷叶蛾科的苹小卷叶蛾（见图 6-6）、黄斑卷叶蛾等，小卷叶蛾科的顶梢卷叶蛾等（见表 6-1），斑蛾科的梨星毛虫。

图 6-6　苹小卷叶蛾（周尧图）

表 6-1　苹小卷叶蛾、黄斑卷叶蛾和顶梢卷叶蛾的形态特征

虫态	特征	苹小卷叶蛾	黄斑卷叶蛾	顶梢卷叶蛾
成虫	体长 /mm	6~8	7~9	6~7
	翅展 /mm	16~20	15~20（夏型），17~22（冬型）	13~15
	体色	棕黄色	夏型橙黄色，冬型深褐色	淡灰褐色
	前翅	前翅前缘基部向外方突出。前翅基斑褐色，中带上半部狭窄，下半部向外侧增宽，中央色浅，似倾斜的 H 形。后翅及腹部淡黄褐色	夏型前翅金黄色，散有银白色鳞片；冬型暗褐色，微带浅红，散有黑色鳞片	前翅有 3 个暗色斑纹，近基角处 1 个由前缘伸向后缘，前缘中部斑纹仅达翅中央，近后缘角处斑纹呈三角形，两翅合拢为菱形
卵		扁椭圆形，浅黄色。数十粒排成鱼鳞状卵块	扁椭圆形，淡黄色。卵壳上有花纹及白色绒毛	扁长椭圆形，乳白色。卵壳上有多角形横纹
幼虫	体长 /mm	约 17	约 22	8~10
	体色	浅绿至翠绿色，头部、前胸背板和胸足淡黄色。头部扁平，头壳两侧单眼后方各有一黑色斑点	黄绿色，头部和前胸背板幼龄黑色，末龄黄褐色。幼龄幼虫胸足黑色，老熟后黄褐色	污白色，头、前胸背板和胸足皆为暗棕色或黑色。各体节毛片色淡
	臀栉	6~8 根	3~7 根	无
蛹	体色	黄褐色	深褐色	黄褐色
	其他	腹部第 2~7 节背面有 2 横列刺突，臀刺 8 根	头顶有一角状突起，基部两侧有 6 个小瘤状突	

　　（2）梨星毛虫。成虫：体长 9~12mm，体黑褐色，翅呈半透明，翅脉明显。雌雄在身体大小、触角构造上不同。幼虫：若熟幼虫体长 20mm，黄白色，头小，黑色。中胸至腹部第 8 节各节两侧有近圆形黑斑。各节和无横列有毛瘤，毛瘤上着生有放射状的毛。蛹：体长 11~14mm，近羽化时黑褐色，腹部背面第 3~9 节前缘有一列短刺突，蛹外被有丝质薄茧。卵：扁平椭圆形，长径 0.7mm，初产为白色，孵化前为黑色，常密集成圆形卵块。为害状：梨星毛虫以幼虫为害叶片，将吐丝缀叶连成饺子状。

5. 潜叶蛾类

包括细蛾科金纹细蛾和潜蛾科旋纹潜叶蛾、桃潜叶蛾（见表 6-2）。

表 6-2　潜叶蛾的形态特征比较

虫态	特征	金纹细蛾	旋纹潜叶蛾	桃潜叶蛾
成虫	体长	约 2.5 mm	约 2.3 mm	约 3 mm
	体色	银白色	银白色	银白色
	前翅	顶端有 2 丛金色鳞毛，前翅基部有 3 条银白色纵带；端部前缘有 3 个银白色爪状纹，后缘有 1 个三角形白色斑，臀角处有长条形白斑 1 个，与前缘第 2 个爪状纹相对	前翅端部金黄色，前缘及翅端有 7 条褐色短斜纹，在第 2 和第 3 条短褐纹下还有 1 个银白色小斑点，翅端下方有 2 个很大的深紫色斑	前翅白色，有长缘毛，中室端部有一椭圆形黄褐色斑，外面有 1 个三角形黄褐色端斑；前缘缘毛在斑前形成 3 条黑褐色线；端斑后面有黑色短缘毛，并有长缘毛形成的 2 条黑线，端部缘毛上有 1 黑圆点和 1 黑色尖毛丛
	后翅	褐色，缘毛长	披针状，浅褐色，缘毛长	灰色，缘毛长
卵		扁椭圆形，长约 0.3 mm。乳白色，有光泽	近扁圆形，长约 0.3 mm。乳白色，有光泽	圆形，长约 0.5 mm。乳白色
幼虫	体长	约 6 mm	约 5 mm	约 6 mm
	体色	黄色。单眼 3 对，口器淡褐色，单眼区黑褐色	污白色	胸部淡绿色，有黑褐色胸足 3 对
	其他	体稍扁	后胸及腹部第 1、第 2 节两侧各有 1 个管状突，上生 1 根刚毛	体稍扁平
蛹		长约 4 mm，绿色。头部两侧有 1 对角状突起	长椭圆形，长约 4 mm，褐色。茧白色，梭形	腹部末端有 2 个圆锥形突起，其顶端各有 2 棍毛

三、实验材料、仪器和设备

（1）仪器用品。放大镜、体视显微镜、镊子等。

（2）实验材料。银纹夜蛾、斜纹夜蛾、刺蛾类、美国白蛾、舞毒蛾、天幕毛虫、卷叶蛾、梨星毛虫、梨苹毛金龟子、铜绿金龟子等害虫标本和挂图。

四、实验方法和步骤

1. 夜蛾类

比较观察银纹夜蛾和斜纹夜蛾成虫前翅，描述主要区别。

比较观察 2 种夜蛾的幼虫体色、头部和各节背面线纹，描述其主要区别。

2. 刺蛾类

观察刺蛾各虫态标本，比较成虫形态差异，观察幼虫体表毛的类型、位置、颜色。

3. 毒蛾、枯叶蛾、灯蛾类

观察比较舞毒蛾、天幕毛虫、美国白蛾成虫大小、体色、形态，观察幼虫大小、形态和体表毛的类型、位置、颜色。

4. 卷叶蛾类

观察标本挂图，分析比较几种卷叶蛾形态特征和为害状的主要不同之处。

5. 潜叶蛾类

观察标本挂图，分析比较几种潜叶蛾形态特征和为害状的主要不同之处。

实验三　果树害虫的识别（二）

一、实验目的和要求

了解园艺植物吮吸式口器害虫及其为害状，识别主要吮吸口器害虫的外部形态特征；能根据受害状判断是否是吮吸害虫为害，能正确识别常见的吮吸害虫。

二、实验原理

吮吸式口器害虫主要包括蚜虫类、蚧类、蝉类、木虱、粉虱类、螨类、蓟马类、害螨类。

1. 蚜虫类

（1）梨二叉蚜，又名梨蚜，蚜科。成虫：无翅胎生雌虫。体长 2mm 左右，绿或黄褐色，头部额瘤不显著，口器黑色，复眼红褐色，触角丝状 6 节。第 5 节末端有 1 个感觉圈。腹管长大黑色、圆筒形，尾片圆锥形，有侧毛 3 对。有翅胎生雌蚜：体长 1.5 mm，头胸部黑色，额疣微突出，触角 6 节，第 3 节有 20~40 个感觉圈，4 节有 5~8 个，第 5 节 2~6 个。前翅中脉分二叉，故称梨二叉蚜，余与无翅雌虫同。若虫：与成虫相似。卵：椭圆形、黑色、有光泽。

为害状：蚜虫均以成、若虫群集为害嫩芽、叶、嫩梢。受害叶由两侧向正面纵卷呈筒状，影响光合作用，抑制生长。

（2）苹果黄蚜，又名绣线菊蚜，蚜科（见图 6-7）。有翅胎生雌蚜：头、胸部和腹管、尾片均为黑色，腹部呈黄绿色或绿色，两侧有黑斑。无翅胎生雌蚜：体长 1.4~1.8mm，纺锤形，黄绿色，复眼、腹管及尾片均为漆黑色。若蚜：鲜黄色，触角、腹管及足均为黑色。卵：椭圆形，漆黑色。

为害状：主要为害苹果、沙果、海棠、木瓜等。以若蚜、成蚜群集于寄主嫩梢、嫩叶背面及幼果表面刺吸为害，受害叶片常呈现褪绿斑点，后向背面横向卷曲或卷缩。群体密度大时，常有蚂蚁与其共生。

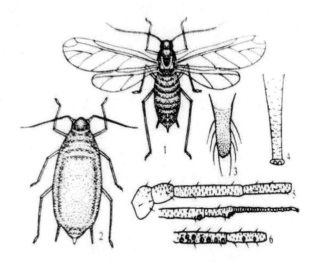

图 6-7　苹果黄蚜（1-2 仿中国农科院，3-6 仿张广学）
有翅孤雌蚜：1—成虫；6—触角 3、4 节
无翅孤雌蚜：2—成虫；3—尾片；4—腹管；5—触角

（3）苹果棉蚜，又名苹果血蚜，棉蚜科。无翅孤雌蚜体长 1.8~2.2 mm，暗红至暗红褐色，腹背覆有较多的白色绵毛状物。触角 6 节，第 3 节特长，感觉圈圆形，罕见椭圆形，末节端部常长于基部。复眼暗红色，常有突出的 3 小眼面眼瘤。喙末节短钝至长尖，末端黑色。腹管退化呈半圆形裂口，位于第 5、6 节的泌蜡孔中间。有翅蚜触角通常 6 节，第 3 特长，有 24~28 个感觉圈，第 4 节次长，有 3~4 个感觉圈。前翅中脉通常分为 2 支。后翅通常有肘脉 2 支，腹管退化为环状黑色小孔。

为害状：除苹果外，尚为害海棠、花红、山定子等苹果属果树。成虫、若虫为害寄生 2~3 年，吸食枝条伤口、新梢、叶腋、果洼和外露根系，受害皮层肿胀成瘤，易感染其他病害。

2.蚧类

（1）朝鲜球坚蚧，同翅目蚧科。雌成虫体近球形，长 4.5 mm，宽 3.8 mm，高 3.5 mm；前、侧面下部凹入，后面近垂直；初期介壳软黄褐色，后期硬化红褐至黑褐色，表面有极薄的蜡粉，背中线两侧各具1纵列不甚规则的小凹点，壳边平削与枝接触处有白蜡粉。雄体长1.5~2mm，翅展5.5mm；头胸赤褐，腹部黄褐色；触角丝状10节，生黄白短毛；前翅发达白色半透明，后翅特化为平衡棒；性刺基部两侧各具1条白色长丝。卵椭圆形，附有白蜡粉，初白色渐变粉红。初孵若虫长椭圆形，扁平，长0.5mm，淡褐至粉红色被白粉；触角丝状6节；眼红色；足发达；体背面可见10节，腹面13节，腹末有2个小突起，各生1根长毛，固着后体侧分泌出弯曲的白蜡丝覆盖于体背，不易见到虫体。越冬后雌雄分化，雌体卵圆形，背面隆起呈半球形，淡黄褐色，有数条紫黑横纹。雄体瘦小椭圆形，背稍隆起，赤褐色。茧长椭圆形灰白半透明，扁平背面略拱，有2条纵沟及数条横脊，末端有一横缝。

为害状：以成若虫群集在树干、枝上吸汁液为害，排泄蜜露诱发煤污病，重者枝枯树死。

（2）桑白蚧，同翅目盾蚧科。雌成虫介壳圆形或近圆形，直径1.8~2.5mm，略隆起，有螺旋纹，灰白至灰褐色，壳点橘黄色，在介壳中央偏旁。雄成虫橙黄至橙红色，桑白蚧体长0.6~0.7mm，仅有翅1对；雄介壳细长，两侧平行，长约1.2mm，白色，长约1mm，背面有3条纵脊，壳点橙黄色，位于介壳的前端。卵椭圆形，长径仅0.25~0.3mm。初产时淡粉红色，渐变淡黄褐色，孵化前橙红色。初孵若虫淡黄褐色，扁椭圆形、体长0.3mm左右，可见触角、复眼和足，能爬行，腹末端具尾毛2根，体表有绵毛状物遮盖。脱皮之后眼、触角、足、尾毛均退化或消失，开始分泌蜡质介壳。

为害状：桑白蚧是桃、李树的重要害虫，以雌成虫和若虫群集固着在枝干上吸食养分，严重时灰白色的介壳密集重叠，形成枝条表面凹凸不平，树势衰弱，枯枝增多，甚至全株死亡。

（3）梨枝圆盾蚧。雌成虫介壳扁圆锥形，直径1.6~1.8mm。灰白色或暗灰色，介壳表面有轮纹。中心鼓起似中央有尖的扁圆锥体，壳顶黄白色，虫体橙黄色，刺吸口器似丝状，位于腹面中央，腿足均已退化。雄虫体长0.6mm，有一膜质翅，翅展约1.2mm，橙黄色，头部略淡，眼暗紫色，触角念珠状，10节，交配器剑状，介壳长椭圆形，约1.2mm，常有3条轮纹，壳点偏一端。初孵若虫约0.2mm，椭圆形，淡黄色，眼、触角、足俱全，能爬行，口针比身体长，弯曲于腹面，腹末有2根长毛，2龄开始分泌介壳。眼、触角、足及尾毛均退化消失。3龄雌雄可分开，雌虫介壳变圆，雄虫介壳变长。

为害状：以成虫、若虫用刺吸式口器固定为害果树枝干、嫩枝、叶片和果实等部位，喜群集阳面，夏季虫口数量增多时，才蔓延到果实上为害。受害枝干生长发育受到抑制，常引起早期落叶，严重时树木枯死，叶片受害处变褐，同时产生枯斑或叶片落脱，果实受害随不同寄主植物而异，苹果果实受害处有的品种表面凹陷，有的品种虫体周围产生紫红色晕圈。梨受害时果实表面产生黑褐色斑点，严重时果实龟裂，影响果品质量和经济价值。

3. 大青叶蝉

成虫：体型小，长 7.2~10.1mm，似蝉，触角上方有1块黑斑，头部后缘有 1 对不规则的多边形黑斑。前翅绿色带青蓝色光泽，前缘淡白色，端部透明，翅脉为青黄色，具狭窄的淡黑色边缘。

为害状：成虫产卵于枝条皮下，因刺破表皮，常引起冬春干旱时幼树大量失水，树干枯干，甚至死亡。

4．梨木虱

成虫分冬型和夏型，冬型体长 2.8~3.2mm，体褐至暗褐色，具黑褐色斑纹。夏型成虫体略小，黄绿色，翅上无斑纹，复眼黑色，胸背有 4 条红黄色或黄色纵条纹。卵长圆形，一端尖细，具 1 细柄。若虫扁椭圆形，浅绿色，复眼红色，翅芽淡黄色，突出在身体两侧（见图6-8）。

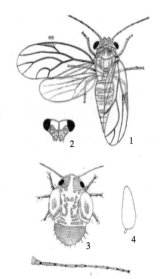

图 6-8　梨木虱（周尧图）
1—成虫；2—头部；3—触角；
4—若虫；5—卵

为害状：幼、若虫分泌黏液，招致杂菌，对叶片造成间接为害，出现褐斑而造成早期落叶，同时污染果实，严重影响梨的产量和品质。

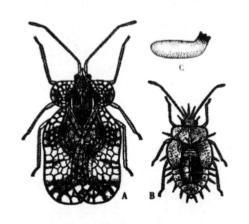

图 6-9　梨网蝽（仿浙农大）
A—成虫；B—若虫；C—卵

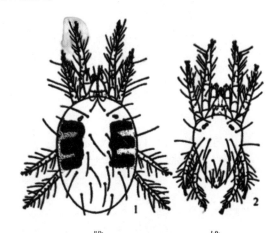

雌　　　　雄
图 6-10　二斑叶螨（仿马恩沛）

5. 蝽类

（1）茶翅蝽。成虫：体扁平茶褐色，体长 15~16mm。触角黄褐色，第 3 节端部、第 4 节中部、第 5 节大部为黑褐色。前胸背板、小盾片和前翅革质部有黑色刻点，前胸背板前缘横列 4 个黄褐色小点，小盾片基部横列 5 个小黄点，两侧斑点明显。

（2）梨网蝽。成虫：体小，体长 3~3.5mm。触角丝状，4 节。注意观察触角第 1、2节是否比第 3 节短；前胸背板两侧是否向外突出呈翼片状；注意观察前翅呈何形状，其上是否有褐色斑纹，静止时左右前翅叠起，黑褐色斑是否呈 X 状。若虫：初孵若虫体色淡，3龄后有明显的翅芽。卵：白色透明、一端略弯曲（见图6-9）。

为害状：成、若虫多群集叶背吸汁为害，被害叶正面呈现苍白色斑点，叶背常被黑色粪便污染，呈锈黄色。

6. 害螨类

为害状：均以若、幼螨集中在叶背或叶牙处吸食汁液，形成大量失绿斑点。①苹果全爪螨：很少结网，叶银灰色，组织增厚变脆，一般不提早落叶。②山楂叶螨：仅第一若螨吐丝，叶背为害，叶初局部褪绿，后全叶发黄、干枯，早落叶。③二斑叶螨：结网力强，叶背为害，叶片白色斑驳，重则叶灰白至青铜色，嫩叶凹凸不平，早落叶（见表6-3）。

表6-3　3种叶螨形态比较

虫态	特征	山楂叶螨	苹果全爪螨	二斑叶螨（见图6-10）
成螨	体长	约0.5mm	约0.4mm	雌约0.5mm，雄约0.26mm
	体形	雌螨体椭圆形，体背隆起；雄成螨体菱形，略小	雌螨体半卵圆形，体背隆起；雄成螨体菱形，略小	雌成螨椭圆形，生产季体背两侧各具1块黑色长斑，滞育型体侧无斑。雄螨近卵圆形，前端近圆形，腹末较尖，与朱砂叶螨难以区分
	体色	越冬型鲜红色，夏型深红色	红褐色，取食后呈褐红色	生长季节为白色、黄白色，食后呈浓绿、褐绿色；当密度大，或种群迁移前体色变为橙黄色。在生长季节绝无红色个体出现。滞育型体呈淡红色。雄螨多呈绿色
	背刚毛	12对，细长，基部不生长在毛瘤上	13对，粗长并带有小刺，生在黄白色毛瘤上	体背有刚毛12对，排成6横排
	足	黄白色，较体短	黄白色，较体短	黄白色
卵		卵圆形，半透明。初卵时淡红色，孵化前橙红色。口常悬挂在蛛丝上	近圆形，红色。卵壳表面有放射状的细凹陷。卵顶有1根刚毛状小柄	圆形，初产乳白色，后变淡黄
幼螨		体圆形，黄白色。取食后变为淡绿色	体圆形，淡红色。取食后变为暗红色	半球形，淡黄或黄绿色，足3对
若螨		体背出现刚毛，两侧有黑绿色斑纹	前期体色较深。雄性末端较尖	椭圆形，足4对，夏型黄绿，冬型橙黄或橘红

三、实验材料、仪器和设备

（1）仪器用品。体视显微镜、放大镜、镊子等。

（2）实验材料。桃蚜、梨二叉蚜、梨黄粉蚜、桑盾蚧、球坚蚧、桃小绿叶蝉、梨木虱、温室白粉虱、梨网蝽、山楂叶螨、果苔螨、苹果全爪螨等活虫标本、生活史标本、玻片标本及各虫挂图。

四、实验方法和步骤

1. 蚜虫类

观察各种蚜虫的玻片标本。注意比较触角感觉孔的数目和排列方式，腹管和尾片的长度，有无花纹。观察活虫标本时注意是否被有蜡粉。比较不同蚜虫的为害状。

2. 蚧类

观察各蚧类的形态特征，注意体型和雌雄蚧的特点。

3. 蝉类

注意观察大青叶蝉体型大小、颜色，以及头部、翅脉、翅缘等处的特点。观察其为害特点。

4. 木虱粉虱类

注意木虱和温室白粉虱体型大小、体表蜡粉、翅脉形状。

5. 蝽类

观察茶翅蝽和斑须蝽体型大小，革区和膜区颜色，前胸背板等。

注意观察若虫头、胸、腹部有无刺状突起，各有多少对。取新鲜被害叶，用解剖针拨开叶背虫粪污染处，可见一小孔，轻轻排开小孔周围组织，找出虫卵。

6. 害螨类

取螨类玻片标本在显微镜下观察，注意比较：①体色有何不同；②体背刚毛呈何形状，刚毛基部有无黄白色毛瘤；③足的颜色，长短（与体长比较）。比较不同害螨为害状。

五、预习要求

复习有关理论，明确吮吸式害虫为害特点及其识别意义，了解识别此类害虫的方法。

六、结果与分析

列表比较几种蚜虫、蚧虫、害螨的形态及为害特点。

实验四　蔬菜害虫的识别（一）

一、实验目的和要求

了解蔬菜咀嚼式口器食叶害虫及其为害状，识别主要咀嚼式口器食叶害虫的外部形态特征。

能根据受害状判断是否是咀嚼式口器食叶害虫危害，能正确识别常见食叶害虫种类。

二、实验材料、仪器和设备

（1）仪器用品。放大镜、体视显微镜、镊子等。

（2）实验材料。银纹夜蛾、斜纹夜蛾、刺蛾类、美国白蛾、舞毒蛾、天幕毛虫、卷叶蛾、梨星毛虫、梨苹毛金龟子、铜绿金龟子等害虫标本和挂图。

三、实验方法与步骤

常见食叶害虫包括蔬菜表面食叶害虫、卷叶害虫和潜叶害虫。

1. 菜粉蝶

属鳞翅目，粉蝶科。初龄幼虫在叶背啃食叶肉，残留表皮，呈小型凹斑。3龄后吃成缺刻、孔洞。严重时只留叶柄和叶脉，同时排出大量虫粪。

仔细观察成虫体色，前后翅的颜色，注意前翅顶角处有1个三角形黑斑，中室外侧还有黑圆斑，后翅前缘近外方有1黑斑，展翅后前后翅的黑斑在一条直线上。幼虫称为菜青虫，体青绿色，注意观察背面密生细小黑色毛瘤。

2. 小菜蛾

属鳞翅目，菜蛾科。初孵幼虫钻入叶上下表皮间食叶肉形成小隧道，稍大取食叶背表皮和叶肉，残留上表皮，呈透明的斑点，俗称"开天窗"，4龄幼虫食叶成孔洞和缺刻。

成虫是一种灰褐色小蛾。观察其前后翅形状，静止时两翅折叠成屋脊状。前翅中央有三度曲折的波纹。

老熟幼虫头黄褐色，胸腹部黄绿色，注意观察幼虫体形为两头尖细，前胸背板有淡褐小点排列的 U 形纹。尾足向后伸长而超过腹末。

蛹为青绿色，茧纺锤形，薄如网，可透见蛹，易识别。

3. 夜蛾类

属鳞翅目，夜蛾科。主要有甘蓝夜蛾 *Mamestra brassucae* L、斜纹夜蛾 *Prodenia litura*（Fabricius）、银纹夜蛾 *Plusia agnata* Staudinger 和甜菜夜蛾（见图 6-11）*Laphygma exigua*（Hübner）4种。均以幼虫食叶成缺刻或孔洞。

图 6-11　甜菜夜蛾（周尧图）

比较观察 4 种夜蛾成虫和幼虫的主要区别（见表 6-4）。

表 6-4　4 种夜蛾的区别

	成虫前翅	幼虫
甘蓝夜蛾	环状纹和肾状纹明显。沿外缘有黑点 7 个，前缘近端部有等距离的白点 3 个	1~2 龄具腹足 3 对，3 龄后具 5 对，体色随龄期而变，老熟幼虫头黄褐色，胸腹背面黑褐色，各节背面中央两侧沿背线内侧有似倒"八"字形黑色条纹，腹足趾钩单序中带
斜纹夜蛾	环状纹不明显，斑纹复杂，由前缘向后缘外方有 3 条白色斜纹	腹部各节背面均有 1 对半月形或三角形的黑斑，以 1、7、8 三节的黑斑最大
银纹夜蛾	有 2 条银色横线纹，翅中央有一 V 字形银色斑和 1 个近三角形银色斑点	淡绿色，体前端较细，后端较粗，背线白色、双线，气门线黑色，气门下线通到臀足上。第 1、2 对腹足退化，行走时体背拱曲
甜菜夜蛾	各线、纹较明显，肾形纹土红色	体色变化很大，气门下线为明显的黄白色纵带，有时带粉红色。纵带末端直达腹末，不弯到臀足上

4. 黄守瓜

属鞘翅目，叶甲科。成虫取食叶和嫩茎，幼虫在土中咬食根，常造成瓜苗死亡，整株枯死。主要有黄足黄守瓜（Aulacophora femoralis chinensis Weise）、黑足黑守瓜（A. nigripennis Motschulsky）、黄足黑守瓜（A. lewisii Baly）3 种（表 6-5）。

表 6-5 种黄守瓜成虫的主要形态比较

特征	黄守瓜	黄足黑守瓜	黑足黑守瓜
体长 /mm	8~9	6~7	6~7
鞘翅	橙黄色	黑色	黑色
胸足	黄色	黄色	黑色

5. 黄曲条跳甲

属鞘翅目，叶甲科。以成虫咬食叶面成许多小孔，被害叶片上布满稠密的小椭圆形孔洞；幼虫生活在土中，为害菜根皮层。

成虫头胸黑色光亮，前胸背板及前翅上有许多刻点排成纵行。鞘翅黑色，其上有弓状黄色条纹，此特征易于识别。

6.马铃薯瓢虫和茄二十八星瓢虫

观察成虫前胸背板和鞘翅上斑纹（见表6-5）。

表6-5　马铃薯瓢虫和茄二十八星瓢虫成虫特征比较

	马铃薯瓢虫	茄二十八星瓢虫
前胸背板	中央有一纵行剑状大黑斑	中央有1条横行双菱形黑斑
鞘翅上的斑纹	每个鞘翅上有14个大黑斑。鞘翅基部有3个黑斑，后方的4个黑斑不在一条直线上。两鞘翅会合处的黑斑有1对或2对互相接触	每个鞘翅上都有14个大黑斑。鞘翅基部有3个黑斑，后方的4个黑斑在一条直线上。两鞘翅会合处的黑斑不相连

7.斑潜蝇

斑潜蝇属双翅目、潜蝇科、植潜蝇亚科、斑潜蝇属。主要有番茄斑潜蝇（*Liriomyza bryoniae* Kaltenbach）、三叶草斑潜蝇（*Liriomyza trifolii* Burgess）、美洲斑潜蝇（*Liriomyza sativae* Blanchard）、南美斑潜蝇（*Liriomyza huidobrensis* Blanvhard）4种。

美洲斑潜蝇主要以幼虫在叶片组织内取食为害，形成不规则弯曲的蛇形蛀道。南美斑潜蝇的为害习性、寄主与美洲斑潜蝇相似，但其幼虫取食所形成的蛀道在叶面和叶背均可显现，而美洲斑潜蝇幼虫取食蛀道仅现于叶面；南美斑潜蝇对花卉满天星和烟草的为害尤为严重。

几种潜叶蝇检索表

1 成虫头顶的内外顶鬃着生处黄色⋯⋯⋯⋯⋯⋯⋯⋯⋯⋯⋯⋯⋯⋯⋯⋯⋯⋯⋯⋯2

　成虫头顶的内外顶鬃着生处暗黑色⋯⋯⋯⋯⋯⋯⋯⋯⋯⋯⋯⋯⋯⋯⋯⋯⋯⋯⋯3

2 成虫胸背板灰黑色无光泽，前翅 M_{3+4} 后段为中室长度的3~4倍⋯三叶草斑潜蝇

　成虫胸背板灰黑色具光泽，前翅 M_{3+4} 后段为中室长度的2.5倍⋯⋯⋯⋯番茄斑潜蝇

3 成虫头顶内，外顶鬃着生处暗黑色；各足股节暗黑色；前翅 M_{3+4} 后段为中室长度的1.5 ~ 2.0倍⋯⋯⋯⋯⋯⋯⋯⋯⋯⋯⋯⋯⋯⋯⋯⋯⋯⋯⋯⋯⋯⋯⋯⋯南美斑潜蝇

　成虫头顶外鬃着生处黑色，内顶鬃着生于黄黑交界处；各足股节黄色，前翅 M_{3+4}后段为中室长度的3倍⋯⋯⋯⋯⋯⋯⋯⋯⋯⋯⋯⋯⋯⋯⋯⋯⋯⋯⋯⋯⋯美洲斑潜蝇

四、预习要求

复习有关理论，了解各类食叶害虫的形态特征和为害特点。

五、结果与分析

（1）菜粉蝶、小菜蛾成幼虫形态特征。

（2）绘制几种夜蛾成虫前翅形态特征图。

（3）比较几种夜蛾幼虫形态。

（4）几种潜叶蝇形态和为害状区别。

实验五　蔬菜害虫的识别（二）

一、实验目的和要求

（1）了解蔬菜吮吸式口器害虫及其为害状，识别主要吮吸口器害虫的外部形态特征。

（2）能根据受害状判断是吮吸害虫危害的可能性，能正确识别常见吮吸害虫。

二、实验材料、仪器和设备

（1）仪器用品。放大镜、体视显微镜、镊子等。

（2）实验材料。桃蚜、萝卜蚜、甘蓝蚜、温室白粉虱、梨网蝽、山楂叶螨、果苔螨、苹果全爪螨等活虫标本、生活史标本、玻片标本及各种挂图。

三、实验方法与步骤

蔬菜吮吸式口器害虫主要包括蚜虫类、粉虱类、蓟马类、害螨类。

1. 蚜虫类

为害十字花科蔬菜的蚜虫统称菜蚜。在我国主要有 3 种：桃蚜 *Myzus persicae Sulzer*、萝卜蚜 *Lipaphis erysimi*（Kaltenbach）和甘蓝蚜 *Brevicoryne brassicae*（L.）。这 3 种蚜虫都属于同翅目，蚜科。菜蚜的成、若虫均吸食寄主植物的汁液。常使叶片卷曲、变黄，影响甘蓝、大白菜包心以及小白菜、萝卜等留种株抽薹、开花、结实。为害严重时，全株枯死。此外还排泄蜜露引发煤污病，污染蔬菜。菜蚜还能传播多种病毒病，造成秋菜大量减产，严重时要翻耕重种。

观察甘蓝蚜、萝卜蚜和桃蚜的玻片标本。注意比较触角感觉孔的数目和排列方式，腹管和尾片的长度，有无花纹。观察活虫标本时注意是否被有蜡粉（见表 6–6）。

表 6-6　3 种蚜虫的形态比较

	萝卜蚜	甘蓝蚜	桃蚜
有翅蚜	体长 1.6~1.8 mm，头胸部黑色，腹部 1、2 节背面及腹管后各有 2 条淡黑色横带。腹管较短约与触角 5 节等长，中部稍膨大，末端稍缢缩	体长约 2.2 mm，头胸部黑色，腹部黄绿色，每侧有 5 个黑点，全体覆有明显的白色蜡粉。腹管短，远短于触角第 5 节，中部稍膨大	体长约 2 mm，头胸部黑色，腹部淡暗绿色，背面有淡黑色斑纹。腹管很长，中部稍膨大，末端缢缩明显
无翅蚜	体长约 1.8 mm，全体黄绿色，稍覆白色蜡粉，胸部各节中央有 1 黑色横纹。其他同有翅蚜	体长约 2.5 mm，全体暗绿色，有明显白色蜡粉。其他同有翅蚜	体长约 2 mm，全体绿色、黄或樱红粉。其他同有翅蚜

2. 粉虱类

烟粉虱和温室白粉虱均属同翅目粉虱科。成虫和若虫群集叶背吸食汁液，被害叶褪色、变黄、萎蔫，甚至死亡。2 种粉虱的形态差别见表 6-7。

表 6-7　两种粉虱的形态比较

虫态	特征	烟粉虱	温室白粉虱
成虫	体长	雌虫 0.87~0.95mm，雄虫 0.80~0.90mm	1.0~1.5mm
	体色	淡黄白色至白色	淡黄白色
	翅脉	前翅有 2 条翅脉，第 1 条脉不分叉	前翅有 2 条翅脉，第 1 条脉分叉
	其他特征	停息时翅呈屋脊状，左右翅间的缝隙较大。复眼黑红色，肾形，分上下两部分	停息时双翅较平展。复眼红褐色，哑铃形
卵	大小	长约 0.21 mm，宽约 0.096 mm	长 0.20~0.25 mm，宽约 0.09 mm
	形状	长梨形，具小柄	长梨形，具小柄
	颜色	有光泽，近孵化时为褐色	有光泽，初产时淡黄绿色，孵化前呈黑紫色
2 龄、3 龄若虫		触角和胸足退化只有 1 节。腹部平，背部微隆起，淡绿色至黄色，体表无蜡质分泌物	触角和胸足退化。淡绿色或黄绿色，半透明，体表上生有长短不齐的蜡丝
伪蛹		蛹壳平坦，有 2 根尾刚毛，背面有 1~7 对粗壮的刚毛或无毛，没有乳突。皿状孔三角形，舌状突长，呈长匙形。腹沟清楚，由皿状孔后通向腹末，其宽度前后相近	蛹壳较厚，有 2 根尾刚毛，体背通常生有 11 对长短不齐的蜡质丝状突起，有许多乳突。皿状孔心形，舌状突短，呈三叶草状

3. 蓟马类

为害蔬菜的蓟马常见的有葱蓟马、花蓟马和西花蓟马，均属缨翅目，蓟马科。观察玻片标本，比较葱蓟马和花蓟马的形态区别。

（1）葱蓟马。雌成虫体长 1.5mm，深褐色，触角第 3 节暗黄色，前翅略黄，腹部第 2~8 背板前缘线黑褐色。头略长于前胸，单眼间鬃长于头部其他鬃，位于三角连线外缘。复眼后鬃呈一横列排列。触角 8 节，第 3、4 节上的叉状感觉锥伸达前节基部。前胸背板后角各具 1 对长鬃，内鬃长于外鬃，后缘有 3 对鬃，中对鬃长于其余 2 对鬃；中胸背板布满横线纹。前翅前缘鬃 49 根，上脉鬃不连续，基部鬃 7 根，端鬃 3 根，下脉鬃 12~14 根。腹部第 5~8 背板两侧栉齿梳模糊，第 8 背板后缘梳退化，3~7 背侧片通常具 3 根附属鬃，3~7 腹板各具 9~14 根附属鬃。雄虫短翅型，3~7 腹板有横腺域。

（2）花蓟马。体长 1.4mm，褐色，头、胸部稍浅，前腿节端部和胫节浅褐色。触角第 1、2 和第 6~8 节褐色，3~5 节黄色，但第 5 节端半部褐色。前翅微黄色。腹部 1~7 背板前缘线暗褐色。头背复眼后有横纹。单眼间鬃较粗长，位于后单眼前方。触角 8 节，较粗；第 3、4 节具叉状感觉锥（见图 6-12）。前胸前缘鬃 4 对，亚中对和前角鬃长；后缘鬃 5 对，后角外鬃较长。前翅前缘鬃 27 根，前脉鬃均匀排列，21 根；后脉鬃 18 根。腹部第 1 背板布满横纹，第 2~8 背板仅两侧有横线纹（见图 6-13）。第 5~8 背板两侧具微弯梳；第 8 背板后缘梳完整，梳毛稀疏而小。雄虫较雌虫小，黄色。腹板 3~7 节有近似哑铃形的腺域。

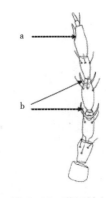

图 6-12 蓟马触角

（郑建武图）

a—简单感觉锥；b—叉状感觉锥

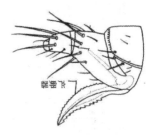

图 6-13 蓟马腹末侧面观

（韩运发图）

4. 害螨类

均属蜱螨目，茶黄螨属跗线螨科，朱砂叶螨属叶螨科（见表 6-8）。

为害状：茶黄螨受害叶片背面呈灰褐或黄褐色，油渍状，叶片边缘向下卷曲；受害嫩茎、嫩枝变黄褐色，扭曲变形，严重时植株顶部干枯；果实受害果皮变黄褐色。茄子果实受害后，呈开花馒头状。二斑叶螨（见图 6-14）：结网力强，叶背为害，叶片白色斑驳，重则叶灰白至青铜色，嫩叶凹凸不平，早落叶。

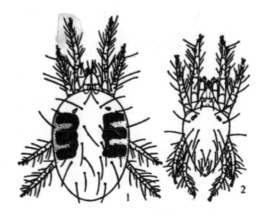

图 6-14 二斑叶螨（韩运发图）

1—雌螨；2—雄螨

表 6-8　3 种叶螨形态比较

虫态	特征	茶黄螨	朱砂叶螨	二斑叶螨
成螨	体长	约 0.2mm	约 0.4mm	雌约 0.5mm，雄约 0.26mm
	体形	雌成螨体躯阔卵形，体分节不明显，沿背中线有 1 白色条纹，腹部末端平截。雄成螨体躯近六角形，腹末有锥台形尾吸盘	雌螨卵圆形，身体两侧有黑斑 2 对，前面 1 对较大，后面 1 对在末体两侧。雄螨体后部尖削	雌成螨椭圆形，生产季体背两侧各具 1 块黑色长斑，外侧 3 裂，滞育型体侧无斑。雄螨近卵圆形，前端近圆形，腹末较尖，与朱砂叶螨难以区分
	体色	淡黄至橙黄色，半透明有光泽	体红至紫红色（有些甚至为黑色），在眼的前方呈淡黄色	生长季节为白色、黄白色，食后呈浓绿、褐绿色；当密度大，或种群迁移前体色变为橙黄色。在生长季节绝无红色个体出现。滞育型体呈淡红色。雄螨多呈绿色
卵		长约 0.1mm，椭圆形，灰白色、半透明，卵面有 6 排纵向排列的泡状突起	圆形，初产乳白色，后期呈乳黄色，产于丝网上	圆形，初产乳白色，后变淡黄

四、预习要求

复习有关理论，明确吮吸式口器害虫为害特点及其识别意义，了解识别此类害虫的方法。

五、结果与分析

列表比较几种蚜虫、粉虱、害螨的形态。

第七部分　果蔬植物保护（教学实习）

实习一　植物病害标本采集与制作

昆虫和病害标本是植物保护学科教学和科研的基础材料，采集制作昆虫和病害标本是学习和研究植物保护的基础工作，是初学者必须掌握的专门技术。

一、实习目的和要求

（1）掌握病害标本采集和制作的技术与方法。

（2）实训要求：每组采集制作合格的病害标本10种以上。

二、实习材料、仪器和设备

（1）工具：手持放大镜、生物显微镜、标本夹、小刀、枝剪、手锯、标本缸、病害诊断参考书。

（2）实习材料：吸水纸、塑料袋、纸袋、标签、铅笔、记号笔、醋酸铜、硫酸铜、95%乙醇、甲醛溶液、亚硫酸、甘油、蒸馏水等。

三、实习方法与步骤

1. 病害标本的采集

（1）标本采集基本要求。采集完整的标本，最好是先摄影然后再压制或浸渍保存，拍照越清晰越好，要求拍正常植株和病害部位。每号标本应至少采集2~3份样本。

（2）取样部位。

①标本上有子实体的应尽量在老叶上采集，因为它比较成熟，许多真菌有性阶段的子实体都在枯死的枝叶上出现，而无性阶段子实体大多在活体上可以找到。

②柔软多汁的子实体或果实材料，则应采集新发病的幼果。

③病毒病应尽量采集顶梢与新叶。

④线虫病害标本应采集病变组织，为害根部的线虫病害标本除采集病根外还应采集根围土壤。

⑤表现萎蔫的植株要连根挖出，有时还要连同根际的土壤等一同采集。

⑥对于粗大的树枝和植株，则宜削取一片或割取一截。

⑦如果病害在叶、果实和枝干上都有表现，应尽量采集全面。

⑧寄生类应和寄主一同采集。病害症状很特殊的病害，要连同植株的枝叶或花一起采集，以便鉴定其寄主名称。

（3）标本数据记录和标本编号。要求记录准确、简要、完整。完整的记录与标签同样十分重要，要有寄主名称、采集日期与地点、采集者姓名、生态条件和土壤条件等。

（4）标本采集方法。

①枝干类、根部病害标本的采集。取其得病部位，用锯、枝剪或高枝剪采取，切勿用手折断，影响标本的美观，对纤维长而强韧的枝干等，尤应注意。

②叶部病害标本的采集。大型叶植物，其叶子和花序均很大，采集标本时可采一部分或分段采集，以同株上幼小叶加上花果组成一份标本（同时标明叶实际大小）；或把叶、叶柄各自分段取其一部分；对于像菟丝子、列当这样的寄生植物应连同寄主一起采集，并记录寄主的名称。

③肉质或多汁植物（花、果实）病害标本的采集。应将其纵切或横切，有时需将其内部的组织挖出，还要考虑是否将一半的材料浸泡在保存液中保存。在野外干燥条件下，要在切开的茎表面撒大量食盐，用盐包裹的材料应置于夹有多层报纸的标本夹中，24 h 后要把浸有盐水的报纸移去，或者用开水将材料烫死，然后放置在薄纸板—铝板的三明治层中烘干。

2. 病害标本的制作

从田间采回的标本，除一部分用作分离鉴定外，对于典型的病害症状最好是先摄影然后再压制或浸渍保存。压制或浸渍的标本尽可能保持其原有性状，微小的标本可以制成玻片，如双层玻片、凹穴玻片或用其他小玻管小袋收藏。

3. 病害标本的保存

（1）干燥法。适用于一般含水较少的茎、叶等病害标本的制作，最简单、最经济、应用最广。将采集的标本夹在吸水纸中，同时放入写有采集地点、日期和寄主名称的标签，再用标本夹压紧后日晒或加温烘烤，使其干燥，干燥愈快愈能保持原有的色泽，标本质量亦愈高。夏季采的标本在温湿度高的情况下，容易发霉变色，换纸宜勤，通常在压制的最初 3~4 天每天换纸 1~2 次（视标本含水多少及温湿度情况而定），以后每 2~3 天换一次，至完全干燥为止。在第一次换纸的同时，应将标本加以整理，因经初步干燥，标本变软易于铺展。烟草、蚕豆、梨、马铃薯的茎叶等很易发黑变色，都是很难保存颜色的标本，在制作过程中特别要注意快速干燥。需要保持绿色的干制标本，可先将标本在 2%~4% 硫酸铜溶液中浸 24 h，或经过醋酸铜溶液（配方及方法见浸渍法中醋酸铜的浸渍法）处理后再压制。也可以在叶面抹一层液体石蜡后再压，可以保持鲜绿色 2~3 d。

（2）浸渍法。适用于多汁的病害标本，如果实、块根或担子菌的子实体等，必须用浸渍法保存。浸渍液体种类很多，有纯属防腐性的，亦兼有保持标本原色的，现介绍数种常用及效果较好的方法。

①防腐浸渍法。此类浸渍法仅能防腐而没有保色作用，如萝卜、甘薯等，不要求保色的标本，洗净后直接浸于以下溶液中。

a. 5% 福尔马林浸渍液。

b. 亚硫酸浸渍液：1000 mL 水中加 5%~6% 亚硫酸 15 mL（一般市售的亚硫酸含量为 5%~6%）或用亚硫酸钠 10.5 g，浓硫酸 8 mL，水 500 mL 配成混合液。

②保持绿色标本的浸渍液及浸泡法。

a. 醋酸铜保（绿）色浸渍法：往 50% 的醋酸中逐渐加入醋酸铜结晶溶解至饱和作为母液（大约 1000 mL 50% 的醋酸中加入 15 g 醋酸铜即可达饱和），使用时兑水稀释 1~4 倍（稀释倍数视标本颜色而异，色深者稀释倍数可小些）。将此液加热煮沸，投入标本，开始时标本的绿色被漂去，再经数分钟后标本又恢复绿色，此时立即将标本取出，用清水洗净，保存于 5% 的福尔马林溶液中，此法称为热处理。冷处理的办法是将标本置于上述稀释液中浸 3 h 后标本褪色，再经 72 h 后标本恢复绿色，此时将标本取出，用水冲净，保存于 5% 的福尔马林溶液中。此法保持色泽时间较长，其保色原理大致是铜离子与叶绿素中的镁离子发生置换作用。所以，溶液经多次处理标本后，铜离子会逐渐减少。如要继续使用，应补入适量的醋酸铜。此法保存标本往往略带蓝色，与植物标本原色稍有出入。

b. 硫酸铜保（绿）色浸渍法：用清水冲洗标本，直接浸泡在 5% 的硫酸铜溶液中 1~7 d，待标本略带褐色时取出用清水漂洗，去除标本表面多余的硫酸铜溶液，然后保存在亚硫酸浸渍液中。

c. 保存黄色和橘红色标本的浸渍液：保存杏、梨、柿、红辣椒等果实标本用亚硫酸浸渍液，亚硫酸浸渍液有漂白作用，因此使用时要注意浓度，一般用 1% 即可（浸杏时浓度可再稀些），因浓度太小，防腐力不够，可加入适量酒精。为了防止果实崩裂，可加入少许甘油。

d. 保存红色标本的浸渍液：保存标本红色较难，因为红色是水溶性的花青素，很难保存。常用 Hesler 浸渍液保存，成分是：氯化锌 50 g，福尔马林 25 mL，甘油 25 mL，水 1000 mL。

将氯化锌溶于热水中，加入福尔马林，如有沉淀，用其澄清液。此溶液适用于由于花青素而显红色的标本，如苹果、番茄等。

4. 标本的存放

制成的标本，经过整理和登记，然后依一定的系统排列和保藏。

菌类标本一般按分类系统排列，要有两套索引卡片，一套是寄主索引，一套是菌类索引，以便于寻找和整理。

标本室（柜）要保持干燥、清洁，并要定期施药以防虫蛀与霉变。

（1）标本盒保藏。教学和示范用的干制病害标本，采用玻面纸盒保藏比较方便，玻面纸盒的适宜大小为 20 cm×28 cm×2 cm。纸盒中先铺一层棉花，并在棉花中加少许樟脑粉以驱虫。最后在棉花上放上标本和标签。

（2）标本瓶保藏。浸渍的标本放在标本瓶内保藏，为了防止标本下沉和上浮，可绑在玻璃条上然后再放入标本瓶。标本瓶的口盖好后滴加石蜡封口，然后贴上标签。

（3）纸套内保藏。用牛皮纸叠成 15 cm×33 cm 的纸套，大量保存的干制标本，大多采用纸套保藏，将标本装入纸套内，并在纸套上贴好标签，放在标本柜中即可。

实习二　昆虫标本采集和制作

一、实习目的和要求

（1）掌握昆虫标本采集和制作的技术与方法。
（2）每组采集制作合格的昆虫标本 20 种以上。

二、实习材料、仪器和设备

1. 标本采集工具

（1）捕虫网。捕虫网的种类很多，按其功能可分为捕网、扫网和水网 3 种。

（2）吸虫管。用较粗的玻璃管配好软木或胶皮塞，在塞上打两个孔，分别插一段塑料或玻璃的弯管，在接打气球的那条弯管的一端缠一小块纱布或铜纱，以防止将虫吸入胶皮管中。

（3）毒瓶。制作毒瓶，首先要选择优质的广口玻璃或塑料瓶（管），配上严密的软木或橡皮塞。较理想的毒剂是氰化物。一般用纱布包上 5~10g 氰化钾（钠）小块或粉末放在瓶底，用硬纸片或软木片、泡沫塑料片等将其卡住即可。也可在瓶底直接放入药粉，加锯木屑，压紧后倒入石膏糊（石膏粉加清水调成石膏糊）固定。

（4）采集袋。用来携带采集用具，大小式样如一般的背包，缝两排装指形的筒状小袋，每排 10 个，再缝几个大小不同的装毒瓶（管）的小袋。袋可分为 3 层，装镊子、剪刀、手铲、手扩大镜、拆下的捕虫网、笔记本、标签纸等。但不能过于复杂，要轻便、适用。

（5）活虫采集器。用木板或铁皮做成梯形纱笼，有一门及一装虫孔；也可用无底的大指形管，一端扎细铜纱或尼龙纱，一端用软木塞，用来装活虫或养虫。活虫采集器可根据需要设计。

（6）指形管。用来装虫和保存标本等。常用 80 mm×20 mm 或 60 mm×12 mm 的玻璃管，配以软木塞或棉花塞。其他小管、小瓶都可以代替。

（7）活虫盒。用来盛放带回饲养的昆虫。

（8）其他用具。手扩大镜、镊子、记录本、标签和毛笔（刷小虫用）等。根据需要还可携带折刀、枝剪、手铲、小锯和植物标本夹等。

2. 昆虫标本的制作工具

（1）昆虫针。0~5 号针和"微针"若干。

（2）三级台。是分为 3 级的小木块，每级中央有 1 小孔。标本针插完成后，将虫针插入孔内，使虫体和标签整齐、美观。

（3）整姿板。厚约 3 cm 的长方形木框，一般大小为 10 cm×30 cm，上面盖以软木板或厚纸板。用厚度相当的泡沫塑料板代替也很好用。

（4）展翅板与展翅块。

（5）粘虫胶。用虫胶或万能胶。

（6）回软缸。它是用来使已经干硬的标本重新恢复柔软，以便整理制作的用具。凡是有盖的玻璃容器（如干燥器等）都可用作回软缸。在缸底放些湿沙子，倒入 4% 石碳酸几滴以防发霉。标本用培养皿等装上，放入缸中，勿使标本与湿砂接触。密闭缸口，借潮气使标本回软。回软所需时间因温度和虫体大小而异。回软好的标本可以随意整理制作，注意不能回软过度，引起标本变质。

（7）标本瓶、75% 酒精、甘油、福尔马林、冰醋酸、白糖、蒸馏水等。

（8）镊子、剪刀、大头针、透明纸条等。

（9）昆虫鉴定参考书。

3. 昆虫标本保存工具

标本柜、针插标本盒、玻片标本盒、吸湿剂、熏杀剂等。

三、实习方法与步骤

1. 昆虫标本的采集

外出采集要随身携带记录本，凡是能观察到的事项，都要按要求记录下来，如采集地点、时间，采集人，被害寄主名称，受害部位及程度，为害状况等，记录越详细，标本的用途越广，价值越大。具体方法有以下 4 种。

（1）网捕。会飞善跳的昆虫不论是活动或静止时，都应网捕。虫一进网要立即封住网口。其方法是随扫网的动作顺势将网袋向上甩或迅速翻转网口使网圈与网袋叠合一部分。虫入网后应先将网的中部附近捏住，伸进毒瓶、开盖、装虫、封盖和取出毒瓶，切勿先从网口往里看，否则入网的昆虫极易逃掉。蝶类翅大、易破，可以隔网捏住胸部，渐加压力，使其不能飞行时，再取出放入毒瓶。草丛中的小虫可用扫网来回扫捕，小虫和杂物集中在网底，然后将网底塞入毒瓶，待虫毒死后倒出，进行分离。也可将网中的集物装入指形管等，以后再分离和毒杀。

（2）振落。许多有假死性的昆虫，一经振动就会往下落，可在树下铺白布单等来采集。有些白天隐蔽的昆虫，可以敲打、振落植物，使其惊起，然后网捕。

（3）搜索。许多小型昆虫和一些昆虫的越冬时期、蛹期或不活动的时间（如白天）都有一定的隐蔽之处，必须仔细搜索才能找到。一般在树皮缝隙中，砖石及枯枝落叶下都可采到大量昆虫。

（4）诱集。利用昆虫对灯光和食物的趋性来采集昆虫是一种简便有效的方法。

①灯光诱集。夏日的晚上，常有许多昆虫在灯火附近飞舞，在灯附近的建筑物上可以采到许多昆虫。在田间架一只大瓦数的电灯和一块白布，会诱来许多昆虫，其中不少停在白布上，可供采集。

黑光灯也是广泛应用的工具。这种灯管发出 3.6×10^{-4} nm 左右波长的短波光，诱虫效果更好。安装好后，放置在一定的场所，晚上开灯，放入毒瓶，早晨关灯，取回毒瓶，可以获得丰富的昆虫标本。在农林业生产上常用黑光灯来测报虫情。

②糖蜜及其他诱集方法。蛾类喜欢带甜酸味的物质。用一定比例的糖、醋、酒液用微火熬成糖浆，涂在树干上可诱来许多昆虫。用烂水果等其他发酵物质也可进行诱集。用腐肉等放入诱蝇纱笼可以诱集某些蝇类；放入陷阱内可诱集腐食性甲虫。

2. 昆虫标本的制作

（1）针插标本制作。

①昆虫标本的插针。根据虫体大小选用适当型号的昆虫针，插针的部位对各类昆虫应有一定要求。一般都插在中胸背板的中央偏右，以保持标本稳定，又不致破坏中央的特征。鞘翅目（甲虫）插在右鞘翅基部约 1/4 处，不能插在小盾片上，腹面位于中后足之间；半翅目（蝽）的小盾片很大，插在小盾片上偏右的位置；双翅目（蝇类）体多毛，常用毛来分类，插在中胸偏右；直翅目（蝗虫）前胸背板向后延伸盖在中胸背板上，针应插在中胸背面的右侧。鳞翅目、膜翅目需要展翅，插在中胸背板中央（见图7–1）。

②昆虫标本的定高。用三级台定高，三级台第 1 级高 26mm，用来定标本的高度。双插法和粘制小昆虫标本时，纸三角、软木片和卡纸等都用这级的高度。制作标本时，先把针插在标本的正确位置，然后放在台上，沿孔插到底。要求针与虫体垂直，姿势端

正。第 2 级高 14mm，是插采集标签的高度，采集标签上含采集地点、日期、寄主和采集人等信息；第 3 级高 7mm，为定名标签的高度。一些虫体较厚的标本，在第 1 级插好后，应倒转针头，在此级插下，使虫体上面露出 7mm，以保持标本整齐，便于提取（见图 7-1）。

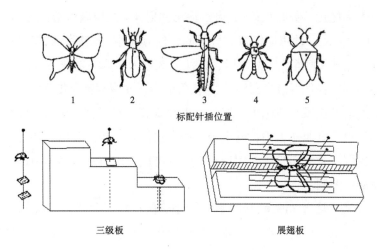

标配针插位置

三级板　　　　　　　　　展翅板

图 7-1　昆虫标本插针、定高、整姿和展翅

③整姿和展翅。三级台上插好的昆虫标本都可插在整姿板上整理。使虫体与板接触，用针把触角拨向前外方（触角很长的天牛和螽蟖等应将触角顺虫体向后置于体背两侧），前足向前，中、后足向后，使其姿势自然、美观。若姿势不好固定，可用针或纸条临时别住，切勿直接把针插在这些附肢上，放至标本干燥（见图 7-1）。

将展翅板调到适宜宽度（较虫体略宽），拧紧螺钉固定。然后把定好高度的标本（以蝶为例）插在展翅板的沟中，翅基部与板持平，用较透明而光滑的蜡纸或塑料纸等纸条将翅压在板上，先用针拨动左翅前缘较结实的地方，使翅向前展开，拨到前翅后缘与虫体垂直为度，再将后翅向前拨动，使前缘基部压在前翅下面，用针插住纸条固定。左翅展好后，再依法拨展右翅。触角应与前翅前缘大致平行并压在纸条下。腹部应平直，不能上翘或下弯，必要时可用针别住压平或下面用棉花等物垫平。双翅目昆虫一般要求翅的顶角与头顶相齐。膜翅目昆虫前后翅并接线与体躯垂直。脉翅目昆虫通常以后翅前缘与虫体垂直，然后使前翅后缘靠近后翅，但有些翅特别宽或狭窄的种类则以调配适度为宜。蝗虫、螳螂在分类中需观察后翅的特征，制作标本时要把右侧的前后翅展开，使后翅前缘与虫体垂直，前翅后缘接近后翅。展翅标本也要附上临时标签，待标本充分干燥后，随同取下，供书写采集标签时参考（见图 7-1）。

④插上标签和装盒。1 周后，将干燥的标本取下，插上采集标签，标签注明该虫采集地点、日期、寄主、采集人，最后装盒。

（2）浸渍标本的制作。为使软体昆虫体躯舒展，在投入浸渍液保存以前，应放入开水中煮烫一下。煮的时间视虫体大小、老嫩及种类而定，一般要求煮到虫体僵直为止。在野外采集时直接投入 75% 酒精中保存的蚜虫、蓟马等弱小昆虫，可将标本瓶密闭，隔水加温使虫体伸直。未经煮过的幼虫放在保存液中，虫体往往会收缩、变形，使许多分类特征看不清楚。经过水煮或热浴处理的标本，取出稍凉一下再投入保存液中保存。

对体型较大的昆虫（如蝗虫等），可给活虫注射 4% 的甲醛溶液或保存液（酚∶冰醋酸∶蒸馏水 =1∶1∶8）。幼虫应饥饿一段时间，使其排空，然后从肛门或腹部节间膜注射 4% 甲醛溶液，放入培养皿中几小时，待注射剂渗入体躯各部分后再投入保存液中。

含水较多的标本在保存液中浸泡约 20 d 后更换一次保存液长期保存。

体柔软小型的昆虫及一般昆虫的卵、幼虫和蛹放入指形管或小瓶中保存，并用铅笔或墨笔写一标签投入管（瓶）中，蚜虫等小型昆虫浸在小指形管内，将许多小管浸在大广口瓶中保存更好。教学实验用的大量浸泡标本可放入玻璃缸等容器中密闭保存。

（3）浸渍液的配制。

①酒精浸渍液，是含 75% 酒精的溶液。此液保存标本的优点是标本干净，虫体伸展，观察方便，是最常用的保存液。缺点是内部组织较脆，不利于进行内部解剖，如果瓶塞不严，容易挥发。在酒精浸渍液中加几滴甘油，可保持虫体柔软。

②福尔马林浸渍液，是含 4% 甲醛的溶液。此液配制简单，利于保存解剖用标本。但气味刺鼻，使人不快，标本的附肢容易脱落。

③醋酸白糖浸渍液，它用冰醋酸 5 mL，白糖 5 g，福尔马林（含甲醛 4%）5 mL，蒸馏水 100 mL 配制而成。此液对绿色、黄色及红色在一定时间内有保色作用，但浸泡前不能水煮。缺点是虫体易瘪。

④冰醋酸、福尔马林、酒精混合液。冰醋酸 1 份；福尔马林 6 份；酒精（95%）15 份；蒸馏水 30 份。浸泡标本不收缩、不变黑、不发生沉淀，但不能保持绿色幼虫的体色。

实习三　植物病原物分离鉴定

一、实习目的与要求

（1）实习目的、意义：通过本次实习学习植物病原菌分离培养的原理和常用方法。

（2）实习要求：每人交分离到的纯菌种一支。

二、实习原理

在研究病原菌的形态、生理、生态以及病原菌对寄主植物的致病性等多种试验中，常常需要病原菌的纯培养物。然而，在自然情况下，病原菌通常是与其他杂菌混生在一起的，从受病组织或其他基物中将病原菌单独分选出来，叫做分离。分离和培养是植病实验室最基本的操作技术之一。

三、实习材料、仪器和设备

1. 清洁环境

分离工作严格说应在无菌条件下进行，无菌室或无菌箱是分离不可缺少的设施。若限于条件实验只能在普通房间进行时，必须对房间进行彻底扫除，清洁环境、搞好卫生。地上多洒些水，以消除室内尘埃，分离开始前准备好一切用品，避免工作过程中频繁走动而破坏环境带来杂菌，工作台上铺好湿毛巾，点燃酒精灯。

2. 实习材料

（1）病组织材料。发病果实、枝条或叶片（相邻两组共用）。

（2）实习材料。0.1% 升汞溶液（广口瓶盛装）；95% 酒精（广口瓶盛装）；1000×10^{-6} 链霉素；瓶装牛肉膏蛋白胨培养基；瓶装马铃薯琼脂培养基；无菌水 1 瓶，灭菌培养皿 6 副，灭菌 1mL 吸管 2 支；火种。

（3）实习用品。解剖剪、解剖刀和镊子各 1 把，移植环、移植钩、酒精灯、珐琅盘和试管架各 1 个，毛巾 1 条，玻璃铅笔 1 支等。

四、实习方法与步骤

1. 分离材料的选择

分离材料的选择对分离培养的成败有着决定性的影响，因为在感病植物受害部位的内外，要有多种腐生菌，为减少腐生菌的污染，分离所用的病害材料应尽可能新鲜，并且最好在病、健交界处选材取样。病、健交界处，除材料新鲜、污染的可能性小外，病原菌的生活力强、比较活跃，容易分离成功。

2. 分离方法

病原菌分离的方法因材料不同而异，植病实验室最常见的方法有组织分离法和稀释分离法两种。

（1）组织分离法。这种方法适用于大部分病菌的分离，此法又分为小块组织分离和大块组织分离两种。分别以黄瓜圆叶枯病、苹果炭疽病、茄子黄萎病和梨褐腐病为试材进行。

①叶斑病类病原菌的分离。取病叶，在病、健交界处剪取2~3 mm长的病组织。用10%漂白粉（次氯酸钙）溶液消毒（漂白粉溶液现用现配）3~5 min，时间长短依病组织不同而异，然后直接移至PSA平板培养基上（为防止细菌污染，可在培养基中加入1000×10^{-6}链霉素10mL），倒置于20~25 ℃温度下，待菌落长出后挑取前缘菌丝，回接于PSA斜面培养基上，在25 ℃温箱中培养，待菌落颜色变深后，于无菌条件下镜检是否是黄瓜圆叶枯病菌，若仅有黄瓜圆叶枯的孢子，则说明已获得了纯培养，否则需要继续转至斜面培养基上进行纯化，直至获得纯培养。

②深层组织内病原真菌的分离（苹果炭疽病或梨褐腐病的分离）。选择典型的苹果炭疽病或梨褐腐病，用70%的酒精擦洗果皮表面，通过火焰烧去多余酒精，重复进行2~3次，达到表面消毒。用灭菌的解剖刀将病皮翘起，在病、健交界处切取小块变色的带菌组织，直接移入已倒好的马铃薯琼脂平板培养基上，倒置在25 ℃温箱中培养，待菌落长出后，挑取前缘菌丝于马铃薯斜面培养基上培养，培养3~4 d后，无菌条件下镜检是否获得纯培养。

③为害维管束组织的病害分离。取病茎秆，先将表面消毒，用灭菌的解剖刀剥去表皮，然后切取其中小块的维管束组织，移置于培养基表面上培养。消毒方法可视材料情况，先在70%酒精中浸渍，然后将酒精烧去，或用0.1%升汞液消毒5 min，用无菌水冲洗，其他方法步骤均同上。

（2）稀释分离法。稀释分离法适用于细菌、土壤菌及产生孢子多的真菌等病原菌的分离，本次实验以白菜软腐病作为材料进行分类离。

白菜软腐病最易伴生腐生细菌，分离时需以病组织接种健康菜帮上，经数次转种予以纯化，其纯化方法是将菜帮经多次换水冲洗后，再用无菌水洗3次，切成适当大小，放在15 cm直径的培养皿中，菜帮下衬以吸水纸保温。用无菌解剖刀挑取病组织少许抹在菜帮的人为伤口上，培养在20~25 ℃下，经1 d左右呈现腐烂，如此反复转种几次，至病斑纯净为止。

分离时，在新的水烂斑边缘挑取少量病组织在无菌水试管中配成菌悬液，取灭菌培养皿3副，标好次序，其内各置无菌水1 mL，用移置环移取菌悬液一环，放在第1皿水中混合均匀，从中挑取一环稀释液至第2皿，再以同法稀释成第3皿，取熔化后冷至45 ℃左右的（一般将化好的培养基瓶靠近鼻尖，以不烫为度）牛肉膏蛋白胨培养基，每皿倒约15 mL，沿着桌面轻轻摇匀，凝固后倒置于26~28 ℃的温箱中培养，1~2 d后可见白色、圆形或近圆形直径为1~2 mm的菌落，从中选典型菌落用移植环（划线法）移入牛肉膏蛋白胨斜面培养基上培养，每组转4~5管，注意过早出现的大型菌落多为腐生细菌。

以上分离实验也可以划线法进行，方法是先取两个灭菌培养皿，每皿倒入约15 mL溶化的牛肉膏蛋白胨培养基，沿桌面轻轻摇匀，制成平板，然后用移置环蘸取一环稀释好的菌悬液，在第一个培养皿平面培养基的左方长方形区内划平行线 5~7 条，再以此移置环继续向右（和左方小区内的几条平行线成一定角度）划 5~7 条平行线，依此法划两皿，倒置于 26~28 ℃温箱中培养，1~2 d 后挑单个典型菌落移到斜面培养基上，培养待用。

如果因季节关系难得白菜软腐病试材，则可用黄瓜细菌性角斑病、水稻白叶枯病病叶作试材进行分离培养实验。方法是取新鲜病叶，在病、健交界处取几小块病组织，以无菌水经多次浇洗表面消毒后，放在比色板或凹玻片的凹窝内（凹窝要经两次酒精灯火焰消毒），以吸管吸取无菌水滴入窝，并以灭菌的玻璃棒捣碎病组织，静置几分钟可得菌悬液，之后以上述划线法进行分离，注意葡萄糖对稻白叶枯病菌有抑制作用，故分离稻白叶枯病菌不能用葡萄糖配制牛肉膏蛋白胨培养基。

五、结果与分析

（1）分离植物病原菌常用的方法有几种？ 这些方法适用于分离哪类病原菌？ 怎样分离？

（2）分离植物病原物时，为什么要选择新鲜病材料，并且在病、健交界处取样？没有新鲜病材料怎么办？

（3）试分析分离工作成败的原因。

附录：培养基的配制

（1）马铃薯蔗糖琼脂培养基（PSA）：马铃薯：200 g，蔗糖：10 g，琼脂：20 g，加水至 1000 mL。

（2）牛肉膏蛋白胨培养基（NA）：牛肉浸膏：3 g，蛋白胨：10 g，蔗糖：10 g，酵母浸膏：1 g，琼脂：20，加水至 1000 mL。

实习四　　植物病害田间调查

一、实习目的、意义

了解植物病害田间取样的各种方法并掌握调查病情的方法，学会计算发病率和病情指数以及进一步估计因病造成的损失等。

通过田间调查，了解当地各种蔬菜病害发生的情况（种类、分布和危害程度），可为决定防治对象，确定防治适期，提出切实可行的防治方法提供依据。

二、实习原理

病害调查可分为一般调查和重点调查两类，应根据调查的目的不同，选择不同的调查方法。当一个地区有关病害发生情况的资料很少，可先进行一般调查，主要是了解病害的分布和发生程度，调查的面要广而且要有代表性。经过一般调查发现的重要病害，可以作为重点调查的对象，深入了解其分布、发病率、损失率和防治效果等。重点调查要求调查的次数多，发病率的计算也要准确。

调查时期应根据调查目的确定，如只是了解植物病害发生和为害的一般情况，应在病害发生盛期进行。一般来讲，调查次数以多为好，但亦应根据调查目的和病害种类来确定。取样必须有代表性，尽力排除人为因素的干扰，使田间调查结果能正确反映发病的实际情况。

三、实习材料、用具

发病田块、标本夹、笔记本、铅笔、米尺等。

四、实习方法和步骤

1. 取样

由于田边、道旁和地块受其他因素影响较大，一般难以代表整个田间的情况，所以应避免在田边、道旁取样。应尽量在距地边 5~10 m 处取样（如果调查面积很小，则在距地边 2~3 m 处取样也可）。取样方法直接关系到调查资料的准确度和代表性。首先要巡视田园的基本情况，根据面积、地形、品种分布以及耕作栽培等因素和病害发生传播特点，决定取样方式和样本数。常用的取样方式如下（见图 7-2）。

（1）随机取样。病害随机分布时常用此方法。要注意样本分布点不能过分集中或有意识地选定，适当地分散在田间，一般应调查 5% 左右的样本数。

（2）对角线式。包括五点取样和对角线取样，在地势平坦，园地近似长方形时适用，气流传播病害常用此法。在 2 条对角线上各取 5~9 点调查（常用的"五点取样法"即是在对角线交点上取 1 点，其余 4 点亦在对角线上）。

（3）棋盘式。取样点有规则地均匀分布在近长方形的园地上，一般为 10~15 点。每个点调查株数的多少，以保证总调查株数占总数的 5% 左右为原则。

（4）Z 字形取样。地形狭长或地势复杂的园地，一般用此方法较方便。可按 Z 字形排列或螺旋式排列的取样点进行调查。

（5）平行线式。较大田地适用此方法。一般一条线上查 5 株，共查 40 行、200 株。各条线均匀地分布在田间。

样本数量视病害种类和研究目的而定。分布不均匀的，如苗木带病，土传病害，样本应多一些，而气传、虫传病害一般较均匀，调查数可少一些。

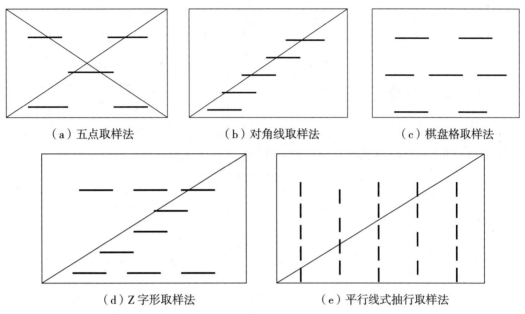

（a）五点取样法　　　　（b）对角线取样法　　　　（c）棋盘格取样法

（d）Z字形取样法　　　　　（e）平行线式抽行取样法

图 7-2　病虫害调查取样方法

2. 病情记录和计算

（1）发病率：发病植株或植物器官（叶片、根、茎、果实、种子等）占调查植株总数或器官总数的百分率，用以表示发病的普遍程度。

$$发病率 = \frac{发病样本数（叶、果、枝、株）}{调查总样本数（叶、果、枝、株）} \times 100\%$$

（2）病害分级。需制定调查样本的分级标准，不同病害分级标准不一样，应根据各种病害性质及其对作物的影响进行分级。分级标准要具体、明确、易于区分，不因调查人员的主观偏见而造成误差。分级标准可查阅文献资料，尽量应用全国统一的分级标准，便于分析、比较、交流。有些蔬菜病害无统一的分级标准，调查者可以自行拟定（常见病害分级标准见本实习后附）。

（3）病情指数。表示病害严重程度的综合指标。病情指数数值处于0~100之间，不带百分号。

$$病情指数 = \frac{\Sigma（病级数 \times 该级病株或病叶数）}{调查总株（或叶）数 \times 最高级病级数} \times 100$$

例：黄瓜霜霉病调查总叶片数为100，其中无病叶片（0级）40，1级病叶30株，2级病叶10株，3级病叶20株，计算发病率和病情指数。

$$发病率 = \frac{30+10+20}{100} \times 100\% = 60\%$$

$$病情指数 = \frac{0 \times 40+1 \times 30+2 \times 10+3 \times 20}{100 \times 3} \times 100 = 36.67$$

五、结果与分析

调查一种蔬菜病害的种类、发生程度（目测或计算）和与发病有关的因素等，将所调查的病害资料列表，计算出发病率和病情指数（见表7-1）。

表 7-1　病情调查记载表

调查时间：　　　　　　　　调查地点：　　　　　　　　调查人：

蔬菜种类、品种及生育期：

最近一次药剂防治情况（喷药时间、药剂种类、用药量）：

品种或处理	调查总株数	各级病株数						病株率	病情指数	备注
		0	1	2	3	4	5			

附录：几种常见病害严重度分级标准

（1）大白菜三大病害（病毒病、软腐病、霜霉病）分级标准（沈农植保专业定）。

①病毒病（孤丁病）。

0级：无病；

1级：轻微花叶或明脉症；

2级：重型花叶，有坏死斑；

3级：矮缩，严重停止生长。

②软腐病。

0级：无病；

1级：外叶或顶叶有局部腐烂；

2级：外叶或顶叶腐烂部分在1/3以下，或叶片萎蔫而菜球不脱落；

3级：全株1/3以上腐烂或茎基腐烂。

③霜霉病。

0级：无病；

1 级：全株少数叶片有个别病斑；

2 级：全株少数叶片有多数病斑或多数叶片有少数病斑；

3 级：全株少数叶片有多数病斑或少数叶片上部分或全部枯萎；

4 级：全株多数叶片部分或全部枯黄。

（2）黄瓜霜霉病，白粉病分级标准（中国农大植保系）。

①霜霉病：在叶上随机取 $9cm^2$，调查其中病斑数。

0 级：无病；

1 级：每单位面积（$9cm^2$）中少于 2 个病斑；

2 级：每单位面积（$9cm^2$）中 2~4 个病斑；

3 级：每单位面积（$9cm^2$）中 5~9 个病斑；

4 级：每单位面积（$9cm^2$）中 10 个以上病斑。

②白粉病。

0 级：无病；

1 级：病区占全叶 1/4 以下；

2 级：病区占全叶 1/4~1/2；

3 级：病区占全叶 1/2~3/4；

4 级：病区占全叶 3/4 以上或叶片干枯。

实习五　园艺植物害虫和天敌田间调查

一、实习目的、意义

了解当地某一时期害虫发生情况，掌握主要害虫调查方法；调查数据能为害虫预测和防治提供依据。

二、实习仪器、设备和材料

捕虫网、铁锹、放大镜、树剪、毒瓶、纸袋、指形管、广口瓶、浸渍液、活虫采集盒、记录本等。

三、实习原理

害虫调查的主要内容包括害虫种群数量消长动态系统调查、害虫地理分布及其在不同地区数量状况调查、害虫群落结构调查、害虫防治效果和作物受害损失调查。进行调查时可以针对上述某一项或某几项开展。昆虫种群田间分布型常因昆虫的种类、虫态、虫口密度的不同而变化。同时，还受地形、土壤、寄主植物种类、栽培方式以及农田小气候等外界条件的影响。因此，进行害虫田间取样调查，为保证取样的代表性，必须根据不同的分布类型选择适应的取样方式。

四、实习方法与步骤

1. 调查次数和时间

依据害虫田间调查的目的和内容，调查可分为普查和重要虫害的系统调查。普查主要了解虫害的种类和发生情况，一般一年调查 1~2 次，按发生数量分级记载，并注意有无危害性的检疫性虫害发生。重点虫害的系统调查一般深入了解大田害虫发生情况、防治效果、损失程度等，调查的次数要多一些，被害率的计算要求比较准确。

调查时期根据调查目的来确定。对于虫害一般发生和危害情况的调查，以在病虫害发生盛期为宜。若一次调查几种植物或一种植物的几种病虫害时，可以找一个适中的时期进行。如果是观察害虫的发生发展及危害的变化，为了测报，就必须一年四季在不同的生育阶段进行系统的调查。例如，越冬调查，发生始期、盛期及衰退期调查等。

2. 取样方法

选择取样调查方法既要以害虫空间分布型为基础，又要符合统计学的基本要求。参考病害调查相关内容，取样调查方法可以大体分为典型取样、随机取样、顺序取样和分层取样 4 类。常用的有 5 点取样法、对角线取样法、棋盘式取样等，见表 7-2。

表 7-2　取样方法的适用范围

取样方法	适合地块	适合分布型
五点取样	适合密集的或成行的植物	随机分布型
对角线取样	适合密集的或成行的植物	随机分布型
棋盘式取样	适合密集的或成行的植物	随机分布型 核心分布型
Z 形取样		嵌纹分布型
平行线取样	适合成行的植物	核心分布型

3. 取样单位和数量

根据取样对象，取样单位可以是面积、长度、植株或植株的某一部分、容积或质量、时间和器械等。取样的数量取决于虫害的分布均匀程度、密度以及人力和时间的允许情况。在面积小、作物生长整齐、病虫分布均匀、发生密度大的情况下，取样点可以适当少些，反之应多些。在人力及时间充裕的情况下，取样点可适当增多。一般每样点的取样数量为：全株性虫害 100~200 株，叶部虫害 10~20 片叶，果（蕾）部虫害100~200 个果（蕾）。在检查害虫发育进度时，一般活虫数不少于 20~50 头，否则得到的数据误差大。

3. 虫情调查

（1）地下害虫越冬种类和密度调查。

①调查时间和方法：此项调查宜在秋季，即农作物收获后、土层结冻前进行。最常用的方法为挖土调查法。

②地块选择：由于地下害虫的分布与地势、土质、前茬、灌溉情况等关系密切，所以调查时在同一地区先按地势、土质与灌溉情况分成若干调查区，然后在同一调查区再选择有代表性的茬口分别进行调查。

③取样方法和取样量：取样方法取决于地下害虫的优势种类和分布型。目前，国内多数地区以蛴螬和金针虫为优势种类，其在田间属于聚集分布，以对角线5点或棋盘式取样为宜。取样量与拟调查的田块面积有关，一般面积小于或等于 1 hm² 时按 5点取样，面积大于 1 hm² 时每增加 1 hm²，样点增加 2 个。样点大小为 0.5 m × 0.5 m 或 1 m × 1 m。可按 0~5 cm、5~15 cm、15~30 cm、30~45 cm、45~60 cm 段等不同层次分别进行调查。

④记载内容：边挖土边检查，土块要打碎。仔细检查土壤中地下害虫的种类及数量（对现场难以辨认的种类单独存放，写好标签，带回实验室镜检），将结果按土质、地势、灌溉情况、茬口等填表记载（见表7-3）。注意土壤中除地下害虫外，还有一些其他昆虫，应分别记录。

表 7-3 地下害虫种类和数量调查表

田块号：　　　　　地点：　　　　　前茬：
现茬：　　　　　调查时间：　　　　　调查人：

类别	种类	样点号					小计	备注
		1	2	3	4	5		
蝼蛄	东方蝼蛄							
	华北蝼蛄							
蛴螬	大黑鳃金龟							
	黯黑鳃金龟							
	铜绿丽金龟							
其他害虫								

（2）枝干害虫调查（见表7-4）。

①普查：可选有 50 株以上的样方，逐株调查健康株数，主梢健壮、侧梢受害株数，主侧梢都受害株数以及主梢受害、侧梢健壮株数，害虫种类和名称。

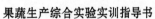

②专题调查：选 5~10 株被害株，查清虫种、虫口数、虫态和为害情况。对于虫体小、数量多、定居在嫩梢上的害虫如蚜、蚧等，可在标准树的上、中、下部各选取样枝，查清虫口密度，最后求出平均每 10cm 长样枝段的虫口密度。

表 7-4 害虫调查记载表

调查时间：   调查地点：   调查人：
作物种类、品种及生育期：   被害部位：
最近一次药剂防治情况（喷药时间、药剂种类、用药量）：

样点号	害虫种类	被害状	发生量							备注
			卵	幼虫	蛹	成虫	小计	调查单位数	百分虫量	
1										
2										

（3）叶片害虫调查。

①调查内容：主要害虫种类、虫期、数量和为害情况等。

②取样方式：在样地内可逐株调查，或采用对角线法、隔行法，选出样株 10~20 株进行调查。

（4）果实害虫调查。

①调查内容：虫果率调查和虫口密度。

②调查方法：选样株 5~10 株，调查植株上种实（按不同部位采集同等数量的果实，一般果实大的采 20 个，果实小的采 20 个以上）。

（5）天敌调查。

天敌调查可随同虫害调查进行。着重调查天敌种类与数量，记载在相应的表格内。对于寄生性昆虫以及致病性微生物等天敌的数量统计，分少量、中等和大量三级，各级的划分标准和符号为：寄生率在 10% 以下记少量，符号为"＋"；寄生率在 11%~30% 记中等，符号为"＋＋"；寄生率在 31% 以上记大量，符号为"＋＋＋"。对于捕食性昆虫及有益的鸟兽调查时，记载种类和实际数量，并注明常见、少见、罕见等（见表 7-5）。

表 7-5 果园害虫与天敌种类调查

调查时间：   调查地点：   调查人：
果树种类、品种及生育期：   最近一次药剂防治情况（喷药时间、药剂种类、用药量）：

样点号	天敌种类	调查部位	天敌发生量					备注
			卵	幼虫	蛹	成虫	小计	
1								
2								

（6）叶螨发生情况调查。一般在落花后进行，因叶螨分布很不均匀，株间差异大，不能用定点定株调查法，应采取普查法，随机取样，每次不少于 10 株，在基部 3 主枝的基段和中段，各选 10 个叶丛枝共 20 个，按东、南、西、北 4 个方位调查，每个方位约选 5 个叶丛枝，每个叶丛枝上随机调查 1 个叶片，记录种群数量。生产上一般仅调查雌成螨，并以平均每叶雌成螨数量作为防治指标。调查结果填入表 7-6。

表 7-6　叶螨发生情况调查表

调查时间：　　　　　　　　调查地点：　　　　　　　调查人：

作物种类、品种及生育期：　　　　　　　　　　　　被害部位：

最近一次药剂防治情况（喷药时间、药剂种类、用药量）：

样点号	株号	调查方位及用量				小计	备注
		东	南	西	北		
1							
2							

五、实习结果与分析

（1）填写相应调查表格，列出害虫和天敌名录。

（2）计算调查结果和当前气象资料，进行趋势预测。

实习六　田间药效试验

一、实习目的

通过实习初步掌握田间药效试验的设计方法、调查方法及数据分析统计方法。

二、实习原理

1. 药效试验的基本要求

最基础的要求是要通过各种措施尽量消除非处理因素导致的误差。

（1）试验小区设计。随机区组设计是最常用的设计方法，其特点是每个重复（即区组）中只有一个对照区，对照区和处理区一起进行随机排列，各重复中处理数目相同。小区采取随机排列，即各处理所在具体小区的位置完全随机而非人为选择。试验要求设置对照区、隔离区和保护行。对照区分不施药空白对照区和标准药剂对照区。标准药剂即是用一种当时当地常用的农药，应用剂量为推荐剂量。空白对照一般为不含药的清水对照。试验必须设置重复。

小区面积大小应根据土地条件、作物种类、栽培方式、供试农药数量、试验目的而定。一般小区面积为 15~50m²，果树除苗木外，成年果树一般以株数为单位，每小区 2~10 株。小区形状以长方形为好。

（2）影响药效的因素。农药制剂、防治对象、环境条件（田间温度、湿度、光照、风力、土壤质地及有机质的含量）均可影响药效。

2. 田间药效试验的调查内容和方法

调查方法可采用对角线 5 点取样法或平行线取样法。调查作物数应根据虫口密度及为害程度适当调整，即虫口密度大或为害严重的可适当少些，反之，应多些。调查要分几次，一般要调查施药前虫口基数，药后 1、3、5、7、10、14d 各调查一次虫口，如果虫口继续降低，则延长调查时间，直到虫口开始增加为止。

杀虫剂的药效一般采用校正死亡率（防效）与作物被害程度来表示。

$$害虫死亡（减退）率 = \frac{防治前活虫数 - 防治后活虫数}{防治前活虫数} \times 100\%$$

$$校正死亡率 = \frac{防治区虫口死亡率 - 对照区虫口死亡率}{1 - 对照区虫口死亡率} \times 100\%$$

$$被害指数 = \frac{各级级数 \times 相应级株（枝、叶、花、果）数累计值}{调查总株（枝、叶、花、果）数 \times 最高级} \times 100$$

$$防治效果 = \frac{对照区被害指数 - 防治区被害指数}{100 - 对照区被害指数} \times 100\%$$

三、实习材料、仪器和设备

（1）试验田。应选择在防治对象经常发生的地方，最好是在大片作物田中，这样才能比较符合害虫的自然分布。试验田块要求土质一致，农作物长势均衡，其他非目标害虫发生较轻，病虫害的发生与为害基本一致。

（2）工具和材料。喷药器械（如背负式电动喷雾器）、量具和容器（量筒、量杯、天平、水桶等）、防护用具（口罩、手套等）、记录本、供试药剂。

四、实习方法和步骤

下面以甘蓝菜青虫为例说明实习方法和步骤。

1. 试验设计

按试验要求划分小区，每小区面积为 10 m²，随机排列，试验设 3 个处理，每个处理重复 4 次，共 12 个小区，小区面积 10 m²，小区随机排列。各处理如下。

处理 1：每亩施 5% 甲氨基阿维菌素苯甲酸盐 5 mL。

处理 2：每亩施 5% 高效氯氰菊酯 20 g。

处理 3：清水空白对照。

2. 药液配制

按各处理设计和每亩，喷液 50 kg 折算成小区用药量。

3. 药剂喷洒

用喷雾器常规喷雾。用药前充分清洗喷雾器，然后先喷空白对照，再喷药剂。喷雾器要清洗干净，才能更换药剂喷洒。

4. 气象条件记载

记载试验过程中的天气变化，记录温度、湿度、降雨、光照（阴、晴天）、风力等。

5. 调查与计算方法

每小区按双对角线法定 5 点，每点固定 10 株，共计 50 株，分别于施药前和施药后 1、3、7 d 调查记录菜青虫幼虫活虫数，并计算出每次虫口减退率和校正虫口减退率（防效）。

6. 注意事项

在配药、施药后调查虫口数量的过程中，要做好防护，结束后要及时洗手、洗脸及清洗身体其他暴露在外可能接触到药剂的部位。

五、结果与分析

将试验结果及计算结果填入表 7-7 中，分析比较两种杀虫剂的防治效果，观察两种杀虫剂对所保护的对象——甘蓝——的安全性，在试验剂量下有无药害发生。

表 7-7　杀虫剂对甘蓝菜青虫防效调查统计表

处理	基数 /头	药后 1d			药后 3d			药后 7d		
		活虫 /头	减退率 /%	防效 /%	活虫 /头	减退率 /%	防效 /%	活虫 /头	减退率 /%	防效 /%

附录：背负式喷雾器使用注意事项

为了保证使用时不出故障和延长喷雾器的使用寿命，同时为了确保工作人员的安全，喷雾器使用前后一定要做好相应的检查，在喷施农药的过程中还要遵循一定的规则。

①作业前要检查喷雾器各零部件有无损坏，有无漏水，喷雾是否正常，先用清水进行试喷。

②喷施农药时，操作人员应站在上风位置，随时注意风向变化，及时改变作业的行走方式，尽量顺向隔行施药。

③背负式喷雾器的药液箱不能装得过满，以免弯腰时药液从药箱口溢出，洒到施药人身上。施药时间也要选择正确，避免在中午阳光强烈时施药，因为这时农药易挥发，而操作人员出汗多，农药易通过毛孔渗入人体。

④喷药机具在工作过程中一旦发生故障，应立即停止工作，关闭阀门，进行检查修理。如果是喷雾器的管道或液泵发生故障，必须先降低管道中的压力。在打开压气药液箱时，应首先放出筒内的压缩空气，以防发生意外。

⑤每次使用完毕，要及时倒出桶内残留的药液，并用清水洗净倒干。

⑥使用电池的电动喷雾器，使用后应及时充电，长时间不用每隔2个月充1次电。

实习七　综合防治方案制订与实施

一、实习目的、意义

训练学生运用综合防治理论和果树病虫害知识解决生产中的实际问题。

二、实习原理

综合防治的原则如下。

（1）生态原则：全面考虑生态平衡及防治效果间的关系，充分发挥自然控制因素。

（2）安全原则。保证防治措施对人畜、环境的安全。

（3）综合原则：强调各种防治措施的协调运用。以植物检疫为前提，以农业技术为基础，以生物防治为主导，以化学防治为重点，以物理防治为辅助。

（4）效益原则：强调经济效益，把害虫控制在不足为害水平即可，不必赶尽杀绝。

三、实习材料、仪器和设备

害虫诱捕器、喷雾器、修枝剪、黄板、性诱剂诱芯、梨小食心虫迷向丝、生物农药、化学农药等。

四、实习方法与步骤

（1）指定某一农田场景，设计制订某病虫害综合防治方案。

①生态学原则为指导。

②防治技术的选择和综合运用：各种措施取长补短；要求对病虫害及其相关的生态系统有完整和准确的理解；五要素（决策者、实施者、田间生态系统、决策支持系统、生物和环境监测）相互紧密联系。

③明确防治目的。将害虫控制在经济受害水平之下，实现最佳的经济生态和社会效益。

（2）实施农业防治、生物防治、物理防治和化学防治等防治措施。

（3）注意事项：把握预防为主的指导思想和安全、有效、经济、简易的原则。

五、结果与分析

制订综合防治方案，方案要符合综合防治的理念，总结实施效果。

第八部分　综合实训

实训一　果树的定植或砧木播种

一、实训目的、意义

通过实训掌握不同树种、品种、树龄、树势等特点，确定定植方案，实施相应的定植方法。

熟练识别树种、树龄、树势，通过对果树的整体判断，制定定植方案，熟练进行果树定植操作。

二、实训原理

果树定植是果树生产中的一项重要栽培技术，也是确保成活和健康发育的重要环节。春季定植处于果树休眠萌动期，正适合促进根系萌发，避免了水分急需导致的生理干旱，同时随着温度的升高、根系的加快生长，正好顺应叶芽的逐渐舒展，从而缓冲了营养生长需要大量水分的矛盾，减少消耗树体的营养。合理的定植方法能快速促进根系萌发，对协调果树地下部分和地上部分生长的关系，以及果树恢复健康起着重要作用。

三、实训材料、仪器、设备

（1）工具：铁锹、镐头、修枝剪、水桶。
（2）材料：果树苗、肥料、塑料地膜。

四、实训方法

定植方案要做好"六个一"。

1. 选一棵好苗

苗木的好坏直接影响到果树以后能否优质高产，因此选择苗木是建好果园的首要工作。从外观看，好的苗木应该生长健壮、根系发达、节间粗短、芽饱满、无病虫害、无失水现象。

2. 选一块好地

果树特别是苹果树对土壤及立地条件有一定的要求，选择园址时起码应该满足以下3个条件。

①气候条件。苹果树适宜在冷凉干燥气候下生长，即夏季6—8月的平均气温在15~22℃，冬季12—2月的平均气温在 –10~10℃最适宜。

②地势。苹果树比较适宜在山地、坡地栽培，应选择25°以下的坡地栽植。

③土壤条件。苹果树喜微酸性沙壤土，适于土层深厚、含有大量有机质、土壤pH6~8、总盐量0.4%以下、地下水位在1.5 m以下的条件。

3. 挖一个好坑

果园的规划、整地面等工作完成后，就是挖定植穴。根据选定的品种确定适宜的栽植密度，在测好的定植点上挖长、宽、深（例如1.0，1.0，0.8 m）大穴。挖穴时要将表土与心土分开堆放。这里需要强调的一点是，经过多年生产实践，按顺序回填反而有利于果树幼苗期的生长发育。这是因为根系最深也不超过30 cm，把腐熟的有一定营养成分的表土回填到底部，把下面的生土回填到果树苗木根系周围，显然不利于幼树对营养成分的吸收利用。

4. 施一袋好肥

在栽树之前，挖好的大坑内一定要施入一袋优质的充分腐熟的农家肥（还要同时施入1.0~1.5 kg钙镁磷肥）。这一袋农家肥相当重要，果树生长发育的好坏就靠这一袋农家肥。以后在这棵果树的一生中都不可能再把这农家肥施入到这个位置去。还要注意的是，施肥的位置要深一点，不要把肥料施到表层30 cm以内。也就是说，定植时不要让肥料接触到果树幼苗的根系，否则容易把幼苗烧死。

5. 浇一桶好水

栽树时在填土之后用脚踩实，然后再用铁锹把或其他工具把土夯一夯，目的是让土壤与苗木的根系密切接触，这是为了保证根系的成活。要想保证果树成活率，最有效的使土壤与根系密切接触的措施就是浇水，可不留任何空隙，保证苗木的成活率。

6. 盖一块好膜

果树定植后，每一棵树下盖一块1 m²的地膜，既可以提高地温，又能促进果树根系及早发育，保证幼苗成活；也可以盖黑色膜，不但可以提高地温，而且可以调节膜下昼夜温差，同时还能抑制杂草生长。

当然，定植一个果园绝不是上述几条这么简单，还有许多的技术环节（如品种选定、园址规划、授粉树配置、栽植密度、树形培育、土肥水管理、病虫害防治等）需要掌握。

五、实训步骤

实训操作过程按照初步摸索操作、指导性熟悉操作和技巧训练操作三步走的教学方式，注意操作规范和技巧，保标准、重安全。

（1）初步摸索操作。在教师针对实训操作进行理论性讲解指导后，学生小组独自进行实践操作，以备检查。

（2）指导性熟悉操作。通过教师检查评判正确的点，指出不足处。根据教师的检查指导，重新进行操作训练。

（3）技巧训练操作。在熟悉操作后，反复进行操作训练，达到一定的技能技巧。

六、实训结果

（1）评价学生的实训状态，针对主动性、理解能力和动手能力等方面进行评价。

（2）检查学生实训操作效果，按步骤评定成绩。

（3）布置实训报告，报告主旨是把实训内容、步骤及结果表达清楚，最后谈体会感想。

七、实训分析

（1）提前预习，熟读教材、实训指导中的相关内容，为实训打下理论基础。

（2）明确实训内容和步骤，能更快地理解教师操作性理论知识讲解。

（3）实训最终目的是严格掌握定植方法。

（4）使学生能够根据不同果树的生物特性差异运用定植方法。

（5）讨论两种不同树势果树定植的差异。

实训二　果树追肥

一、实训目的、意义

通过实训掌握不同时期施用肥料的种类和方法。

熟练判断果树物候期以及是否缺肥，掌握各阶段肥料的施用方法。了解肥料施用时的注意事项。

二、实训原理

不同果树对肥料的需求量不同，适量的肥力在其生长发育过程中起着重要作用，在生产中适当施用大、中量元素和微肥能显著提高果树产量，改善果品品质。但必须认识到，由于大、中、微量元素适合果树生长的浓度范围不同，因此施用时期或施用方法不当，则会影响果树正常生长及产量和品质。

三、实训材料、仪器、设备

（1）用具：铁锹、装肥容器、喷雾器、称重器等。

（2）材料：农家肥、生物菌有机肥、化肥、微肥等。

四、实训方法

（一）判断果树物候期

果树年生长周期可划分为生长期和休眠期，而物候期的观察着重生长期的变化。其观察记载的主要内容有：芽萌动、展叶、开花、果实成熟、落叶等。一般只抓住几个关键时期即可。果树物候观察，以果树的各器官作为观察对象，下面以一般落叶果树为例。

1.叶芽的观察

可选营养枝的顶部芽或剪口芽作为观察对象。观察内容如下。

芽萌动期：芽开始膨大，鳞片已松动露白。

开绽期：露出幼叶，鳞片开始脱落。

2.叶的观察

展叶期：全树萌发的叶芽中有25%的芽第一片叶展开。

叶幕出现期：如梨的成年树，花后，短枝叶丛展开结束，初期叶幕形成。

叶片生长期：从展叶后到停止生长的期间。要定树、定枝、定期观察。

叶片变色期：秋季正常生长的植株叶片变黄或变红。

落叶期：全树有5%的叶片正常脱落为落叶始期，25%叶片脱落为落叶盛期，95%叶片脱落为落叶终期。最后计算从芽萌动起到落叶终止为果树的生长期。

3.枝的观察

新梢生长期，从开始生长到停止生长，定期定枝观察新梢生长长度，分清春梢、秋梢（或夏梢）生长期，延长生长和加粗生长的时间，以及二次枝的出现时期等，并根据枝条颜色和硬度确定枝条成熟期。

新梢开始生长：从叶芽开放长出1cm新梢时算起。

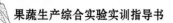
新梢停止生长：新梢生长缓慢停止，没有未开展的叶片，顶端形成顶芽。

二次生长开始：新梢停止生长以后又开始生长时。

二次生长停止：二次生长的新梢停止生长时。

枝条成熟期：枝条由下而上开始变色。

4. 花芽的观察

从芽萌动期到开绽期基本上与叶芽相似。对于仁果类果树花芽物候期观察时还应注意以下几个时期。

花序露出期：花芽裂开后现出花蕾。

花序伸长期：花序伸长，花梗加长。

花蕾分离期：鳞片脱落，花蕾分离。

初花期：开始开花。

盛花期：25%~75%花开，亦可记载盛花初期（25%花开）到盛花终期（75%花开）的延续时间。

5. 果实的观察

幼果出现期：受精后形成幼果。

生理落果期：幼果变黄、脱落。可分几次落果。

果实着色期：果实开始变色。

果实成熟期：从开始成熟时计算，如苹果种子开始变褐。

6. 根系的观察

按根系调查法，定期观察根的生长数量和长度以及新根的木栓化时期等。

（二）判断果树是否缺元素

1. 氮

氮素营养条件对果树生长发育有明显影响。缺氮时地上部分和根系生长都显著受到抑制。缺氮对叶片发育的影响最大，叶片细小直立，与茎的夹角小，叶色淡绿，严重时呈淡黄色。失绿的叶片色泽均一，一般不出现斑点或花斑。因为作物体内的氮素化合物有高度的移动性，能从老叶转移到幼叶，所以缺氮症状通常先从老叶开始，逐渐扩展到上部幼叶。这与受旱叶片变黄不同，后者几乎同株上下叶片同时变黄。果树体内氮素过多，则枝叶徒长，不能充分进行花芽分化，而且易发生病虫害等；另外果实品质差，缺乏甜味，着色不良，熟期也晚。

2. 磷

缺磷一般表现为叶背叶脉变紫或变红，根系弱，根少。植物生长旺期需磷较多。

3. 钾

缺钾由下部叶片开始向上部退绿或淡绿，缺钾茎细弱易倒。旺长中后期需钾多，结果期后易缺钾。

4. 硼

果树缺硼会使其核酸代谢和受精过程受阻，引起大量落花，果实小甚至缩果等。

（1）土壤施肥。一般在秋季落叶后或春季发芽前，根据树龄大小，株施硼砂100~250 g，每2~3年施用1次。

（2）叶面喷施。一般在开花前落花后各喷1次0.3%的硼砂溶液，每年施用。

5. 铁

果树缺铁时叶绿素合成受阻，树梢新叶退绿黄化、白化。

（1）土壤施肥。结合施用有机肥，按每株施用硫酸亚铁300~600 g混入有机肥料中，肥效可持续2年。

（2）喷施。在芽前枝干喷施0.3%~0.5%的硫酸亚铁溶液，或发芽后叶面喷施0.1%~0.3%的硫酸亚铁溶液，每年1次。

6. 锌

果树缺锌时生长素合成受阻，新梢新叶生长受到影响，表现为叶色淡、黄化焦枯、导致小叶病。

（1）土壤施肥。在春秋两季施肥时，可株施硫酸锌250~500g，每3~5年施用1次。

（2）喷施。在果树发芽前喷施3%~5%的硫酸锌，或在发芽初喷施1%的硫酸锌溶液。

7. 锰

锰是植物体内许多酶的活化剂，缺乏时叶片脉间失绿黄化，出现细小棕色斑点。

硫酸锰基施效果不好，可在芽前或叶片生长期用0.3%硫酸锰溶液喷施2~3次。

（三）对果树的追肥方法

1. 根外追肥

按浓度配比，用喷雾器喷施，喷施时间上午8：00~10：00，下午15：00以后。注意避开露水和高温时间。

2. 根内追肥

（1）环状沟施：就是在树冠垂直投影外缘开沟施肥，沟深20~45 cm，宽30~40 cm，施肥填入少量表土掺匀，最后覆土。

（2）条状沟施：肥料较少时，第一年在南北两面开施肥沟，第二年在东西两面开施肥沟；宽行种植园，在行间开施肥沟，沟深和施肥方法与环状沟施相同。

（3）放射状沟施：即以树干为中心，在距树干1~1.5 m处，开4~8条放射状施肥沟。沟底内浅外深，避免伤及大根；沟内窄外宽，以利根系吸收。施肥的深度和范围，应根据树龄、树势、肥料种类、土壤性质和施肥时期等灵活掌握。总的原则是减少伤根，避免肥害，提高肥料的利用率。

五、实训步骤

实训操作过程按照初步摸索操作、指导性熟悉操作和技巧训练操作三步走的教学方式，注意操作规范和技巧，保标准、重安全。

（1）初步摸索操作：在教师针对实训操作进行理论性讲解指导后，学生小组独自进行实践操作，以备检查。

（2）指导性熟悉操作：通过教师检查评判正确的点，指出不足处。根据教师的检查指导，重新进行操作训练。

（3）技巧训练操作：在熟悉操作后，反复进行操作训练，达到一定的技能技巧。

六、实训结果

（1）评价学生的实训状态，针对主动性、理解能力和动手能力等方面进行评价。

（2）检查学生实训操作效果，按步骤评定成绩。

（3）布置实训报告，报告主旨是把实训内容、步骤及结果表达清楚，最后谈体会感想。

七、实训分析

（1）提前预习，熟读教材、实训指导中的相关内容，为实训打下理论基础。

（2）明确实训内容和步骤，能更快地理解教师操作性理论知识讲解。

（3）实训最终目的是让学生注意不同肥料的用量和浓度。

（4）让学生注意牙、叶、花、果、枝的观察时期。

（5）讨论给果树追肥有哪些方法和注意事项。

实训三　果树夏季修剪

一、实训目的、意义

通过实训掌握北方主要落叶果树夏季修剪的内容和方法。

熟练掌握北方主要落叶果树夏季修剪的作用、主要内容、实施的时期，掌握夏季修剪的注意事项。

二、实训原理

夏季修剪在果树生长期中进行，故又称生长期修剪。因为在生长期修剪会剪去有叶的枝，对果树生长影响较大，故宜尽量从轻，以防对树体生长影响过大。另外，夏季修剪是冬季修剪的辅助工作，对萌芽初生的新梢及时留优去劣，调节所留新梢的生长发育并矫正其生长姿势与方向。这样将来冬季修剪轻而易举，可免大剪大砍，而导致多损伤树体和多花劳力。

三、实训材料、仪器、设备

（1）用具：修枝剪、芽接刀（环剥刀）、塑料薄膜、塑料绳等。
（2）材料：果树植株（苹果、梨、桃等）。

四、实训方法

（一）果树的刻芽、环割、环剥

1. 刻芽

刻芽又称目伤，是指在春季果树萌芽前，在枝或芽的上方（或下方）0.2~0.3 cm处，用刀或剪刻一月牙形切口，深达木质部。在芽或枝上刻伤时，则一部分养分水分不能越伤口而上升，转流入于芽或枝，从而促其生长旺盛；反之，在芽或枝的下方施术时，其目的正相反，能减少其生长势力。刻芽对于幼旺树枝量的增加效果显著。刻芽时应注意以下几点：①主枝剪口下前 4 个芽不刻伤，余下芽取枝两侧的每 10~15 cm 一刻伤，对背上及背下芽不处理。②辅养枝、直立枝可逢芽必刻。③枝角稍平，枝粗小于0.3 cm 或大于 1.5 cm 的枝不宜刻伤。

2. 除萌

从春季至初夏将无用或有害的枝除去，称为除萌。除萌的作用如下：①徒长枝或大枝剪去后，从其剪口附近簇生许多萌蘖，宜于萌芽初生时除去。②幼树正在整枝时，对妨碍主干或主枝的延长枝生长的萌枝，宜及早除去，以利主干或主枝的生长。③作为侧枝的新梢或侧枝所生新梢过多时，宜将一部分萌枝除去，以免密生。④以短果枝结果的果树，如短枝过于密生，常因相互牵制，使短枝上的芽不能充分分化为花芽，故宜将弱小的萌枝疏除，使所留的短枝能发育成结果枝。除萌主要是减少养分无益消耗，保证有用枝芽生长以及树冠通风透光。对拉枝后背上萌发过多的芽可隔 20~30 cm 抹去。有时，为保护过大的剪锯口，可对所发萌蘖选留 1~2 个较平斜的芽，其余全部抹去。

3. 多道环刻

为防止秃裸，萌芽前，对于长势比较强旺的枝进行处理。即在需出枝的地方，用环割刀或修枝剪环刻一圈，深达木质部，也可每隔 15~20 cm 一环刻，此方法可促生大量中长枝，防止光杆枝发生。

4. 环剥

环剥也叫环状剥皮，是指在枝基部 3~5 cm 处，剥去一圈树皮，剥宽为被剥枝剥皮处直径的 1/8~1/10。一般手指头粗枝剥 2~3 mm，胳膊粗枝剥 5~6 mm，最宽不能大于 1 cm，最窄不能小于 1 mm，剥后 20~30 d 能愈合的较合适。对于较宽的剥口，可用塑料薄膜或牛皮纸包扎，5 d 后要去除包扎物。吉林地区多在 5 月末—6 月上中旬雨季来临前进行环剥，而且常以幼旺树的壮旺枝为主，细弱枝不宜环剥，在对主干、骨干枝、大型辅养枝和枝组进行环剥时，要酌情处理，尤其要慎剥主干。

由于环剥拦截了叶片制造的同化养分向下运输，使根系生长受到影响，反过来根的吸收力减弱，又会使新梢的生长缓慢减弱。所以，在应用环剥时，必须增施肥水，使枝条生长健壮。为提高环剥效果，对环剥枝可进行叶面喷肥。

（二）短截、疏枝、拉枝、扭梢

1. 摘心

生长季节摘去新梢顶端幼嫩部分的措施叫摘心。为了控制生长，对新梢摘心，有利于营养积累和花芽形成，提高了坐果率并促进果实增大，摘心可促使强旺枝增加分枝级次，达到缓和生长势的目的。

5—6 月份对旺梢连续摘心 2~3 次，有利于培养枝组，促进成花；对竞争枝和直立枝摘心，可加强延长枝的生长，培养敦实枝组；8 月上旬于秋梢基部摘心，可在春秋梢交界处形成 2~3 个副梢花芽；延长枝长至 60 cm 时摘心，可利用二次枝扩大树冠，加速成形；在结果初期的树冠中，对内膛生长较旺的发育枝，可通过摘心，促发分枝形成结果枝组，以增加结果，达到早期丰产目的。

2. 扭梢

5 月下旬至 6 月上中旬，对背上直立枝、竞争枝、密挤枝等，在新梢基部 5~6 cm 处，半木质化的部位，用手捏住先扭曲 90°，再斜下方扭转 180°，使之下垂，并固定在枝杈处。扭梢后枝条营养生长势受挫，养分局部积累，有促发短枝，促成花芽的效果。扭梢后，被扭曲部位应保持圆润状态，无劈裂、折断现象，并且勿伤及叶片。

3. 拉枝

可分春季拉枝和夏季拉枝。拉枝的目的为矫正大枝伸展的角度与方向。拉枝时间不同，所达到的效果也不一样。幼旺树春季拉枝，在树液流动后至萌芽前进行。主要目的是开张角度，促进萌芽，防止光秃，对于骨干枝要求拉枝后，基角 45°~50°，腰角 60°~70°，辅养枝要拉成水平状态，枝绳结合处要有垫衬物，绑枝处要宽松，拉枝开张角度的同时要注意调整枝的延伸方向。6 月末至 7 月上中旬的拉枝方法与春季拉枝一致，其目的主要是加强花芽分化，解决树体通风透光，提高果实品质，改善着色。

4.挦枝、别枝

挦枝又称拿枝，7—8月份，在距枝基部 10 cm 处，用手拿住枝条中下部反复捏握，使枝条木质部轻微损伤而下垂、水平或斜向生长，可达到开张角度，控制旺长促生花芽和中短枝，调节枝向的目的。别枝即将直立强旺枝别在附近平斜枝下，使之呈水平、下垂状态，可抑制生长，促生花芽。

5.夏疏

8月上中旬对辅养枝过多的大树可疏除部分层间大枝，以改善风光条件，提高花芽质量。对幼旺树可行新梢短截，短截方法是对直立旺梢或外围竞争梢于秋梢基部"戴帽剪"，促发二次枝并形成花芽。

这里需要说明的是，果树夏季修剪技术虽然对保证果树连年丰产、稳产等方面具有重要的现实意义，但任何技术都不是孤立的，也不是绝对的，果树夏季修剪必须与冬剪和加强果园土肥水管理相结合，才能发挥更大的作用。

五、实训步骤

实训操作过程按照初步摸索操作、指导性熟悉操作和技巧训练操作三步走的教学方式，注意操作规范和技巧，保标准重安全。

（1）初步摸索操作：在教师针对实训操作进行理论性讲解指导后，学生小组独自进行实践操作，以备检查。

（2）指导性熟悉操作：通过教师检查评判正确的点，指出不足处。根据教师的检查指导，重新进行操作训练。

（3）技巧训练操作：在熟悉操作后，反复进行操作训练，达到一定的技能技巧。

六、实训结果

（1）评价学生的实训状态，针对主动性、理解能力和动手能力等方面进行评价。

（2）检查学生实训操作效果，按步骤评定成绩。

（3）布置实训报告，报告主旨是把实训内容、步骤及结果表达清楚，最后谈体会感想。

七、实训分析

（1）提前预习，熟读教材、实训指导中的相关内容，为实训打下理论基础。

（2）明确实训内容和步骤，能更快地理解教师操作性理论知识讲解。

（3）让学生领会果树的刻芽、环割、环剥的规程。

（4）让学生了解短截、疏枝、拉枝、扭梢的时期。

（5）讨论本次夏季修剪内容的主要目的及主要措施。

（6）讨论应用环剥技术时应注意哪些问题。

实训四　果园耕作管理

一、实训目的、意义

通过实训掌握露地或温室果园耕作管理的原理和操作方法。

熟练掌握果园耕作管理的作用、主要内容、实施时期，掌握果园耕作管理的各种方法。

二、实训原理

果园耕作管理贯穿果树生长期和休眠期。休眠期果园耕作管理主要在初冬或初春进行，包括整地、耕作、防寒覆盖或解除等；在生长期有深翻、清耕、除草、整地等。通过各种方式让土壤平整规范、果园整洁、改变土壤物理结构、增加土壤通透性等，确保水、气、肥的充分发挥，促进果树根系的健康发展，保障果园环境的美观并减少病虫害的发生。

三、实训材料、仪器、设备

（1）用具：铁锹、镐头、推车、筐篓、道具、塑料绳、机械设备等。

（2）材料：果树植株（苹果、梨、桃、蓝莓等）、除草剂、塑料膜等。

四、实训方法

（一）果园耕作管理的内容和操作方法

果园耕作管理包括深翻、改良、除草、整地、覆盖等。

1. 土壤的深翻和改良

果树大多栽于山丘地带，定植后一般多年生长在同一地点，园土良好理化性状的保持比一般农田困难。因而随着根系的伸展，对未经改良的园地需逐年扩大深翻。方法是每年在栽植穴（沟）以外，以果树主干为中心，开挖同心圆沟或在行间挖直沟，一般沟深要求 60~80 cm，宽度视劳力而定。然后施入基肥，回填土时将表土填在果树根系分布最多的层次。直径在 1 cm 以上的根应尽可能保留，损伤的需削平断面以利愈合。以后每年扩大进行，直至全园深翻完毕。深翻时期以果树休眠期或秋季为宜。除增施有机肥外，还可加入壤土或沙以改良土壤。地下水位高或土层较浅的果园可逐年培土，或深沟排水以加深耕作层。

2. 果园的土壤管理

我国习惯用清耕法，即在生长季节不断除草，使园土保持疏松。幼龄果园为充分利用土地，除在树盘范围内保持清耕外，树行间常与绿肥作物和花生、甘薯等间作。欧美各国果园多采用生草法。包括全园生草和行间生草，以后者居多，即用多年生禾本科和豆科植物在果树定植当年混播，以后每年生长季节刈割几次，以减少在果树坐果、花芽分化等关键时期或旱季与果树竞争水肥的矛盾。株间用除草剂免耕。实行生草法可不断增加土壤腐殖质，改善土壤理化性状，减少水土流失和改善果园生态条件，但必须及时补充氮肥和水分。

3. 果园覆盖

将刈割的牧草或绿肥鼠茅草被覆树冠下面，覆盖范围随着树冠增大而扩大。其作用在于疏松土质、减少水分蒸发、抑制杂草滋生和改善果树根系活动范围内的条件。同时，逐渐腐烂的覆盖物还可不断增加土壤有机质和有利微生物的活动，兼有清耕法和生草法的优点。覆盖厚度开始时至少在 15cm 以上，以后每年添加，保持 20~25cm 的厚度。用杂草、麦秸等为材料时须加盖薄层土壤以免被风刮走。在年降水量达 600mm 的地方行全园覆盖，一般可不再灌溉。此外，塑料薄膜覆盖也已在草莓、菠萝、柑橘、苹果、梨和葡萄等果园中应用。

五、实训步骤

实训操作过程按照初步摸索操作、指导性熟悉操作和技巧训练操作三步走的教学方式，注意操作规范和技巧，保标准重安全。

（1）初步摸索操作：在教师针对实训操作进行理论性讲解指导后，学生小组独自进行实践操作，以备检查。

（2）指导性熟悉操作：通过教师检查评判正确的点，指出不足处。根据教师的检查指导，重新进行操作训练。

（3）技巧训练操作：在熟悉操作后，反复进行操作训练，达到一定的技能技巧。

六、实训结果

（1）评价学生的实训状态，针对主动性、理解能力和动手能力等方面进行评价。

（2）检查学生实训操作效果，按步骤评定成绩。

（3）布置实训报告，报告主旨是把实训内容、步骤及结果表达清楚，最后谈体会感想。

七、实训的分析（讨论）

（1）提前预习，熟读教材、实训指导中的相关内容，为实训打下理论基础。

（2）明确实训内容和步骤，能更快地理解教师操作性理论知识讲解。

（3）最终目的是严格掌握果园的深翻、改良、除草、整地、覆盖等的要领。

（4）让学生明确果园的深翻、改良、除草、整地、覆盖等的应用时期。

（5）让学生认识到本次进行的果园耕作管理项目的主要目的。

（6）使学生全面掌握果园耕作管理应注意哪些问题。

实训五　果树嫁接

一、实训目的

通过实训掌握果树嫁接的原理和操作方法。

熟练掌握果树嫁接的作用、主要内容、实施的时期，掌握嫁接的常见方法。

二、实训原理

果树嫁接是果树无性繁殖的方法之一，即采取优良品种植株上的枝或芽接到另一植株的适当部位，使两者结合而生成新的植株。接上去的枝或芽叫做接穗或接芽，与接穗或接芽相接的植株叫砧木。采用嫁接繁殖的新植株或更新老树冠，既能保持其母株的优良性状又能利用砧木的有利特性（抗逆性、适应性、早果性等）。

三、实训材料、仪器、设备

（1）用具：枝接刀、芽接刀、剪枝剪、锯等。

（2）材料：果树砧木植株（苹果、梨、桃等）、接穗、塑料薄膜、塑料绳。

四、实训方法

（一）果树嫁接的注意事项

影响嫁接成活的主要因素是接穗和砧木的亲和力，其次是嫁接的技术和嫁接后的管理。亲和力高，嫁接成活率高；反之，则成活率低。一般来说，植物亲缘关系越近，则亲和力越强。例如苹果接于沙果；梨接于杜梨、秋子梨；柿接于黑枣；核桃接于核桃楸等亲和力都很好。

嫁接对一些不产生种子的果木（如柿、柑橘的一些品种）的繁殖意义重大。嫁接既能保持接穗品种的优良性状，又能利用砧木的有利特性，达到早结果，增强抗寒性、抗旱性、抗病虫害的能力，还能经济利用繁殖材料、增加苗木数量。常用于果树、林木、花卉的繁殖上，也用于瓜类蔬菜的育苗上。

（二）嫁接方法

1. 芽接

（1）不带木质部的 T 字形芽接：一般在接穗新梢停止生长后，而砧木和接穗皮层易剥离时进行，芽接接穗应选用发育充实、芽子饱满的新梢，接穗采下后，留 1cm 左右的叶柄，将叶剪除，以减少水分蒸发，最好随采随用。先在芽上方 0.5 cm 处，横切一刀，深达木质部，再在芽下方 1~1.5 cm 处向上斜削一刀至横切口处，捏住芽片横向一扭，取下芽片；再在砧木皮部光滑处，横切一刀，宽度比接芽略宽，深达木质部，再在刀口中央向下竖切一刀，长度与芽片长相适应，切后用刀尖左右一拨撬起两边皮层，迅速插入芽片，并使接芽上切口与砧木横切口密接，其他部分与砧木紧密相贴，然后用塑料薄膜条绑缚，只露叶柄和芽。

（2）带木质部的 T 字形芽接：实质是单芽枝接。春季砧木芽萌发时进行，接穗可不必封蜡，选发育饱满的侧芽，在芽上方背面 1 cm 处自上而下削成 3~5 cm 的长削面，下端渐尖，然后用剪枝剪连木质部剪下接芽，接芽呈上厚下薄的盾状芽片，再在砧木平滑处皮层横竖切一 T 字形切口，深达木质部，拨开皮层，随即将芽片插入皮内，并用塑料条包扎严密，外露芽眼。接后 15 d 即可成活，将芽上部的砧木剪去，促进接芽萌发。

2. 枝接

（1）切接：此法适于较细的砧木，在适宜嫁接的部位将砧木剪断，剪锯口要平，然后用切接刀在砧木横切面三分之一左右的地方垂直切入，深度应稍小于接穗的大削面，再把接穗剪成有 2~3 个饱满芽的小段，将接穗下部的一面削成长 3 cm 左右的大斜面（与顶芽同侧），另一面削一长约 1 cm 的小削面，削面必须平，迅速将接穗按大斜面向里、小斜面向外的方向插入切口，使砧穗形成层贴紧，然后用塑料布条绑好。

（2）劈接：多在砧木较粗时采用，一般选用 1 年生健壮枝的发育枝做接穗，在春季发芽前进行。先将砧木截去上部并削平断面，用劈接刀在砧木中央垂直下劈，深 4~5 cm，一般每段接穗留 3 个芽，在距最下端芽 0.5 cm 处，用刀沿两侧各削一个 4~5 cm 的大削面，使下部呈楔形，两削面应一边稍厚一边稍薄，迅速将接穗插入砧木劈口，使形成层对齐贴紧，绑好即可。

（3）插皮接：又叫皮下接。需在砧木芽萌动离皮的情况下进行，在砧木断面皮层与木质部之间插入接穗，视断面面积的大小，可插入多个接穗。在砧木的嫁接部位选光滑处剪断，锯口要平，以利愈合。在接穗的下部先削一长 3~5 cm 的长削面，使下端稍尖，再在削面的对面轻削去皮，接穗上部留 2~3 个芽，顶端芽要留在大削面的背面，在砧木切口下表面光滑部位，割一比接穗长削面稍短的纵切口，深达木质部，将树皮向两边轻轻拨起，然后将接穗长削面对着木质部，从皮层切口中间插入，长削面留白 0.5 cm，砧木直径 2 cm 以上时插 1 个，2~4 cm 时插 2 个，4~6 cm 时插 3 个，6~8 cm 时插 4 个（此法广泛用于苹果、梨、核桃、板栗等低产园的高换头）。另外有一种改进插皮接法：此法只用于板栗的嫁接。具体方法是首先确定砧木的嫁接部位，然后在离嫁接部位以上 40~50 cm 处剪去枝头。剪砧后各骨干枝仍要保持从属分明。然后从嫁接部位处对砧木环割一圈，向上 5 cm 左右处再环割一圈取下砧皮。将削好的接穗插入环剥口下砧木皮层，用塑料条绑缚固定。由于接穗的接口上部进行了大环剥，并且枝头已剪掉，上部砧木即成了当年的活支柱，待 1 年后从接口处锯掉，即很快愈合，成活率高，少风折，生产上应广泛采用。

五、实训步骤

实训操作过程按照初步摸索操作、指导性熟悉操作和技巧训练操作三步走的教学方式，注意操作规范和技巧，保标准、重安全。

（1）初步摸索操作：在教师针对实训操作进行理论性讲解指导后，学生小组独自进行实践操作，以备检查。

（2）指导性熟悉操作：通过老师检查评判正确的点，指出不足处。根据教师的检查指导，重新进行操作训练。

（3）技巧训练操作：在熟悉操作后，反复进行操作训练，达到一定的技能技巧。

六、实训结果

（1）评价学生的实训状态，针对主动性、理解能力和动手能力等方面进行评价。

（2）检查学生实训操作效果，按步骤评定成绩。

（3）布置实训报告，报告主旨是把实训内容、步骤及结果表达清楚，最后谈体会感想。

七、实训分析

（1）提前预习，熟读教材、实训指导中的相关内容，为实训打下理论基础。

（2）明确实训内容和步骤，能更快地理解教师操作性理论知识讲解。

（3）实训最终目的是严格掌握果树芽接和枝接的规范要求。

（4）让学生掌握枝接和芽接的适宜时期，明确果树嫁接的主要目的是什么。

（5）学生领会本次采用绿枝嫁接时应注意的问题。

实训六 蔬菜分类与种类识别

一、实训目的、意义

通过实训掌握蔬菜分类与种类识别原理和操作方法。

熟练掌握蔬菜分类与种类识别的作用、主要内容、实施的时期，掌握蔬菜分类与种类识别的注意事项。

二、实训原理

为了便于学习和研究，可对蔬菜进行系统的分类。通常有植物学分类法、食用器官分类法和农业生物学分类法三种。每种分类法各有侧重。从栽培角度看，以农业生物学分类更为适用。蔬菜植物的农业生物学分类法以蔬菜的农业生物学特性作为分类依据，其综合了蔬菜植物学分类法和食用器官分类法的优点，更适合蔬菜生产上的要求，应用范围更为广泛。本实验选择各地一些有代表性的蔬菜种类，就其产品器官形成特点、植物学分类上的位置、生长发育的环境要求与栽培技术上的异同进行调查分析，以掌握农业生物学分类法及其应用范围。

三、实训材料、仪器、设备

（1）用具：直尺、游标卡尺、天平、刀片、放大镜等。

（2）材料：新鲜蔬菜产品、浸泡标本。

四、实训方法

（一）对蔬菜分类与种类识别的认识

蔬菜是指具有多汁的产品器官，可作为副食品的一二年生及多年生草本植物。因此，蔬菜植物的范围很广，种类繁多。我国疆域辽阔，是世界栽培植物的起源中心之一，蔬菜资源丰富，栽培种类众多，食用器官多样。据统计，目前我国栽培的蔬菜种类有 200 余种，其中普遍栽培的有 50~60 种，而同一种类中有许多变种，每一变种中又有许多品种。所以，将蔬菜进行系统分类，明确科、属、种间在形态、生理上的关系，把握其在生物学特性与栽培技术要求上的异同，对蔬菜引种驯化、轮作防病、创造蔬菜适宜生育环境、提高栽培技术水平具有重要意义。通过本实训，学会识别主要蔬菜植物，掌握其分类的主要依据，为进一步学好蔬菜栽培学奠定基础。

（二）识别的具体内容

（1）观察室内摆放的新鲜蔬菜产品、标本室陈列的标本，按三种分类法，分别列入表中，对所观察的蔬菜食用部分，判别属于哪种器官，如果是器官的变态，属于哪种变态。

（2）依据蔬菜植物形态特征，检索其所属的科、属、种列入表中。

（3）蔬菜形态性状鉴定，对几个主要蔬菜种类的产品器官形状、色泽、大小、数量及附生物等外部形态特征进行比较，确定其植物学分类地位和材料间的系统关系。

五、实训步骤

实训操作过程按照初步摸索操作、指导性熟悉操作和技巧训练操作三步走的教学方式，注意操作规范和技巧，保标准、重安全。

（1）初步摸索操作：在教师针对实训操作进行理论性讲解指导后，学生小组独自进行实践操作，以备检查。

（2）指导性熟悉操作：通过教师检查评判正确的点，指出不足处。根据教师的检查指导，重新进行操作训练。

（3）技巧训练操作：在熟悉操作后，反复进行操作训练，达到一定的技能技巧。

六、实训结果

（1）评价学生的实训状态，针对主动性、理解能力和动手能力等方面进行评价。

（2）检查学生实训操作效果，按步骤评定成绩。

（3）布置实训报告，报告主旨是把实训内容、步骤及结果表达清楚，最后谈体会感想。

七、实训分析

（1）提前预习，熟读教材、实训指导中相关内容，为实训打下理论基础。

（2）明确实训内容和步骤，能更快地理解教师操作性理论知识讲解。

（3）实训最终目的是严格掌握蔬菜识别采用的依据标准。

（4）掌握蔬菜各个时期的生长特点。

（5）认识蔬菜分类的意义，说明蔬菜三种分类法的主要应用。

（6）知道有哪些蔬菜，在植物学上是同一科，而在食用器官形态上也属同一类。又有哪些属不同类。

实训七 蓝莓的防寒

一、实训目的、意义

掌握蓝莓越冬防寒的原理和操作的方法。

熟练掌握蓝莓防寒的作用、主要内容、实施的时期。

二、实训原理

蓝莓根系浅，没有主根只有须根。尽管矮丛蓝莓和半高丛蓝莓抗寒性强，但由于各地低温差异大，东北地区冻害严重，表现为越冬抽条和花芽冻害。如果植株裸露地表，会使地上部全部冻死。因此，在中国北部寒冷地区栽培蓝莓，越冬保护是保障产量的重要措施。防寒主要是保持土壤和枝条周围的温度。

三、实训材料、仪器、设备

（1）用具：铁锹、镐头、剪枝剪、钳子等。

（2）材料：蓝莓植株、木杆或竹竿、铁线或塑料绳、塑料布、草帘等。

四、实训方法

（一）蓝莓埋土防寒

在北方寒冷地区，落叶后入冬前将蓝莓植株压倒在地面，埋土5~10 cm，保证枝条压严压实，为了增强防寒效果，也可以在蓝莓植株上覆上塑料薄膜再覆土，覆土厚度以将枝条全部覆盖为宜。植株过大也可将植株压倒、捋顺、捆绑，然后再覆土更能保证枝条被压严实，但须充足的土量，必须在土层厚的田间栽培蓝莓。

（二）蓝莓套袋防寒

套袋防寒法有利于植株过大的蓝莓。套袋有老式套袋法和专用袋套袋法。

老式套袋法：采用非透气的农用袋，把捆绑好的植株套上，扎好，再在外围绑上草帘子，袋和帘子底部埋在土里，避免松动和透气。

专用袋套袋法：将落叶蓝莓植株捆好，放入专用袋中，专用袋底部在土壤里埋严，上部扎好，顶口外露通气，等温度下降进入冷冻期再将顶部扎严。

五、实训步骤

实训操作过程按照初步摸索操作、指导性熟悉操作和技巧训练操作三步走的教学方式，注意操作规范和技巧，保标准、重安全。

（1）初步摸索操作：在教师针对实训操作进行理论性讲解指导后，学生小组独自进行实践操作，以备检查。

（2）指导性熟悉操作：通过教师检查评判正确的点，指出不足处。根据教师的检查指导，重新进行操作训练。

（3）技巧训练操作：在熟悉操作后，反复进行操作训练，达到一定的技能技巧。

六、实训结果

（1）评价学生的实训状态，针对主动性、理解能力和动手能力等方面进行评价。

（2）检查学生实训操作效果，按步骤评定成绩。

（3）布置实训报告，报告主旨是把实训内容、步骤及结果表达清楚，最后谈体会感想。

七、实训分析

（1）提前预习，熟读教材、实训指导中相关内容，为实训打下理论基础。

（2）明确实训内容和步骤，能更快地理解教师操作性理论知识讲解。

（3）实训最终目的是掌握覆土防寒要压严、不能透气的原理。

（4）让学生掌握套袋时期和套袋方法。

（5）分析蓝莓抽条的原因。

（6）讨论常用的蓝莓防寒办法和适用条件。

实训八　蓝莓防寒的解除

一、实训目的、意义

掌握蓝莓解除防寒的原理和操作方法。

熟练掌握蓝莓解除防寒的作用、主要内容、实施时期、注意事项。

二、实训原理

由于蓝莓根系浅，只有须根没有主根。如果植株裸露地表，会使地上部全部冻死，所以要保障产量，必须做好蓝莓防寒。防寒主要是保持土壤和枝条周围的温度。当春季温度上升时，萌动的枝芽要及时放开，不及时就会使捂芽坏掉，起不到防寒效果，故此在春季必须适时解除防寒。

三、实训材料、仪器、设备

（1）用具：铁锹、镐头、剪枝剪、钳子等。
（2）材料：防寒蓝莓植株、塑料绳、袋子等。

四、实训方法

（一）蓝莓埋土防寒解除

将压在蓝莓植株上的土清除，操作要轻，不要把蓝莓枝条弄伤，保持枝条和花芽完好。将压倒的植株捋顺扶正，将根部土抚平，多余的土回归原处，将垄规范平整。将折枝枯枝剪去，把田间废物清除。

（二）蓝莓套袋防寒解除

老式套袋法解除：将套袋捆绑物解开，把袋和帘子底部埋的土清理干净，然后将防寒物品按顺序取下，摆好堆放，以便来年再用。将根部土抚平，多余的土回归原处，将垄规范平整。将折枝枯枝剪去，把田间废物清除。

专用袋套袋法解除：初春先把专用袋顶部解开通气，等温度上升不再冷冻时再将专用袋底部土壤清理干净，然后将防寒物品按顺序取下，摆好堆放，以便来年再用。将根部土抚平，多余的土回归原处，将垄规范平整。将折枝枯枝剪去，把田间废物清除。

五、实训步骤

实训操作过程按照初步摸索操作、指导性熟悉操作和技巧训练操作三步走的教学方式，注意操作规范和技巧，保标准、重安全。

（1）初步摸索操作：在教师针对实训操作进行理论性讲解指导后，学生小组独自进行实践操作，以备检查。

（2）指导性熟悉操作：通过教师检查评判正确的点，指出不足处。根据教师的检查指导，重新进行操作训练。

（3）技巧训练操作：在熟悉操作后，反复进行操作训练，达到一定的技能技巧。

六、实训结果

（1）评价学生的实训状态，针对主动性、理解能力和动手能力等方面进行评价。

（2）检查学生实训操作效果，按步骤评定成绩。

（3）布置实训报告，报告主旨是把实训内容、步骤及结果表达清楚，最后谈体会感想。

七、实训分析

（1）提前预习，熟读教材、实训指导中相关内容，为实训打下理论基础。

（2）明确实训内容和步骤，能更快地理解教师操作性理论知识讲解。

（3）注意防寒解除不能损失枝条和花芽。

（4）让学生抓住解除防寒的时期。

（5）讨论蓝莓防寒解除过早或过晚的危害。

实训九　温室透明材料使用

一、实训目的、意义

掌握温室透明材料使用的原理和操作方法。

熟练掌握温室透明材料的作用、实施的时期，主要内容。

二、实训原理

由于温室种植作物不一样，其环境因子要求不一样，故采用的透明材料是有差异的。选材确定后，让学生认识温室透明材料安装时所使用的工具、辅助材料以及工作步骤和操作方法，要求学生按照温室的类型把透明材料安装在大棚架上。通过实训，训练学生掌握温室透明材料使用的操作环节和步骤，注重安装注意事项及规范标准。

三、实训材料、仪器、设备

（1）用具：大棚卷膜器、大棚卷膜杆、铁锹、钳子、紧线机等。

（2）材料：大棚压膜槽（卡槽）、大棚压膜簧（卡簧）、大棚压膜卡、大棚压膜线、大棚防雾薄膜、竹竿、铁丝、钢丝、压膜绳等。

四、实训方法

（一）棚膜品种的认识

当前大棚棚膜品种众多，出产上常见的有以下几种。

（1）聚乙烯通常膜：光温功能较差，扣棚前期透光率60%~70%，无流滴性，运用寿数120~150 d，运用成本高效益低，已被列入筛选商品中。

（2）聚乙烯转光膜（调光膜）：与聚乙烯通常膜比较，其光温功能、流滴性、使用寿命及蔬菜产值更高，但成本较高，当前实践推广使用价值不大。

（3）聚乙烯防老化膜：光温功能和流滴性及蔬菜产值与聚乙烯通常膜适当，但运用有效期长，通常接连掩盖两茬210~230 d仍未到达老化结尾，使用寿命延伸一倍以上，亩折旧成本通常在500元左右，当前在大、中、小棚日光温室使用广泛。

（4）聚乙烯流滴防老化膜：该膜与聚乙烯防老化膜比较，耐老化寿命和亩折旧成本适当，但因有流滴性，故光温功能好、增产增收明显。经过测定扣膜前期透光率可达70%~85%，接连掩盖两茬后透光率与通常膜接近。均匀最低气温可提高0.3~0.4 ℃，流滴性持效期为90~120 d，可提高蔬菜产值15%~20%，是设备培养的一项牢靠增产办法，当前遍及使用在大、中、小棚及日光和加温温室。

（5）聚乙烯流滴转光（调光）防老化膜：归纳性状与聚乙烯流滴防老化膜适当，有待进一步实验使用。

（6）聚乙烯流滴保温防老化膜：该膜与防老化膜比较，耐老化寿数适当，亩折旧成本略高，扣棚前期透光率为63%~77%，均匀最低气温提高0.5~0.6 ℃，可提高蔬菜产值10%~15%。该膜可在需求保温条件较高的区域、时节和作物上使用。

（7）聚氯乙烯流滴防老化膜：该膜与聚乙烯防老化膜比较，前期透光率适当，该膜内增相剂不断向膜外表搬迁，透光率降低，扣棚后40~50 d与聚乙烯防老化膜适当，接连掩盖两茬210~230 d后透光率降低30%~40%；亩折旧成本高；但保温性和流滴性较好，适合在对温度、流滴性需求较高的高效节能日光温室冬春茬喜温果菜上出产使用。

（8）乙烯—醋酸乙烯与聚乙烯三层共挤流滴保温防老化膜（EVA多功能膜）：该膜与聚乙烯防老化膜比较防老化寿命适当，亩折旧成本略高，透光率适当，均匀最低气温高1 ℃左右，提高产值17%~25%；因流滴剂渐渐分出膜外外表，有一定的吸尘效果使透光率逐步降低。因配方用料不一样，各类型标准的商品透光率降低也各不相同，其间："乙烯—低醋酸乙烯与聚乙烯"三层共挤流滴保温防老化膜在上述8种膜中温光功能最佳，而流滴性不及聚氯乙烯流滴膜，优于聚乙烯流滴膜。

（二）覆盖棚膜的主要问题和方法

膜在植物的生产及发育中起到很大的作用，为植物提供必要的阳光、水分和温度，农膜作为大棚膜的主要覆盖材料之一，透光率、保温性和防流滴性自然成为其主要的物理指标。为确保农膜能充分发挥功能，在安装和使用农膜时，应该注意以下问题。

（1）大棚膜在安装使用之前必须存放在遮阳、干燥的地方，不得日晒雨淋。如在冬季安装，安装前须将农膜放置在室温（2~3 ℃）下，这样是为了防止大棚膜加速老化。

（2）大棚膜温室的结构中，铁和金属线，应该被很好地电镀，不得使用脏污和生锈的构件。同时，要避免使用暴露的金属线和产生锐角，以防撕破大棚膜。

（3）安装时，须将农膜拉紧拉平，以免影响使用效果。大棚膜一般具有有透光、保温、防滴、防积尘等多种功能，然而，若安装不当，不仅不能发挥其应有功能，而且还会严重影响使用寿命。

（4）不应该在气温过高的时候安装薄膜，因为此时的薄膜受热膨胀，而当温度降低时薄膜就会收缩，造成断裂和撕破。一旦发生破裂，宜用专用补胶带修补，以免影响农膜的功能效果。

（5）大棚膜要顺着棚的横向从顶部开始铺设，两层搭界的地方第二层要被第一层压在下面至少 20 cm，如此把所有棚膜铺设完毕，棚膜的两端固定压膜槽上，老式方法用木板条钉在墙上。

（6）压膜线的固定：在固定压膜线时，需注意固定的位置。应该把压膜线交替固定在地锚和上面的压膜槽上。

（7）地锚的正确安装方法：地锚的作用是保持大棚的稳固性，一般使用砖块（混凝土）与不锈钢丝连接，深埋入地表以抗强风拉扯，不锈钢丝部分露出地表，与压膜线相连接。

（8）扣膜时要尽量避免棚膜的机械损伤，特别是竹架大棚，在扣膜前应先把架表面突出的部分削平，或用旧布包扎好。用弹簧固定时，在卡槽处应加垫一层旧报纸。另外要注意避免新旧薄膜长期接触，以免加速新膜的老化。在通风换气时要小心操作。薄膜受冻或曝晒，会促进老化，钢管在夏天经太阳曝晒，温度可上升到 60~70℃，从而加速薄膜老化破碎。薄膜使用过程中，难免有破孔，要及时用粘合剂或胶带粘补。

覆盖大棚膜，宜选择晴天、无风的下午进行。覆盖屋面棚膜可分四大步骤。

第一步：拉膜上棚。如：从大棚西边。而后，再由其中的 10 人拉起（带有拉绳的）棚膜一边，从大棚底部上棚东边，需 20 人，每隔 5 m，依次抬起棚膜，沿着大棚前面，将棚膜一端抬上去，沿着拱杆向上走，将薄膜拉上棚面，剩下的 10 人在原地抱着棚膜，帮助另外 10 人拉膜。第二步：固定膜上端。方法：一人先在大棚东边，将钢丝固定在拉绳上，另一人在大棚西边拉动拉绳，可顺势把钢丝穿过棚膜。之后，再把钢丝这一端固定在棚西墙处的地锚上，钢丝另一端用紧线机固定。最后用铁丝把棚膜上端捆绑在竹竿上，每隔一竹竿，捆绑 1 次。注意捆绑后的铁丝头要往下，避免扎破放风棚膜。第三步：固定膜两端。先用该处棚膜边沿将长约 10m 的竹竿包好，而后，10 人拿起竹竿往下拽，待将其拽紧后，便可用铁丝将其固定在地瞄上，约 50 cm 固定一处。为了加强牢固性，建议铁丝在钢丝上呈 S 形缠绕。按照同样的方法，再将棚东边的棚膜端固定。第四步：埋压膜前端。在大棚前沿处，需 5 人从棚东边，用竹竿卷上棚膜前端，下拽拉紧棚膜后，另 5 人用土埋压棚膜，并踩实。

上压膜绳方法：按照覆盖屋面棚膜的方法，将放风棚膜覆盖后，需上压膜绳，以加强棚膜的牢固性。压膜绳上端系在棚顶部的地锚上，下端系在棚前沿的地锚上，可每隔 2 m 一处压膜绳。重点是拉紧、固牢。

（三）塑料大棚薄膜更换的注意事项

随着社会的发展与需求，现在利用大棚种植越来越多了，最常见是每个大棚上都用塑料膜盖着。塑料大棚薄膜应该怎么安装与更换呢，以下为注意事项。

大棚上已经破损的竹竿要及时更换，因为竹竿要承受草苫的重压，在遇到大雪天气时，会增加竹竿的受重力，从而导致部分托膜竹竿被压劈或压断，这些压断的竹竿会戳破塑料薄膜，对于那些已经断裂的竹竿，要及时进行更换。

要在棚面与前部转折处，尽量垫上破布、胶皮管、PVC 管等防护工具，或者是在压膜绳上套上塑料软管，用来避免压膜绳与塑料薄膜进行直接接触，这样可以减小压膜绳与塑料薄膜之间的摩擦力，减缓塑料薄膜的磨损速度。

一定要把握住塑料薄膜的更换时间。现在菜农都是多家合伙对塑料薄膜进行更换，可以提前准备好将更换的竹竿，然后再将新的塑料薄膜在棚前抻好，撤下旧的塑料薄膜后，立即调换好需要更换的竹竿，将新的塑料薄膜覆盖在上面，减少更换塑料薄膜的时间。

劣质的塑料薄膜或者老化的塑料薄膜，在冬季时，消雾流滴性不好，放风时容易产生露水，造成棚内空气湿度大，不利于病害的防治。建议每年对塑料大棚薄膜进行更换，并换用质量比较好、消雾流滴性强的塑料薄膜。

五、实训步骤

实训操作过程按照初步摸索操作、指导性熟悉操作和技巧训练操作三步走的教学方式，注意操作规范和技巧，保标准、重安全。

（1）初步摸索操作：在教师针对实训操作进行理论性讲解指导后，学生小组独自进行实践操作，以备检查。

（2）指导性熟悉操作：通过教师检查评判正确的点，指出不足处。根据教师的检查指导，重新进行操作训练。

（3）技巧训练操作：在熟悉操作后，反复进行操作训练，达到一定的技能技巧。

六、实训结果

（1）评价学生的实训状态，针对主动性、理解能力和动手能力等方面进行评价。

（2）检查学生实训操作效果，按步骤评定成绩。

（3）布置实训报告，报告主旨是把实训内容、步骤及结果表达清楚，最后谈体会感想。

七、实训分析

（1）提前预习，熟读教材、实训指导中相关内容，为实训打下理论基础。

（2）明确实训内容和步骤，能更快地理解教师操作性理论知识讲解。

（3）学生认识温室透明材料的筛选并掌握安装操作要求。

（4）让学生掌握温室透明材料的应用时期和安装问题。

（5）讨论温室透明材料安装时应该注意的问题。

实训十　温室不透明材料使用

一、实训目的、意义

掌握温室不透明材料使用的原理和操作方法。

熟练掌握温室不透明材料的作用、实施的时期，主要内容及注意事项。

二、实训原理

北方温室为保温防寒采取不透明材料，根据作用和地区取材不同，采用的不透明材料是有差异的。选材确定后，让学生认识温室不透明材料安装时所使用的工具、辅助材料以及工作步骤、操作方法，要求学生按照温室的类型要求把不透明材料安装在大棚架上。通过实训，训练学生掌握温室不透明材料使用的操作环节和步骤，注重安装注意事项及规范标准。

三、实训材料、仪器、设备

（1）用具：扳子、剪子、钳子等。

（2）材料：草苫、草帘、保温被、棉毯等。

四、实训方法

（一）温室不透明材料的种类和特性

1. 草帘

草帘是覆盖在大棚薄膜上最常用的保温材料。其原料来源广，制作工艺简单（自制或购买），生产成本低廉，易为农民所接受。它具有较强的耐摩擦、抗风雪、耐寒保温的性能。草帘宽度 1~1.2 m，厚 5~7 cm，长度随棚面宽度而定。为提高草帘的使用寿命和利于卷放，草帘需有 6 道以上绳筋（尼龙绳、麻绳等），并在草中掺少量细苇子或细毛竹，使草帘坚挺、易于操作。

2. 纸被

纸被在暖地可用于保温，在寒地多用于隔风、防摩擦（保护棚膜）。多放于草帘和棚膜中间，以提高保温效果。纸被可由工厂制作，也可自家缝制。常用水泥纸袋纸 2~4 层缝成长条纸被（与草帘等宽），最好在纸被表面缝一层防老化的塑料薄膜或将纸用油处理，以防雨雪，使其经久耐用。

3. 棉毯

由工厂利用再生棉生产的棉毯，具有价廉、实用、保温效果好的优点。棉毯宽 1.2~1.5 m，厚度 2 cm 左右，长度与棚面宽度相等。

4. 毛毡

毛毡一般利用毛纺厂、地毯厂的废料加工制成，其厚度为 0.6 cm 左右，长、宽与棉毯相同。

5. 棉被

棉被的保温能力更强，一次性投资大，但使用年限长。

6. 保温被

保温被一般由新型有机材料（人造纤维）制作。

（二）温室不透明材料的安装和保养方法

下面以保温被为例进行说明。

1. 温室保温被上棚前准备工作

（1）选购温室保温被专用卷帘机配套使用，因保温被比草帘薄，不能用大机头卷帘机。

（2）卷帘机横卷杆每隔 0.5 m 要有一个固定螺母，以利于穿钢丝固定保温被。

（3）准备好大棚东西两侧墙体的压被沙袋、连接绳，一条保温被备用一条同样长的尼龙绳（带）。

2. 保温被的安装

（1）上保温被时两床保温被之间的搭接不能少于 10 cm，保温被底下尼龙绳（带）固定在大棚械铁杆上，上端固定在钢丝上，在使用过程中若卷偏，应及时调整，确保覆盖全面。保温被上好后，有连接绳将保温被搭接处连接一体。

（2）保温被拉在大棚后墙顶上，应固定在墙顶中央，做到墙顶向北有一定倾斜度，并用完整防水油布（纸）覆盖，以利雨水向外排放，防止浸湿保温被。

（3）保温被覆盖大棚到底端时，应及时清除地面积水，防止浸湿保温被。有条件时，在地面与大棚膜交接处放置旧草帘，防止保温被接触地面。

（4）保温被覆盖好后，大棚东西墙体上应搭压 30 cm，用沙袋压好，防止被风吹起，降低保温效果。

3. 保温被使用和存放保养方法

（1）在雨雪天气中，一定要及时清理积雪，将温室大棚保温被摊开晾干后再卷起来。

（2）温室大棚保温被在第二年卸棚时，要选择晴天将保温被覆盖在大棚上两面各晾晒一日，等到温室大棚保温被完全干燥后再存放。

（3）在每年 5、6 月份之后，一般会把温室大棚保温被卷起来放到棚顶保存，等到 9 月份之后再用，在不用的这段时间内，一定要保护好保温被，这样才能延长温室大棚保温被的使用寿命及保温效果。

步骤（1）在最后一次卷温室大棚保温被的时候，要确保温室大棚保温被表面是平整的，且没有容易划破被子的东西，保温被也要保持干燥。

步骤（2）将温室大棚保温被慢慢地卷到棚顶，并用塑料棚膜盖好，然后再用绳子捆紧。

步骤（3）最外层再用无纺布盖好，并用绳子再次捆紧即可。

五、实训步骤

实训操作过程按照初步摸索操作、指导性熟悉操作和技巧训练操作三步走的教学方式，注意操作规范和技巧，保标准、重安全。

（1）初步摸索操作：在教师针对实训操作进行理论性讲解指导后，学生小组独自进行实践操作，以备检查。

（2）指导性熟悉操作：通过教师检查评判正确的点，指出不足处。根据教师的检查指导，重新进行操作训练。

（3）技巧训练操作：在熟悉操作后，反复进行操作训练，达到一定的技能技巧。

六、实训结果

（1）评价学生的实训状态，针对主动性、理解能力和动手能力等方面进行评价。

（2）检查学生实训操作效果，按步骤评定成绩。

（3）布置实训报告，报告主旨是把实训内容、步骤及结果表达清楚，最后谈体会感想。

七、实训分析

（1）提前预习，熟读教材、实训指导中相关内容，为实训打下理论基础。

（2）明确实训内容和步骤，能更快地理解教师操作性理论知识讲解。

（3）实训最终目的是严格掌握温室不透明材料的选用和操作要求。

（4）让学生掌握温室不透明材料的应用时期和操作方法。

（5）讨论温室不透明材料安装时应该注意的问题。

（6）了解温室不透明材料的保养方法。

第九部分　果蔬采后处理（贮藏篇）

实验一　果蔬原料采后常见理化性状测定

一、实验目的及意义

了解果蔬原料常见物理性状检测的仪器设备并学会使用，掌握果蔬原料常见物理性状测定及分析的方法，使学生真正掌握果蔬采后常见物理指标的检测方法，为果蔬行业实际生产进行有关果蔬成熟度的判断及采后处理方式的确定奠定基础。

二、实验原理

果蔬的一般物理性状包括果蔬的质量、大小、密度、容重、硬度等。在果实成熟、采收、运输、贮藏及加工期间，组织内部会发生一系列复杂的生理生化变化，导致此类物理特性发生变化。通过此类物理特性的分析测定，可以确定果蔬的采收成熟度，识别品种特性，进行产品标准化生产；在贮藏过程中，相关分析测定能反映果蔬在不同贮藏环境下的变化；对于加工用原料，通过相关分析测定能了解其加工适用性能。

三、实验材料

几种大宗常见的果蔬：苹果、梨、桃、柑橘、香蕉、番茄、茄子、辣椒等。

四、实验仪器设备及器具

游标卡尺、电子天平或托盘台秤、果实硬度计、榨汁机/匀浆机、比色卡片、排水筒、量筒等。

五、实验方法

1.测平均果重

取果实10个，分别放在电子天平或托盘台秤上称重，记录单果重，求出平均果重

（克/个）。

2. 观察果面特征

取 10 个果实进行总体观察，记录果皮粗细、底色和面色（若没有底色和面色之分则记录单一颜色）的状态。果实底色可分为深绿色、绿色、浅绿色、绿黄色、浅黄色、黄色、乳白色等，也可用特制的比色卡片（如香蕉成熟度比色卡、苹果成熟度比色卡）进行比较，分成若干等级。果实因种类不同，显出的面色也有所差别，如紫色、深红、红色、粉红色等。记载颜色的种类和深浅，占果实表面积的百分数。果蔬的颜色也可以用色差仪进行分析测定，获得相关参数的准确数值。

3. 测量和计算果形指数

果形指数 = 纵径 / 横径，取果实 10 个，用游标卡尺测量果实的最大横径（cm）和纵径（cm），多次测量求平均值，根据公式计算果形指数。通常果形指数在 0.8~0.9 为圆形或近圆形，0.6~0.8 为扁圆形，0.9~1.0 为椭圆形，1.0 以上为长圆形。

4. 果肉比率

取 10 个果实，除去果皮、果心、果核或种子，分别称量各部分的质量，求得果肉（或可食部分）比率。

5. 果肉出汁率

汁液丰富的果实也可以通过计算其出汁率来代替果实的果肉比率。目前，用于测定果肉出汁率的方法主要包括以下几种。

可用榨汁机将果汁榨出，称果汁的质量，求出果实的出汁率。

可将果实在匀浆机中匀浆，在离心机中以 3000 r/min 离心 10 min，称取上清液的质量，计算出汁率。

在果实上取下一定直径和厚度的果肉圆片，称取原始质量。再将果肉片包裹在脱脂棉或滤纸中，3000 r/min 离心 10 min，称量离心后质量。以离心前后失重的比例作为果肉出汁率。

6. 果实硬度

用每平方厘米面积上承受的压力表示硬度，果实硬度是果实成熟度的重要指标之一。取 10 个果实，在其赤道部位对应两面薄薄地削去一小块果皮（约 2 mm 厚，直径 1 cm 以上），用果实硬度计（图 9-1）测定果肉硬度。若果实着色不均，测定应分别在果实着色最浓的一侧和着色最淡的一侧分别进行。在使用果实硬度计测定前先将果实硬度计清零，一手握住水果，一手用硬度计对准削好的果面用力压，使测头顶部垂直、匀速压入果肉中，直至测头标线位置与果面齐平，读取表盘上的压力数值（单位为千克、牛顿、磅[①] 等）。重复测定取其平均值，该数值除以探头面积大小即为所测定果蔬的硬度

---

① 1 磅 ≈ 0.454 千克。

值。硬度越大，表明质地越紧密。硬度与果实的贮藏性往往呈现一定的正相关性。

果蔬硬度测定也可以采用质构仪等质地分析仪器测定（详见实验3），此类仪器除了分析获得硬度参数以外，还能获得如脆性、黏着性、咀嚼性、弹性、回复性等质地特征参数。

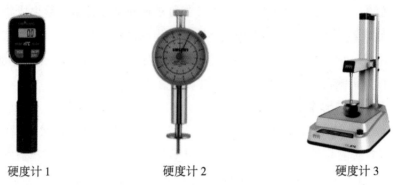

硬度计1   硬度计2   硬度计3

图 9-1　几种常见的硬度计

7. 果实密度

采用排水法求果蔬的密度。取果实 10 个，放在电子天平或托盘台秤上称重。将排水筒装满水，多余水由溢水孔流出，至不再滴水为止。置一个量筒于排水孔的下面，把果实轻轻放入排水筒的水中，此时，溢水孔流出的水盛于量筒内，再用细铁丝将果实全部没入水中，待溢水孔水滴滴尽为止，记录果实的排水量，即果实的体积，计算果实的密度。

密度（ρ）= 质量（m）/ 体积（V）

8. 果蔬容重

果蔬的容重是指正常装载条件下单位体积的空间所容纳的果蔬质量，常用 kg/m^3 或 t/m^3 表示。容重与果蔬的包装、贮藏和运输关系十分密切。可选用一定体积的包装容器，或特制一定体积的容器，装满一种果实或蔬菜。然后取出称量，计算出该品种果蔬的容重。由于存在装载密实程度的误差，应多次重复测定，取平均值。

六、实验结果

实验结果见表 9-1。

表 9-1　各果蔬原料常见物理性状的测定与计算结果

样品编号	果重	硬度	密度	果形指数	果肉比率	出汁率	容重	果实表面特征
1								
2								
3								
4								

表 9-1（续）

样品编号	果重	硬度	密度	果形指数	果肉比率	出汁率	容重	果实表面特征
5								
6								
7								
8								
9								
10								
平均值								

七、实验注意事项

硬度是以每平方厘米面积上承受的压力数表示，是压强单位。

注意游标卡尺的使用方法。

八、思考题

针对其中一种原料，实验分析其各种物理特性，例如果品表面颜色与硬度、密度等之间是否具有相关性。

实验二　果蔬含水量的测定

一、实验目的及意义

果蔬的呼吸作用、蒸腾作用等对含水量都有很大的影响。果蔬失水 5% 以上，就会出现萎蔫现象。通过该实验，在掌握果蔬干燥、恒重的基本概念和知识的同时，掌握果蔬应用常压干燥法和减压干燥法测定果蔬含水量的方法和技能，为生产实践通过测定水分含量来鉴定果蔬新鲜度奠定基础。

二、实验原理

水果和蔬菜中的水分含量多为 80% 以上，有些种类和品种为 90% 左右，甚至更高。果蔬中的水分以两种形式存在：一种游离水，占总含水量的 70%~80%，具有水的一般特性，在果蔬贮藏及加工过程中极易失去；另一种是束缚水，是果蔬细胞内胶体微粒周围结合的一层薄薄的水膜，它与蛋白质、多糖等结合在一起，一般情况下很难分离。

果蔬失水会导致失重和失鲜。失重是果蔬质量的减少；失鲜表现为果蔬表面光泽消失，形态萎蔫，失去外观饱满、新鲜和脆嫩的质地，甚至失去商品价值。同时，果蔬失水大多数会对贮藏产生不利影响，失水严重还会造成代谢失调。所以，果蔬含水量的测定在果蔬储运加工中具有重要的理论和实践意义。

在果蔬水分测定时，可选用常压干燥法或减压干燥法。常压干燥法：一般是指果蔬中的水分在 100 ± 5 ℃ 直接干燥的情况下所失去物质的总量。减压干燥法：是指果蔬中的水分在一定的温度和压力的情况下所失去物质的总量。减压后，水的沸点降低，可以在较低温度下使水分蒸发干净。特别适用于含糖量高的果蔬，可以防止糖在高温下脱水碳化。

三、实验原料

苹果、桃、梨、柑橘、萝卜、青椒等。

四、仪器设备及用具

鼓风干燥箱，真空干燥箱，电子天平（灵敏度 0.1mg），有盖铝皿或玻璃称量皿，刀、镊子等。

五、实验步骤

（一）常压干燥法

（1）取洁净铝制或玻璃制的扁形称量瓶，置于 100 ± 5 ℃ 干燥箱中，瓶盖斜支于瓶边，加热 0.5~1.0 h，取出，盖好，置干燥器内冷却 0.5 h，称量，并重复干燥至恒量，记为 W_1。

（2）称取 2.00~10.00 g 切碎或磨细的果蔬样品，放入此称量瓶中，样品厚度约 5 mm。加盖，精密称量 W_2。

（3）含样品的称量皿置于 100 ± 5 ℃ 干燥箱中，瓶盖斜支于瓶边，干燥 2~4 h 后，盖好取出，放入干燥器内冷却 0.5 h 后称量。然后放入 100 ± 5 ℃ 干燥箱中干燥 1 h 左右，取出，放入干燥器内冷却 0.5 h 后再称量。至前后两次质量差不超过 2 mg，即为恒量。此记为 W_3。

（二）减压干燥法

（1）同上述常压干燥法一致，将称量瓶干燥至恒重 W_1。

（2）称量瓶中加入切碎或磨细的新鲜果蔬样品 2.00~5.00 g。加盖，精密称量 W_2。

（3）将精密称重后的含样品的称量瓶转移到真空干燥箱中，将干燥箱连接水泵，抽出干燥箱内空气至所需压力（3 kPa），并同时加热至所需温度（70 ℃），关闭通水泵或真空泵上的活塞，停止抽气，使干燥箱内保持一定温度和压力，经一定时间后，打开活塞，使空气经干燥装置缓缓通入干燥箱内，待压力恢复正常后打开。取出称量瓶，放入干燥器中 0.5 h 后称量，并重复以上操作至恒量 W_3。

对于含水量高的试样，要先放在常压、70 ℃左右的通风式恒温干燥箱内，预干燥 3 h，并随时搅拌，然后移到真空干燥箱内。

六、计算公式与实验结果

$$X=(W_2-W_3)/(W_2-W_1) \times 100\%$$

式中，X——样品中水分的含量，%；

W_1——为称量瓶的质量，g；

W_2——称量瓶和样品的质量，g；

W_3——称量瓶和样品干燥后的质量，g。

七、注意事项

（1）常压干燥法所用设备以及操作简单，但时间较长，不适用于高糖的果蔬及其制品。

（2）食品中的水分含量是指在 100 ℃左右直接干燥的情况下所失去物质的质量。但实际上，在此温度之下所失去的是挥发性物质的总量，而不完全是水。

（3）减压干燥法适用于含糖量较高的果蔬样品，可以防止糖在高温下碳化。

八、思考题

在常压干燥或减压干燥下，果蔬失去的是何种形式的水？

实验三　果蔬可溶性固形物含量的测定

一、实验目的及意义

果蔬中除水分以外的物质，统称为干物质，干物质有水溶性和非水溶性两类。可溶性固形物就是果蔬体内水溶性的干物质，主要是糖、有机酸、单宁等，以及少量的矿物质、色素和维生素。可溶性固形物的含量是检测果蔬品质和贮藏效果的重要指标。通过该实验，掌握可溶性固形物（total soluble solid，TSS）的概念；掌握手持式糖量仪的工作原理和操作方法；运用糖量仪测定果蔬的可溶性固形物含量。根据果蔬可溶性固形物含量的测定，在生产中可以判断是否可以作为贮藏的对象。

二、实验原理

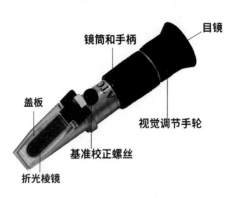

目镜

镜筒和手柄

盖板

视觉调节手轮

基准校正螺丝

折光棱镜

图 9-2　手持式糖量仪

可溶性固形物（TSS）是指所有溶解于水的化合物的总称，包括糖、酸、维生素、矿物质等。在果蔬中，可溶性固形物与其含糖量成正比，是衡量果蔬品质的重要指标。利用手持式糖量仪测定果蔬中的总可溶性固形物含量，可大致表示果蔬的含糖量，了解果蔬的品质，估计果实的成熟度，了解果蔬贮藏过程中的变化。光线从一种介质进入另一种介质时会产生折射现象，且入射角正弦之比为定值，此比值称为折光率。果蔬汁液中可溶性固形物含量与折光率在一定条件下（同一温度、压力）成正比，故测定果蔬汁液的折光率，可求出果蔬汁液的浓度（含糖量的多少）。常用仪器是手持式折光仪，也称为糖镜、手持式糖量仪，该仪器的构造如图9-2所示。

三、实验材料

苹果、梨、桃、柑橘、香蕉、番茄等。

四、仪器设备及用品

手持式糖量仪、匀浆机、蒸馏水、烧杯、滴管、卷纸、纱布等。

五、实验步骤

1. 样品制备

取果蔬样品的可食部位，切碎、混匀。称取一定量的样品经高速匀浆机匀浆，用两层纱布挤出匀浆汁，备用。也可取可食部位进行榨汁，经两层纱布过滤后，获得果汁备用。

在野外操作时，也可以直接取果蔬可食部位，挤出少许果汁用于测定。

2. 糖量仪调零

打开手持式糖量仪保护盖，用干净的纱布或卷纸小心擦干棱镜玻璃面，注意勿损镜面。待镜面干燥后，在棱镜玻璃面上滴 2~3 滴蒸馏水，盖上盖板，使蒸馏水遍布棱镜的表面。将仪器处于水平状态，进光孔对向光源，调整目镜，使镜内的刻度数字清晰，检查视野中明暗交界线是否处在刻度的零线上。若与零线不重合，则旋动刻度调节螺旋，使分界线刚好落在零线上。

3. 样品测定

打开盖板，用纱布或卷纸将水擦干，然后如上法在棱镜玻璃面上滴 2~3 滴果蔬汁样品，进行观测，读取视野中明暗交界线上的刻度（见图 9-3）。重复 3 次。同时记录测定时的温度。

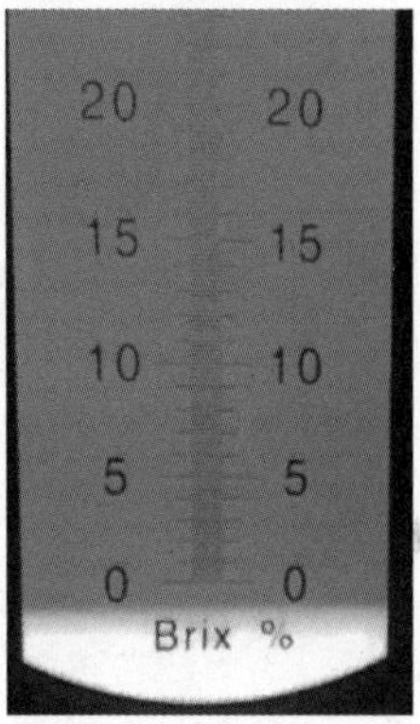

图 9-3　读取刻度

六、实验结果

测定温度不在 20 ℃时，查附录一将检测读数校正为 20 ℃标准温度下的可溶性固形物含量。未经稀释的样品，温度校正后的读数即为试样的可溶性固形物含量；稀释后的试样，需要将此数值乘以稀释倍数。实验结果见表 9-2。

表 9-2　实验结果

果蔬种类或品种	总可溶性固形物含量 /%			平均 /%
	读数 1	读数 2	读数 3	

七、注意事项

（1）糖量仪使用前需要校准调零；

（2）测定结果受温度影响，参考附录一进行调整；

（3）需要多次测定，取其平均值。

八、思考题

果蔬可溶性固形物与糖含量之间有何关系？

实验四　果蔬中可溶性糖的测定

一、实验目的及意义

（1）掌握蒽酮比色法测定可溶性糖含量的原理和方法；

（2）了解果蔬中可溶性糖的提取，并运用该方法开展可溶性糖含量的测定。

二、实验原理

　　果蔬中的可溶性糖主要是葡萄糖、果糖、蔗糖，其中，葡萄糖和果糖是还原糖，蔗糖为非还原糖。这些糖类的含量不仅决定了果蔬的风味、口感，还与果蔬加工、贮藏期间的生理活动等紧密相关。在果蔬储运加工中，虽然可用糖量仪测定值粗略地表示其可溶性糖含量，但是改变折光率的不仅仅是糖，还包括酸、维生素等水溶性物质，因此不是很准确。

　　蒽酮比色法是测定样品中可溶性总糖的一个灵敏、快速、简便的方法。其原理是糖类在较高温度下与硫酸作用脱水生成糠醛或糠醛衍生物，后再与蒽酮（$C_{14}H_{10}O$）脱水缩合，形成糠醛的衍生物，呈蓝绿色。该物质在 620 nm 处有最大吸收，在低于 150 μg/mL 的范围内，其颜色的深浅与可溶性糖含量成正比。

　　这一方法有很高的灵敏度，糖含量在 30 μg/mL 左右就能进行测定，所以可作为微量测糖之用。一般样品少的情况下，采用这一方法比较合适。

三、实验材料

　　苹果、香蕉、梨、桃等。

四、仪器设备及用品

　　分光光度计、电热恒温水浴锅、分析天平、试管或具塞试管、刻度吸管、研钵、容量瓶等。

五、试剂及配制

　　（1）蒽酮试剂：称取 200 mg 蒽酮溶于 100mL 浓硫酸溶液中。当日配制使用。

　　（2）葡萄糖标准溶液（100 μg/mL）：精确称取 100 mg 干燥葡萄糖，用蒸馏水定容至 1000mL 备用。

六、实验步骤

1. 葡萄糖标准曲线的制作

取 7 支干燥洁净的试管，按照表 9-3 的顺序加入试剂，进行测定。具体如下：每管中加入不同体积的葡萄糖标准液和水（共计 1 mL）立即混匀，迅速置于冰浴中冷却，再向各试管中加入蒽酮试剂 4.0 mL。待各管加完后一起置于沸水浴中，管口加盖，以防蒸发。准确煮沸加热 10 min 后取出，取出用流水冷却。待各管溶液达室温后，用 1 cm 厚度的比色皿，以第一管为空白，在 620 nm 处迅速测其余各管的光吸收值。以标准葡萄糖含量（μg）为横坐标，吸光度为纵坐标，绘出标准曲线。

表 9-3　蒽酮比色法测定可溶性糖总量——标准曲线的制作

项目	管号 0	管号 1	管号 2	管号 3	管号 4	管号 5	管号 6
标准葡萄糖溶液 /mL	0	0.1	0.2	0.3	0.4	0.6	0.8
蒸馏水 /mL	1.0	0.9	0.8	0.7	0.6	0.4	0.2
	置冰水浴中 5 min						
蒽酮试剂 / mL	4.0	4.0	4.0	4.0	4.0	4.0	4.0
	沸水浴中准确煮沸 10 min，取出用流水冷却，室温放 10 min，于 620 nm 处比色						
葡萄糖浓度 /（mg/mL）							
A620nm 光吸收值							

2. 样品的制备

称取 10 g 左右的果蔬样品，研磨或捣碎成匀浆，置于 80 ℃水浴中浸提 30 min，过滤，滤液定容至 500mL 备用。

3. 样品的测定

吸取上述滤液 1 mL（视情况而定），放入一干洁的试管中，加蒽酮试剂 4 mL 混合，于沸水浴中煮沸 10 min，取出冷却，然后于分光光度计上进行测定，波长为 620 nm，测得吸光度。

七、实验结果

从标准曲线上查得滤液中的糖含量（或通过直线回归公式计算），然后再计算样品中含糖的百分数。公式如下：

可溶性总糖含量 $= (C \times V) / (W \times 10^6) \times 100\%$

式中，V——果蔬样品经提取后的滤液体积，mL；

C——滤液中的糖含量，μg/mL；

W——果蔬样品的鲜重，g。

八、思考题

（1）用蒽酮比色法测定样品中糖含量时，应注意什么？

（2）针对同一果蔬原料，分别采用手持糖量仪、蒽酮比色法测定其糖含量，比较二者是否存在差异及其原因。

实验五　果蔬 pH、可滴定酸含量和糖酸比的测定

一、实验目的

（1）了解果蔬 pH 与可滴定酸的区别；

（2）掌握果蔬 pH 与可滴定酸的测定方法；

（3）了解糖酸比的计算方法。

二、实验原理

酸味是果实的主要风味之一，是由果实内所含的各种有机酸引起的，主要是苹果酸、柠檬酸、酒石酸，另外还有少量的乙二酸、水杨酸和乙酸等。果品品种种类不同，含有有机酸的种类和数量也不同。例如，仁果类、核果类主要是苹果酸；葡萄主要是酒石酸；柑橘类以柠檬酸为主。

果蔬的酸味并不取决于酸的总含量，而是由它的 pH 决定。新鲜果实的 pH 一般为 3~4，蔬菜为 5.0~6.4。果蔬中的蛋白质、氨基酸等成分，能阻止酸过多地解离，因此限制氢离子的形成。果蔬经加热处理后，蛋白质凝固，失去缓冲能力，使氢离子更多地增加，pH 下降，酸味增加。

测定果蔬的 pH 可以通过榨汁，汁液经酸度计测定读数；果蔬含酸量测定是根据酸碱中和原理，即用已知浓度的氢氧化钠溶液滴定，故测出来的酸量又称为总酸或可滴定酸。

糖酸比通常用可溶性固形物含量与含酸量之比来表示，即所谓固酸比。它是果品特征风味指标，是果品化学成熟和感官成熟的指针。果品刚开始成熟时，由于糖含量低、果酸含量高，固酸比低，果实味酸。在成熟过程中，果酸降解、糖含量增加，固酸比升高。过熟果品由于果酸含量非常低而失去特征风味。

三、实验材料

苹果、桃、梨、番茄、柑橘等。

四、仪器设备及用品

酸度计（pH 计），榨汁机，高速组织捣碎机，50 mL 或 10 mL 碱性滴定管，200 mL 容量瓶，20 mL 移液管，100 mL 烧杯，研钵，分析天平，磁力搅拌器，漏斗，脱脂棉或滤纸。

五、试剂及配制

1. 0.1mol/L 氢氧化钠标准溶液

（1）配制：称取化学纯 NaOH 4 g，溶于 1000 mL 蒸馏水中。

（2）标定：称取在 105 ℃干燥至恒重的基准邻苯二甲酸氢钾（KHP）0.6 g，

精确称定，加新沸过的冷水 50mL，振摇，使其尽量溶解；加酚酞指示液 2 滴，用 NaOH 滴定；在接近终点时，应使 KHP 完全溶解，滴定至溶液显粉红色。每毫升 NaOH 滴定液（0.1 mol/L）相当于 20.42 mg 的 KHP。

$$N（NaOH）=m/（M \times V）$$

式中，m 为 KHP 的质量；V 为所消耗的 NaOH 溶液体积；M 为 KHP 的相对分子质量（204.22）。

2. 1% 酚酞指示剂

称取酚酞 0.1 g，溶解于 10mL95% 乙醇中。

六、实验方法

（一）pH 的测定

果蔬样品取可食部位，经榨汁机榨汁。多汁水果可以直接捣碎。汁液采用脱脂棉过滤，直接使用酸度计读取滤液的 pH。

（二）可滴定酸的测定

1. 样品制备

果蔬样品洗净、沥干，用四分法分取可食部分切碎、混匀，称取 250.0 g，准确至 0.1 g，放入高速组织捣碎机内，加入等量蒸馏水，捣碎 1~2 min。每 2g 匀浆折算为 1 g 试样，称取匀浆 50 g，准确至 0.1 g，用 100 mL 蒸馏水洗入 250 mL 容器瓶，置 75~80 ℃水浴上加热 30 min，其间摇动数次，取出冷却，加水至 250 mL 刻度，摇匀过滤。滤液备用。

2. 电位滴定法

将盛滤液的烧杯置于磁力搅拌器上，放入搅拌棒，插入玻璃电极和甘汞电极，滴定管尖端插入样液内 0.5~1 cm，在不断搅拌下用氢氧化钠溶液迅速滴定至 pH=6，而后减慢滴定速度。当 pH 接近 7.5 时，每次加入 0.1~0.2 mL，记录 pH 读数和氢氧化钠溶液的总体积，继续滴定至 pH=8.3，pH 在 8.1 ± 0.2 的范围内，用内插法求出滴定至 pH=8.1 所消耗的氢氧化钠溶液体积。

3. 指示剂滴定法

根据预测酸度，用移液管吸取 50 mL 或 100 mL 样液，加入酚酞指示剂 5~10 滴，用氢氧化钠标准溶液滴定，至出现微红色 30 s 内不褪色为终点，记下所消耗的氢氧化钠体积。

注：有些果蔬样液滴定至接近终点时出现黄褐色，这时可加入样液体积的 1~2 倍的热水稀释，加入酚酞指示剂 0.5~1 mL，再继续滴定，使酚酞变色易于观察。

（三）糖酸比的测定

（1）SSC 测定。参考可溶性固形物的测定方法测定果实的含糖量。

（2）糖酸比 = 可溶性固形物含量 / 可滴定酸含量。

七、实验结果

1. 内插法计算 pH=8.1 时消耗氢氧化钠的体积

数学内插法即直线插入法，将其引入到本实验中，其原理是，若 A 点（pH 小于 8.1 时，消耗的氢氧化钠体积记为 V_1，滴定 pH 记为滴定 pH_1），B 点（pH 大于 8.1 时，消耗的氢氧化钠体积记为 V_2，滴定 pH 记为滴定 pH_2）为两点，则点 P（pH 为 8.1 时，消耗的氢氧化钠体积记为 V_x）在上述两点确定的直线上。

$$(8.1-pH_1) / (V_x-V_1) = (pH_2-pH_1) / (V_2-V_1)$$

求得 V_x 即滴定至 pH=8.1 所消耗的氢氧化钠溶液体积。

2. 可滴定酸含量的计算计算公式

$$含酸量 = \frac{V \times N \times 折算系数 \times B}{b \times A} \times 100\%$$

式中，V 为 NaOH 溶液用量，mL；N 为 NaOH 液浓度，mol/L；A 为样品质量，g；B 为样品液制成的总体积，mL；b 为滴定时用的样品液体积，mL；其中折算系数以果蔬主要含酸种类计算，如苹果、梨、桃、杏、李、番茄、莴苣主要含苹果酸，以苹果酸计算，其折算系数为 0.067 g；柑橘类以柠檬酸计算，其折算系数为 0.064 g；葡萄以酒石酸计算，其折算系数为 0.075 g。

3. 糖酸比的计算

糖酸比 = 可溶性固形物含量 / 可滴定酸含量。

八、注意事项

（1）酸度计使用前需先预热、校准。

（2）本实验所有蒸馏水应不含二氧化碳或是中性蒸馏水，可在使用前将蒸馏水煮沸、冷却，或加入酚酞指示剂用 0.1 mol/L 氢氧化钠溶液中和至出现微红色。

（3）在测定可滴定酸的实验中，也可以采用果蔬直接榨汁，取定量汁液（10 mL）稀释后（加蒸馏水 20 mL），直接用 0.1 mol/L 的 NaOH 溶液滴定，以每升果汁中的氢离子浓度代表果蔬含酸量。

九、思考题

在测定果蔬可滴定酸含量时，为何匀浆后的粗提液需要在 75~80 ℃水浴上加热 30 min？

实验六　果蔬中维生素 C 含量的测定

一、实验目的及意义

掌握使用钼蓝比色法测定果蔬中维生素 C 含量的方法。

二、实验原理

维生素 C（vitamin C，ascorbic acid，抗坏血酸）是人类营养中最重要的维生素之一，缺少它时会产生坏血病，因此也称为抗坏血酸。它对物质代谢的调节具有重要的作用。近年来，发现维生素 C 还有抗氧化清除自由基，增强机体对肿瘤的抵抗力，以及阻断化学致癌物的作用。维生素 C 是一种水溶性维生素，主要存在于新鲜的水果和蔬菜中。随着果蔬新鲜程度的下降，维生素 C 的含量也不断下降。目前，在食品中测定维生素 C 的方法应用最为普遍的是二氯靛酚法。但是，多数水果蔬菜样品提取液都是有颜色的，这使得滴定终点不易确定；有的即使用白陶土等脱色剂也很难使其脱色，且易造成维生素 C 损失，影响测定结果的准确性。

钼蓝比色法是测定果蔬中还原型维生素 C 含量的一种重要方法。因偏磷酸和钼酸铵反应生成的磷钼酸铵经还原型的维生素 C 还原后生成亮蓝色的络合物，通过分光比色可以测定样品中还原型维生素 C 的含量。原理如下：

$$HPO_3+H_2O \longrightarrow H_3PO_4$$

$$24(NH_4)_2MoO_4+2H_2PO_4+21H_2SO_4 \longrightarrow 2[(NH_4)_3PO_4 \cdot 12MoO_3]+21(NH_4)_2SO_4+24H_2O$$

$$2[(NH_4)_3PO_4 \cdot 12MoO_3]+C_6H_8O_5（还原型维生 C）+3H_2SO_4 \longrightarrow 3[(NH4)2SO_4]+$$
$C_6H_6O_5$（氧化型维生素 C）$+2(Mo_2O_5 \cdot 4MoO_3)_2HPO_4$（钼蓝）

若反应体系中钼酸盐和偏磷酸都过量，则钼蓝化合物的生成量即溶液蓝色深浅应与还原型含量成正比，通过分光比色的方法可以测定果蔬中还原型维生素 C 的含量。该方法不仅快速、准确、灵敏度高，而且不受样液颜色的影响。

三、实验材料

（一）原材料

草莓、柑橘、苹果等。

（二）仪器设备及用具

分光光度计、纯水仪、分析天平、容量瓶、烧杯、研钵（或打碎机）、漏斗。

四、试剂及配制

（1）5% 钼酸铵（m/V）：准确称取钼酸铵 25.00 g，加适量超纯水溶解定容至 500 mL；

（2）乙二酸 -EDTA 溶液：准确称取 6.3000 g 乙二酸和 0.0750 g EDTA，用超纯水充分溶解后定容至 1000 mL；

（3）1 mg/mL 维生素 C 标准液：将 0.1000 g 抗坏血酸用上述所配的乙二酸 -EDTA 溶液定容于 100 mL 容量瓶中；

（4）3% 偏磷酸 – 乙酸溶液：将 15 g 偏磷酸溶解于 40 mL 乙酸中，稀释至 500 mL，用滤纸过滤，取滤液备用；

（5）5% 硫酸溶液：将 5 mL 浓硫酸缓慢加到 95 mL 超纯水中，搅拌均匀待用。

五、实验步骤

1. 标准曲线绘制

分别吸取 0.4，0.6，0.8，1.0，1.2，1.4 mL 的维生素 C 标准溶液于 50 mL 容量瓶中，然后加入 9.6，9.4，9.2，9.0，8.8，8.6 mL 的乙二酸 -EDTA 溶液，使总体积达到 10.0 mL。再加入 1.00 mL 的偏磷酸 – 乙酸溶液和 5% 的硫酸 2.0 mL，摇匀加入 4.00 mL 的铜酸铵，以蒸馏水定容到 50 mL，30℃水浴显色 20 min，取出，自然冷却后在 705 nm

下测定吸光值，绘制标准曲线（见表9-4）。以吸光值为横坐标（X），以维生素C标液浓度为纵坐标（Y），绘制标准曲线，获得标准曲线方程$Y=kX+b$以及相关系数R^2。

表9-4　维生素C标准曲线

吸光值	维生素C标液浓度					
	0.4 mg/mL	0.6 mg/mL	0.8 mg/mL	1.0 mg/mL	1.2 mg/mL	1.4 mg/mL
第1次						
第2次						
第3次						
平均值						

2. 样品测定

准确称取一定量样品，加入乙二酸–EDTA溶液，捣碎或研磨后定容到100 mL容量瓶中，过滤。吸取10 mL的过滤液于50 mL的容量瓶中，加入1mL的偏磷酸–乙酸溶液、5%的硫酸2.00 mL，摇匀后加入4.00 mL的钼酸铵溶液，以蒸馏水定容至50mL，30 ℃水浴显色20 min，取出，自然冷却后在705 nm下测定吸光值。

六、实验结果

根据样液的吸光值，利用标准曲线$Y=kX+b$计算得到样液中维生素C的浓度。

维生素C（mg/g）=$C \times V/W$

式中，C——测定用样液中维生素C的浓度，mg/mL；

　　　V——提取液的总体积，mL；

　　　W——样品质量，g。

七、注意事项

在钼蓝比色法中，还原型维生素C本身并不参与组成有色化合物，而仅是一种还原型的显色剂。在浓度低时就不能将钼酸铵充分还原。因此，在酸性环境下，多余的钼酸铵就以黄色的钼酸形式存在，溶液颜色仅是浅黄色，产生偏差。当维生素C含量过高时，钼酸铵被全部还原，过量的维生素C将部分钼蓝还原为黑棕色的三价钼化合物，也会产生偏差。

因此，样品测定时，通过称取的样品质量、提取液的定容体积或加入反应体系的提取液体积等变化，使得最终反应体系的吸光值应该落在标准曲线范围内，以提高检测的准确性。

八、思考题

学习了解 2，4- 二氯靛酚法测定食品中的维生素 C 含量，比较钼蓝比色法和 2，4- 二氯靛酚法的优缺点。

实验七　果蔬呼吸强度测定

一、实验目的及意义

掌握静置法、气流法测定果蔬呼吸强度的原理及方法。

二、实验原理

呼吸作用是果蔬采收后进行的重要生理活动，是新陈代谢的主导过程，是生命存在的标志，它直接影响果蔬产品贮藏运输中的品质与寿命。测定呼吸作用的强度，可以了解果蔬采收后的生理状态，为低温和气调储运及呼吸热计算提供必要的数据。

呼吸强度的测定通常是采用定量的碱液吸收果蔬在一定时间内呼吸所释放出来的 CO_2 的量，再采用酸滴定剩余的碱液，即可计算出呼吸所释放出的 CO_2 的量，求出呼吸强度，其单位为每千克果蔬每小时释放出来的 CO_2 质量（mg）。

$$2NaOH+CO_2 \longrightarrow Na_2CO_3+H_2O$$

$$Na_2CO_3+BaCl_2 \longrightarrow BaCO_3+2NaCl$$

$$2NaOH+H_2C_2O_4 \longrightarrow Na_2C_2O_4+2H_2O$$

果蔬呼吸强度的测定方法主要有静置法、气流法和气相色谱法。本实验要求掌握静置法测定果蔬呼吸强度的方法及原理。

三、实验材料

（一）原材料

苹果、桃、梨、香蕉、萝卜、白菜等。

（二）仪器设备及用具

真空干燥器、滴定管架、25 mL 滴定管、50 mL 三角瓶、培养皿、台秤、10 mL 移液管、吸耳球。

四、试剂及配制

（1）0.4 mol/L NaOH 溶液：称取分析纯 NaOH 16 g，用少量蒸馏水溶解后，移入 1000 mL 容量瓶中定容。

（2）0.2 mol/L 乙二酸溶液：准确称取分析纯 $H_2C_2O_4 \cdot 2H_2O$ 12.5072 g，用少量蒸馏水溶解后，移入 1000mL 容量瓶中稀释定容。

（3）饱和 $BaCl_2$ 溶液：$BaCl_2$ 在 100 mL 水中的溶解度为 10 ℃（23.9 g）、15 ℃（25.7 g）、20 ℃（26.4 g）、30 ℃（27.7 g）、40 ℃（29.0 g），可按照室温配置。

（4）酚酞指示剂：称取 0.5 g 酚酞，溶解于 100 mL 95% 的乙醇中。

（5）钠石灰。

五、实验步骤

（一）气流法

气流法的特点是果蔬处在气流畅通的环境中进行呼吸，比较接近自然状态，因此，可以在恒定的条件下进行较长时间的多次连续测定。测定时使不含 CO_2 的气流通过果蔬呼吸室，将果蔬呼吸时释放的 CO_2 带入吸收管，被管中定量的碱液所吸收，经一定时间的吸收后，取出碱液，用酸滴定，由碱量差值计算出 CO_2 量。

（1）按图 9-4（暂不连接吸收管）连接好大气采样器，同时检查是否有漏气，开动大气采样器中的空气泵，如果在装有 20% NaOH 溶液的净化瓶中有连续不断的气泡产生，说明整个系统气密性良好，否则应检查各接口是否漏气。

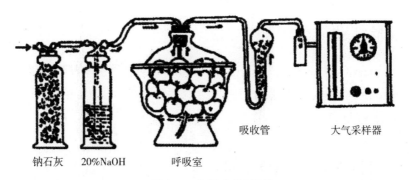

钠石灰　　20%NaOH　　呼吸室　　　　吸收管　　　大气采样器

图 9-4　气流法装置图

（2）用台秤称取果蔬材料 1 kg 左右，放入呼吸室，先将呼吸室与安全瓶连接，拨动开关，将空气流量调节为 0.4 L/min；将定时钟旋钮反时钟方向转到 30 min 处，先使呼吸室抽空平衡 30 min，然后连接吸收管开始正式测定。

（3）空白滴定用移液管吸取 0.4 mol/L 的 NaOH 10 mL，放入一支吸收管中；加一滴正丁醇，稍加摇动后再将其中的碱液毫无损失地移到三角瓶中，用煮沸过的蒸馏水冲洗

5次，直至显中性为止。加少量饱和的 $BaCl_2$ 溶液和酚酞指示剂2滴，然后用0.2 mol/L乙二酸滴定至粉红色消失即为终点。记下滴定量，重复一次，取平均值，即空白滴定量（V_1）。如果两次滴定相差0.1 mL，必须重滴一次。同时取一支吸收管装好同量碱液和1滴正丁醇，放在大气采样器的管架上备用。

（4）当呼吸室抽空30 min后，立即接上吸收管、把定时针重新转到30min处，调整流量保持0.4L/ min。待样品测定30 min后，取下吸收管，将碱液移入三角瓶中，加饱和 $BaCl_2$ 5 mL和酚酞指示剂2滴，用乙二酸滴定，操作同空白滴定，记下滴定量（V_2）。

（二）静置法

静置法比较简单，不需要特殊设备。测定时将样品置于干燥器中，干燥器底部放入适量的碱液，果蔬呼吸释放的 CO_2，自然下沉而被碱液吸收，静置一段时间后，取出碱液，用乙二酸滴定，求出呼吸强度。

（1）称取试样1 kg，置于塑料网兜中。用移液管吸取25 mL 0.4 mol/L的NaOH，置于真空干燥器底部的培养皿中，立即将装好样品的网袋放置于干燥器的隔板上（空白试验置空网袋于干燥器内），盖严，计时，打开U形管活塞，静置1~2 h（静置时间记为H）。

（2）静置结束后立即取出培养皿把碱液移入三角瓶中，并用蒸馏水冲洗4或5次，加饱和 $BaCl_2$ 5 mL，酚酞2滴。用0.2 mol/L的乙二酸滴定，到滴定终点时，滴定体积为 V_2。

（3）空白组也在密封H小时后取出，滴定步骤同上，得滴定体积 V_1。

六、实验结果

呼吸强度 $[mgCO_2/(kg \cdot h)] = [(V_1 - V_2) \times N \times 44] / (W \times H)$

式中，N——乙二酸物质的量浓度；

W——为样品质量，kg；

H——测定时间，h；

V_1——对照消耗乙二酸的体积，mL；

V_2——样品消耗乙二酸的体积，mL；

44——CO_2 的相对分子质量。

七、注意事项

操作过程中动作要迅速，注意密封，减少空气和口鼻呼吸中二氧化碳的影响。

八、思考题

试分析本实验中影响呼吸强度的因素，怎样才能获得比较准确的测定结果？

实验八 果蔬乙烯生成速率测定

一、实验目的

掌握气相色谱法测定果蔬乙烯的原理及方法。

二、实验原理

乙烯是一种以气体形式存在的植物内源激素，参与和调节果蔬成熟、衰老、逆境伤害等生理过程。准确测定果蔬乙烯释放量对于研究果蔬采后生理有着重要意义。

测定果实中乙烯浓度的方法是收集果实中或密闭环境中的气体样品，然后将此气样通过气相色谱仪（GC）进行测定。GC 具有灵敏度高、稳定性好等优点。色谱仪中的分离系统包括固定相和流动相。由于固定相和流动相对各种物质的吸附或溶解能力不同，因此各种物质的分配系数（或吸附能力）也不一样。当含混合物的待测样（含乙烯的混合气）进入固定相以后，不断通入载气（通常为 N_2，或 H_2），待测物不断地再分配，最后，按照分配系数大小顺序依次被分离，并进入检测系统得到检测。检测信号的大小反映出物质含量的多少，在记录仪上就呈现出色谱图。要使待测物得到充分的分离，就需要一种合适的固定相。乙烯往往与乙炔、乙烷难以分离，而采用 GDX-502 作为固定相则会有比较满意的效果。

三、实验材料

1. 原材料

苹果、梨、桃、番茄、香蕉等果实样品。

2. 仪器设备及用具

气相色谱仪、10 mL 注射器、进样针、真空干燥器、青霉素瓶。

四、试剂药品

标准乙烯。

五、实验步骤

1. 材料处理

取试验材料1 kg，置于密闭的容器中若干小时。用10 mL注射器从密闭容器中抽取气体样品。青霉素小瓶中装满水、赶净所有的气体，利用排水法将气体注入小瓶中，部分水排出，用青霉素瓶中剩余的水密封气体，备检。

2. 启动GC

启动步骤如下：①检测仪器各部件是否复位。若没有，需复位。②打开载气（N_2），将压力调至（5 kg/cm^2）。然后打开仪器上的N_2阀，将流速调至25 m/min（管道1，管道2一样）。③插上电源，打开仪器上的电源开关。④调节柱温至60℃，将进样口温度调至100℃（乙烯为气体，进样口温度不需太高）。⑤打开点火装置电源及空气压缩机开关、调节适当的量程和衰减（关机时，量程应打至1，衰减为∝）。⑥打开钢瓶氢气阀，调压力为1.0kg/cm^2（两管道一样），同时将空气压力调至0.5 kg/cm^2。⑦点火。空气和氢气调好后，将选择键打到ON位置。按点火键10 s左右，氢气即可在燃烧室燃烧。⑧条件选择：将选择键打到2，并将空气压力调至1.0 kg/cm^2，氢气调至0.5~0.7 kg/cm^2（两管道一样）。待基线稳定后即可正式测定。

3. 测定

①取一定浓度（μL/L，以N_2作为稀释剂），一定量（100~1000 μL）的标准乙烯进样，并注意出峰时间。待乙烯峰至顶端时即为乙烯的保留时间，重复3或4次，得到平均值。该平均值即作为样品中乙烯定性的依据之一。②取同样量的待测样品，注入色谱柱（进样）。待样品峰全部出完后，即可测定下一个样品。③定性。外标法定性：样品中与标准乙烯保留时间相同的峰，即为样品乙烯峰；内标法定性：在得到某一样品的色谱图后，向该样品中加入一定的标准乙烯进样，若某峰增高，该峰即为样品中的乙烯峰。

4. 关机步骤

待得到所有样品的色谱图后，可关机。关机步骤如下。

①关掉氢气总阀或氮气总阀。

②关掉空气压缩机。

③将量程或衰减复位，选择键打到OFF。

④关闭记录仪。

⑤待H_2、N_2全部排完后，将所有阀复位。

⑥关主机电源，并拔下插头。

六、实验结果

样品中乙烯浓度（μL/L）= 样品峰高 × 标样浓度 / 标准峰高

样品乙烯生成速率［μL/（g·h）］= 乙烯浓度（μL/L）× 容器体积（L）/ 密封时间（h）× 样品质量（g）

七、注意事项

（1）在利用青霉素瓶密封气体的时候，一定要确保青霉素瓶装满水、赶净所有气体；在操作和保存的过程中，注意保持水的密封，防止漏进空气。

（2）注意氢气瓶的安全，使用前先检测氢气瓶的阀门、减压阀是否漏气或者安装氢气监测装置。

八、思考题

分析测定不同品质、成熟度或不同贮藏温度下果实的乙烯释放量，并比较其差异。

实验九 果蔬中纤维素含量测定

一、实验目的

掌握果蔬中纤维素含量的测定原理及方法。

二、实验原理

纤维素是植物细胞壁的主要成分之一，它常与果胶等结合。纤维素的含量直接关系到植物细胞的机械强度。果蔬中的纤维素含量不仅影响其细胞机械强度，更影响其质地和食用品质，影响防御微生物入侵的能力。纤维素为 β 葡萄糖残基组成的多糖，纤维素和硫酸在加热之后水解为 β 葡萄糖，β 葡萄糖在强酸的作用下，可脱水生成 β 糠醛类化合物。β 糠醛类化合物与蒽酮脱水缩合，生成黄色的糠醛衍生物。因此可根据 β 葡糖糖的含量换算出纤维素含量。

三、实验材料

1.原材料

苹果、梨、枇杷、芹菜、韭菜等。

2.仪器设备及用具

分光光度计、分析天平、水浴锅、电炉、小试管、量筒、烧杯、移液管、容量瓶、布氏漏斗、具塞试管等。

四、试剂及配制

（1）2% 蒽酮试剂：将 2 g 蒽酮溶解于 100 mL 乙酸乙酯中，储放于棕色试剂瓶中。

（2）纤维素标准液：准确称取 100 mg 纯纤维素，放入 100 mL 量瓶中，将量瓶放入冰浴中，然后加冷的 60% 硫酸 60~70 mL，在冷的条件下消化处理 20~30 min，用 60% 硫酸稀释至刻度，摇匀，然后吸取此液 5.0 mL 放入另一 50 mL 量瓶中，将量瓶放入冰浴中，加蒸馏水稀释至刻度，每毫升含 100 μg 纤维素。

（3）60% 硫酸溶液。

（4）浓硫酸。

五、实验步骤

1.纤维素标准回归方程

（1）取 6 支小试管，分别放入 0，0.40，0.80，1.20，1.60 和 2.00 mL 纤维素标准液，然后依次分别加入 2.00，1.60，1.20，0.80，0.40，0 mL 蒸馏水，摇匀，则每管依次含纤维素 0，40，80，120，160，200 μg。

（2）向每管中加入 0.5 mL 2% 蒽酮，再沿管壁加 5.0 mL 浓硫酸，塞上塞子，摇匀，静置 1 min。然后在 620 nm 波长下，测定不同浓度纤维素溶液的吸光度。

（3）以测得的吸光度为 Y 值，对应的纤维素含量为 X 值，求得 Y 随 X 而变的回归方程。

2.样品纤维素含量的测定

（1）称取切碎、混匀的果蔬组织样品 5 g 于烧杯中，将烧杯置冷水浴中，加入 60% 硫酸 60 mL，并硝化 30 min，然后将硝化好的纤维素溶液转入 100 mL 容量瓶，并用 60% 硫酸定容至刻度，摇匀后用布氏漏斗过滤于另一烧杯中。

（2）取上述过滤后的溶液 2 mL 于具塞试管中，加入 0.5 mL 2% 蒽酮试剂，并沿管壁加 5mL 浓硫酸，塞上塞子，摇匀，静置 12 min，然后在 620 nm 波长下测其吸光度。

六、实验结果

根据测得的吸光度按回归方程求出纤维素的含量，然后按下式计算样品纤维素的含量：

$$Y=10^{-6}Xa/W \times 100\%$$

式中，X 为按回归方程计算出的纤维素含量，μg；W 为样品质量，g；10^{-6} 为将 μg 换算成 g 的系数；a 为样品稀释倍数；Y 为样品中纤维素的含量，%。

七、注意事项

根据试样中的纤维素含量高低，合理选择取样量、稀释倍数，使样品测定吸光值处于标准曲线范围内。

注意浓硫酸使用的安全性。

八、思考题

果蔬采后贮藏期间，苹果、梨等果实软化；而芹菜、韭菜等变老，咀嚼时残渣较多。通过测定纤维素含量分析上述变化的原因。

实验十　果蔬中不同溶解性果胶含量测定

一、实验目的

（1）掌握果蔬中乙醇不溶物的制备；
（2）掌握不同溶解性果胶的浸提方法；
（3）掌握比色法测定不同溶解性果胶的原理及方法。

二、实验原理

果胶是果蔬组织中普遍存在的多糖物质。柑橘、苹果、山楂、龙眼、荔枝、柿子等果实都含有大量果胶。果胶以原果胶、果胶和果胶酸等 3 种不同形态存在于果实组织中。在未成熟果实中，原果胶在细胞壁内与纤维素连在一起，不溶于水，果实质地硬脆。随着果实成熟，原果胶被分解为果胶，果胶溶于水，果实质地变软。果胶在果胶酶的作用下变成果胶酸。果胶酸无黏性，不溶于水，果蔬软烂。因此，在贮藏过程中常测定非水溶性果胶和水溶性果胶来反映果胶的变化。也有研究进一步将其分为 H_2O 溶性果胶、"EDTA"（环己二胺四乙酸）溶性果胶、Na_2CO_3 溶性果胶和 H_2SO_4 溶性果胶。

不同溶解性的果胶组分和硫酸一起加热之后，水解为半乳糖醛酸。半乳糖醛酸与咔唑生成特殊的紫红色化合物，其呈色强度与半乳糖醛酸浓度成正比，在一定浓度范围内符合比尔定律，其结果用果胶酸（半乳糖醛酸）表示。

三、实验材料

1. 原材料

苹果、山楂、南瓜、胡萝卜等。

2. 仪器设备及用具

分光光度计、分析天平、组织匀浆机、真空泵、布氏漏斗、滤纸、水浴锅、容量瓶、烧杯等。

四、试剂及配制

70% 乙醇，无水乙醇，0.02 mol/L CDTA，0.05 mol/L Na$_2$CO$_3$，67% 硫酸，浓硫酸，0.15% 咔唑，半乳糖醛酸标准品。

0.15% 咔唑乙醇溶液的配制：称取化学纯咔唑 0.150 g，溶解于乙醇中并定容到 100mL。咔唑溶解缓慢，需加以搅拌。

五、实验步骤

1. AIS 的制备

果蔬样品取可食部分，切碎、混匀，四分法称取 100 g（m），放入高速组织匀浆机中，加 70% 乙醇 200 mL，匀浆 3 min，抽滤。滤渣再用 70% 乙醇 200 mL 匀浆、抽滤。最后用 100% 乙醇 200 mL 匀浆，过滤，得到白色粉末在室温下过夜。所得固体粉末即为乙醇不溶物（AIS），称重计量 AIS 质量（W_1）。

2. 不同溶解性果胶的制备

称取 1g AIS（记为 W_2），先用 100mL 蒸馏水静提 3h，抽滤，滤渣再用蒸馏水洗涤，滤液定容至 200 mL，得到 H$_2$O 溶性果胶；该残渣用 100 mL 0.02 mol/L CDTA 溶液提取 6 h，抽滤，滤渣再用 EDTA 溶液洗涤，滤液定容至 200 mL，得到 EDTA 溶性果胶；残渣继续用 100 mL 0.05 mol/L Na$_2$CO$_3$ 溶液提取 2 h，抽滤，滤渣再用 Na$_2$CO$_3$ 溶液洗涤，滤液定容至 200 mL，得到 Na$_2$CO$_3$ 溶性果胶；不溶的剩余物用 100mL67% 的 H$_2$SO$_4$ 溶解，抽滤后定容至 200 mL，得到 H$_2$SO$_4$ 溶性果胶。不同溶解性果胶提取液定容后的体积记为 V。

3. 样品的测定

将 5 mL 硫酸加入 20 mL 试管中，冰浴冷却到 4℃，再加入 1 mL 待测样液于硫酸上层，盖塞，轻轻摇匀。试管在沸水浴中加热 10 min，待冷却至室温后继续冰浴冷却到 4 ℃，缓慢加入 0.15%0.2 mL 咔唑试剂，再在沸水浴中加热 15 min，冷却至室温，在 530 nm 处比色，记录吸光值。

4.标准曲线的绘制

半乳糖醛酸标准溶液：称取半乳糖醛酸 100 mg，溶于蒸馏水中并定容至 100 mL，即 100 μg/mL。吸取半乳糖醛酸标准溶液 0，1，2，3，4，5，6 和 7 mL，分别定容至 10mL，果胶酸浓度相应为 0，10，20，30，40，50，60 和 70 μg/mL。各吸取上述半乳糖醛酸标准液 1 mL，按照上述样品测定方法，测定 530nm 吸光度。以测得的吸光度为 K 值，对应的半乳糖醛酸浓度为 X 值，求得 Y 随 X 而变的回归方程。

六、实验结果

计算样品中不同溶解性果胶酸的含量：

$$X= (c \times V \times W_1) / (m \times W_2)$$

式中，X 为样品中不同溶解性果胶酸含量，μg/g 鲜重；c 为根据样品待测液吸光度，从标准曲线上查得其果胶酸的浓度，mg/mL；m 为样品质量，g；V 为不同组分提取液定容后的体积，mL；W_1 为 AIS 质量，g；W_2 为称取的 AIS 质量，g。

七、注意事项

在添加咔唑试剂后的显色过程中，常出现异常的蓝色，严重影响测定，困扰实验者。从以下几个方面可较好地避免这一异常情况的出现：玻璃仪器清洗要干净；浓硫酸的质量要好、杂质少；在样品测定过程中，每一步都要注意冰浴降温充分；在添加完咔唑试剂后，试管平稳地放入沸水浴中，先加热约 5 min 再混匀。

八、思考题

不同溶解性果胶的变化与果蔬质地有何关系？

实验十一　果蔬组织中抗坏血酸过氧化物酶（APX）活性测定

一、实验目的

了解抗坏血酸过氧化物酶（APX）在果蔬采后生理中的作用；掌握 APX 的测定方法和原理。

二、实验原理

抗坏血酸过氧化物酶（ascorbate peroxidase，APX）是以抗坏血酸为电子供体的专一性强的过氧化物酶，主要存在于果蔬叶绿体和细胞质中。一般愈创木酚为底物的过氧化物酶测定方法不能测出其大部分活性。由 APX 组成的抗坏血酸 – 谷胱甘肽（AsA–GSH）循环（见图 9-5）在植物体内发挥了主要的清除过氧化氢的作用。APX 利用 AsA 将 H_2O_2 还原成 H_2O，同时形成单脱氢抗坏血酸（monodehydroascorbate，MDHA）；AsA 也可被抗坏血酸氧化酶（ascorbate oxidase，AO）氧化成 MDHA；MDHA 很不稳定，一部分被单脱氢抗坏血酸还原酶（monodehydroascorbate reductase，MDAR）还原为 AsA，另一部分进一步氧化生成脱氢抗坏血酸（dehydroascorbate，DHA）。DHA 以还原型谷胱甘肽（glutathione，GSH）为底物，在脱氢抗坏血酸还原酶（dehydroascorbate reductase，DHAR）的作用下生成 AsA。此反应产生的氧化型谷胱甘肽（oxidized glutathione，GSSG）又可在谷胱甘肽还原酶（glutathione reductase，GR）的催化下被还原成 GSH。

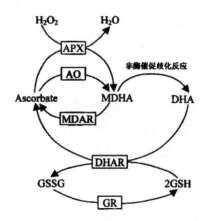

APX—抗坏血酸过氧化物酶；AO—抗坏血酸氧化酶；Ascorbate—抗坏血酸 MDHA—单脱氢抗坏血酸；
MDAR—单脱氢抗坏血酸还原酶；DHA—脱氧抗坏血酸；DHAR—脱氧抗 坏血酸还原酶；
GSH—还原型谷胱甘肽；GSSG—氧化型谷胱甘肽；GR—谷胱甘肽还原酶

图 9-5　植物体中的 AsA-GSH 循环示意图（Nishikawaletal，2003）

APX 催化 AsA 与 H_2O_2 反应，使 AsA 氧化成 MDHA。随着 AsA 被氧化，其溶液在 290 nm 处吸光度降低，因此可根据单位时间内吸光度的减少值来计算该酶的活性。

三、实验材料

1. 原材料

苹果、桃、梨等果蔬样品。

2. 仪器设备及用具

紫外分光光度计、离心机、研钵、移液器等。

3. 试剂药品

（1）酶提取液：50 mmol/L K_2HPO_4–KH_2PO_4 缓冲液（pH7.0，内含 0.1 mmol/L EDTA–Na_2、2%PVP）。

（2）混合反应液：50 mmol/LK_2HPO_4–KH_2PO_4 缓冲液（pH7.0，内含 0.1 mmol/L EDTA–Na_2，0.3mmol/L AsA，0.06mmol/L H_2O_2）。

四、实验步骤

1. APX 粗酶液的提取

取待测果蔬样品，剪碎混匀，称取 1.0 g 于研钵中，加 5 mL 预冷的 50 mmol/L K_2HPO_4–KH_2PO_4 缓冲液（pH7.0）酶提取液，冰浴研磨匀浆，10000 r/min 离心 10min，上清液为待测酶液，测定粗酶液的体积。

2. APX 活性检测

2.9 mL 反应液（50mmol/L K_2HPO_4–KH_2PO_4 缓冲液 pH7.0，内含 0.1 mmol/L EDTA–Na_2，0.3 mmol/L AsA，0.06 mmol/L H_2O_2），加入 0.1 mL 酶液，立即测定 A_{290nm} 的变化。以 1min 内吸光值变化 0.01 为 1 个酶活单位（U）

五、实验结果

APX 以每分钟 290 nm 处吸光值上升 0.01 作为一个酶活单位（U），记为 U/gFW。

APX 活性 $[U/(gFW \cdot min)] = \Delta A_{290mm} \times V_t / (0.01 \times V_s \times t \times FW)$

式中，ΔA_{290mm} 为反应时间内吸光值的变化；V_t 为酶提取液总体积，mL；V_s 为测定时所取酶液的体积，mL；t 为反应时间，min；FW 为样品鲜重，g。

六、注意事项

APX 活性也可以以 AsA 氧化量来计算。按消光系数 2.8mmol/（L·cm）计算，酶活性可用 μmolAsA/（g·h）表示。

七、思考题

抗坏血酸及其过氧化物酶在果蔬衰老、冷害和抗病性方面有何生理意义？

实验十二　果蔬组织中还原型谷胱甘肽（GSH）含量测定

一、实验目的

（1）了解还原型谷胱甘肽（GSH）在果实采后抗氧化中的作用；

（2）掌握果蔬组织中 GSH 含量的测定原理及方法。

二、实验原理

果蔬组织对活性氧的伤害有两类防御系统，一类是酶促防御系统，包括超氧化物歧化酶（SOD）、过氧化氢酶（CAT）、过氧化物酶（POD）等；另一类是非酶促防御系统，包括谷胱甘肽、抗坏血酸（维生素 C）等。

还原型谷胱甘肽（GSH）是果蔬细胞中重要的抗氧化剂之一。谷胱甘肽可以通过调节膜蛋白巯基与二硫键化合物的比例，对细胞膜起保护作用；此外还可以参与叶绿体中抗坏血酸谷胱甘肽循环，以清除 H_2O_2。

GSH 与 DTNB［5，5'–二硫代–（2–硝基苯甲酸）］试剂在 pH=7.0 左右生成黄色可溶性物质，其颜色深浅在一定范围内与 GSH 浓度成线性关系，因此可以用分光光度计在 412 nm 下测定吸光度，并通过标准曲线计算样品中 GSH 的含量。

三、实验材料

1. 原材料
桃、枇杷、香蕉、芒果、番茄等果实。

2. 仪器设备及用具
分光光度计、容量瓶、刻度试管、玻璃研钵、移液管。

四、试剂及配制

（1）GSH 标准溶液：称取 10 mg 分析纯 GSH，溶于蒸馏水中，并定容至 10 mL，即为 1mg/mL 标准母液。

（2）5 mmol/L EDTA–TCA 试剂：用 3% 三氯乙酸（TCA）配制成 5 mmol/L 的 EDTA 溶液。

（3）0.2 mol/L 磷酸钾缓冲溶液，pH=7.0。

（4）DTNB 试剂：称取 39.6 mg DTNB，用 0.2 mol/L 的 K_3PO_4 缓冲液（pH=7.0）溶解并定容至 100 mL。

（5）1 mol/L 的 NaOH 溶液。

五、实验步骤

1. 标准曲线制作
取 7 支 10 mL 刻度试管 0~6 编号。再分别吸取 1 mg/mL GSH 标准液 0，20，40，80，120，160，200 μL，用试剂 EDTA–TCA 稀释到 3 mL，配制成标准系列。

从标准系列溶液中各取 2 mL，加入约 0.4 mL NaOH 溶液，将 pH 调至 6.5~7.0，再加入 K_3PO_4 缓冲液和 0.1 mL DTNB 试剂，室温下显色 5min，最后用蒸馏水定容至 5 mL，在 412 nm 波长下测定吸光度，并绘制标准曲线或用回归方程计算。

2.样品测定

称取切碎混匀后的果蔬样品 1.00 g，加入少量 EDTA–TCA 试剂研磨提取，并用该溶液定容至 25 mL，混合均匀后滤取 5 mL，提取液备用。

吸取 2 mL 提取液，加入 0.4 mol/L NaOH 试剂，将 pH 调至 6.5~7.0，再加入磷酸钾缓冲液和 0.1 mL DTNB 试剂，空白以 K_3PO_4 缓冲液代替 TDNB 试剂，其余步骤与标准曲线制作方法相同。

六、实验结果

$$GSH\ 含量（\mu g/gFW）= \frac{C \times V_t}{V \times FW}$$

式中，C 为根据标准曲线计算得到的样品 GSH 浓度；V_t 为提取液总体积，mL；V 为测定时取用的提取液体积，mL；FW 为样品鲜重，g。

七、注意事项

（1）在提取样品时，需要沉淀去除蛋白质，防止蛋白质中所含巯基及相关酶对测定结果产生影响；

（2）建议在第一次测定时先做 2 或 3 个样品本底对照，如果样品本底对照和空白对照非常接近，说明样品液中不存在干扰物质，可以不再检测样品本底对照。

八、思考题

查找资料，分析如何利用本实验方法测定样品中的总谷胱甘肽（氧化型 + 还原型）含量。

实验十三 果蔬组织中核酸的提取与测定

一、实验目的及意义

分离果蔬组织中的基因组 DNA 是建立基因组文库、遗传标记作图及基因克隆的前提。不同的下游操作，对所提取 DNA 的量、纯度、完整性的要求也不同。在实验中，应根据实验目的，采用快速、简便、安全的方法，对基因组 DNA 进行提取和鉴定。

二、实验原理

DNA 提取是植物分子生物学研究的基础技术，目前已经可以从植物叶片、愈伤组织、组培苗、果实、韧皮部等组织器官中提取出 DNA。但是一些情况下根据不同植物甚至同类植物组织材料的来源、部位、形态等外在性质的不同及化学成分、组织结构等内在特点的差异，提取基因组 DNA 的方法也相应不同或需改进。将植物组织在液氮中研磨以破碎细胞壁。采用一定 pH，通常含有去垢剂、EDTA 的裂解液在破坏细胞膜的同时将 DNA 抽提至水相，得到 DNA 的粗提液。再根据不同植物材料的成分特点，采取各种方法抽提，去除杂质，最后用一定的沉淀剂将 DNA 沉淀出来。

由于很多果蔬组织中富含多糖、多酚、单宁、色素及其他次生代谢物质，从这些果蔬组织中分离出的 DNA 由于多酚被氧化成棕褐色，多糖、单宁等物质与 DNA 结合成黏稠的胶状物，获得的 DNA 常出现产量低、质量差、易降解，影响后续的试验。

此处介绍用 CTAB（十六烷基三乙基溴化铵）快速提取果蔬组织中 DNA 的方法。CTAB 法的最大优点是能很好地去除糖类杂质，该方法另外一个特点是在提取的前期能同时得到高含量的 DNA 及 RNA，如果后续实验对二者都需要，则可以分别进行纯化，比较灵活，具有很好的通用性。CTAB 是一种阳离子去污剂，可以裂解细胞并释放出 DNA。再经氯仿 – 异戊醇抽提，去除蛋白质杂质，即可得到适合分子操作的 DNA。

三、实验材料

1. 原材料
桃、油桃等果实。

2. 仪器设备及用具
分析天平、恒温水浴、冷冻高速离心机、1000 μL 微量进样器及一次性枪头、预冷的研钵、50 mL 离心管。

四、试剂及配制

（1）液氮。

（2）氯仿 – 异戊醇 24∶1（体积比）。

（3）CTAB 分离缓冲液：100 nmol/L Tris–HCl，pH8.0 内含有 2%CTAB（质量浓度），1.4 mol/L NaCl，20 mol/L EDTA。配置后室温避光储存，用前加入 0.2%（体积分数）β – 巯基乙醇。

（4）洗涤缓冲液：76% 乙醇、10 mmol/L 乙醇胺共 100 mL。

（5）TE 缓冲液：10 mmol/L Tris-HCl，1 mmol/L EDTA，pH 为 8.0。

（6）异丙醇。

五、实验方法

（1）称取 1.0~1.5 g 液氮处理的果肉样品，置于预冷的研钵内，加入液氮研磨成粉末。

（2）加入 10~15 mL 预热至 60℃的 CTAB 分离缓冲液，混合成匀浆，转移至 50 mL 离心管。

（3）60 ℃水浴保温 30 min。

（4）加入等体积的氯仿 - 异戊醇，轻轻颠倒混匀。

（5）4000r/min 离心 10 min，用微量进样器吸出水相，同时量取体积。

（6）加入 2/3 体积预冷的异丙醇，轻轻转动离心管，即可观察到 DNA 沉淀。

（7）依步骤（5）再离心一次，小心弃去上清，用 10~20 mL 洗涤缓冲液反复洗涤沉淀 3 次。

（8）将 DNA 沉淀溶于 1 mL TE 缓冲液中，进行纯度测定。

六、注意事项

（1）DNA 分子容易受到机械力作用而断裂成小片段，轻轻操作 DNA 溶液和快速冷冻果蔬组织对提高 DNA 的质量很重要，各步操作均应尽可能温和，尤其避免剧烈振荡，不能使用太细口的吸头，也不能吸得太快。

（2）最适条件下，提取的 DNA 呈白色纤维状，可用适当工具从溶液中钩出。富含多糖的组织会使 DNA 呈胶状，极难溶解。如果提取的 DNA 呈褐色，说明有酚类物质污染，可在 CTAB 分离缓冲液中添加 2%（质量浓度）的 PVP（聚乙烯吡咯烷酮，相对分子质量 10000）。

实验十四　果蔬冷害分析

一、实验目的及意义

（1）了解冷害的相关理论和原理；

（2）通过观察，识别几种果蔬冷害的症状；

（3）分析不同贮藏温度对冷害的影响。

二、实验原理

冷害是一些原产于热带、亚热带的水果和蔬菜在高于冰点的低温贮藏时，由于不适当的低温造成代谢失调而引起的伤害。它与冻害不同，不是由于组织结冰造成的，而是低温（0 ℃以上）对这些产品的细胞膜造成损伤而引起的。例如，香蕉、柠檬等果实均易发生冷害。最常见的冷害症状是表面产生斑点或凹陷，局部组织坏死，表皮褐变，果实褐心，果实不能正常后熟。在冷害温度下贮藏的果蔬转移到高温环境后，这些症状变得更加严重。不同的果蔬其冷害的症状各有不同，对低温的敏感性也不同。采收成熟度和生长季节也会影响冷害的程度，一般原产地及生长期要求温度高的果蔬品种、同一品种夏季高温生长的果蔬、同一生长季节成熟度低的果蔬更易发生冷害。

果蔬储运过程中，防止冷害的关键是严格控制温度，经常观察温度变化，一旦温度过低，需及时采取升温措施。

冷害是果蔬在不适宜的低温条件下贮藏所引起的生理病害，多发生于原产热带或夏季成熟的果蔬。果蔬遭受冷害后，乙烯释放量增多，出现反常呼吸反应，表面也出现一些病害症状。本实验着重于表面病害症状和风味变化的观察。

三、实验材料

1. 原材料

桃、枇杷、柑橘、香蕉、青椒、黄瓜、绿番茄等。

2. 仪器设备

恒温恒湿箱。

四、实验步骤

1. 不同温度贮藏

将黄瓜、青椒、绿番茄或未催熟的香蕉（任选 2 或 3 种），分成 4 组，分别贮藏于 0，5，10，15 ℃下 10~15 d，比较不同温度下贮藏效果及冷害发生情况。

将桃、柑橘等（任选 1 或 2 种）分为 3 组，一组贮藏于 0 ℃以下 1 个月，一组贮藏于 5 ℃以上，时间也为 1 个月，最后一组贮藏于 10 ℃下 1 个月。比较不同温度贮藏效果及冷害情况。

2. 冷害评价

评价冷害的指标通常包括：冷害指数、褐变指数、出汁率、果皮难剥离程度等。同时，可以进一步测定多种生理代谢的变化，如活性氧代谢（SOD、APX、GR、CAT 活性，超氧阴离子产生速率，过氧化氢含量）、膜透性及脂肪酸组成、MDA 含量、脯氨酸含量等，来反映果蔬处于不同低温逆境下的抗性变化。

五、思考题

（1）果蔬贮藏过程中，如何避免冷害？

（2）哪些采后处理方法能够减轻低温冷害？

实验十五　果蔬的人工催熟

一、实验目的

（1）学会柿子脱涩的方法；

（2）学会香蕉催熟的方法，并观察催熟效果；

（3）学会番茄催熟的方法；

（4）掌握果蔬在冷藏后催熟的方法。

二、催熟脱涩的原理

有些果蔬由于自身生理特性不能在植株上正常成熟；有的果蔬为了提早上市，在离成熟还差很远的生理阶段（可采成熟度）就采收和贮藏；有的果蔬经过短期或长期贮藏以后才能达到完熟。对这些还不充分和不完全成熟的果蔬，要进行催熟，以保证果蔬达到食用成熟度的最佳品质。

果蔬催熟是采用一些人工的措施，基本上是物理作用（温度、湿度）或物理作用与化学作用（例如乙烯）相结合，以促进酶的活性，增强果蔬的呼吸作用，促进其快速成熟。

三、实验材料

1. 原材料

涩柿、香蕉（未催熟）、番茄（由绿转白）、猕猴桃、芒果等。

2. 仪器设备与用具

催熟室（见图9-6）、温箱、果箱、聚乙烯薄膜袋（0.08 mm）、干燥器、温度计等。

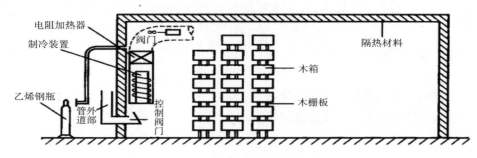

图 9-6　催熟室剖面图

①四壁和房顶要有隔热处理。

②通风系统要达到 30%~50% 的换气率（是指 1 h 内外部空气引入保鲜库的容积与空库容积之比）以利于气体交换和热交换。

③要有调节相对湿度的设备（增湿器和恒湿器）。

④要有用恒湿器调节的加热装置和冷却器。

⑤备有换气装置。

⑥有观测或记录室内温度和相对湿度的控制装置。

图 9-7 是可在厂棚里或地窖里建造的简易催熟室。这种催熟室没有冷却装置和空气更新设备。空气更新可利用顶部的通气窗进行，用风扇可使室内的空气均匀一致。在冬天必须有供热装置（热水或蒸汽）以便保持必要的温度（15~22 ℃）。

3. 试剂

酒精、乙烯利、石灰等。

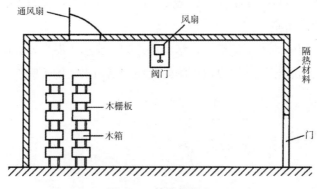

图 9-7　简易催熟室

四、果蔬催熟案例

（一）方案设计

1. 柿子脱涩

柿子脱涩流程如图 9-8 所示。

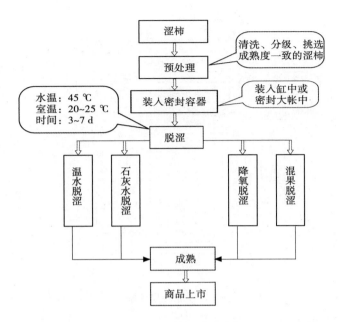

图 9-8　柿子脱涩流程

2. 香蕉催熟

香蕉催熟流程如图 9-9 所示。

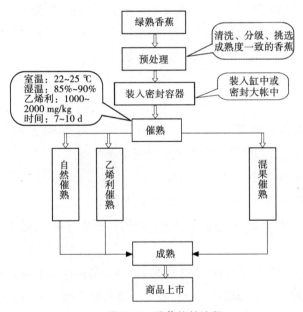

图 9-9　香蕉催熟流程

3. 番茄催熟

番茄催熟流程如图 9-10 所示。

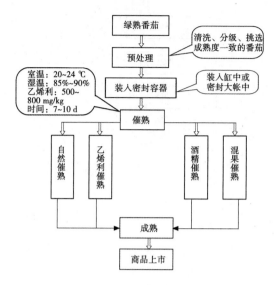

图 9-10　番茄催熟流程

（二）学生模仿设计方案

在教师的指导下，分组讨论设计果蔬催熟流程图。进行催熟方案的实施。

1. 柿子脱涩

（1）温水脱涩。取 10~20 个柿子，放在小盆中，加入 45 ℃温水，使柿子淹没，上压竹篦子，不使其露出水面，置于温箱中，将温度调至 40 ℃，经 16h 取出，用小刀削下柿子果顶，品尝其有无涩味，如涩味未脱可继续处理。

（2）石灰水浸果脱涩。用清水 50 kg，加石灰 1.5 kg，搅匀后稍加澄清，吸取上部清液，将柿子淹没在其中，经 4~7 d 取出，观察脱涩情况及脆度。

（3）自发降氧脱涩。将柿子放在 0.08 mm 厚聚乙烯薄膜袋内封口，将袋放在 22~25 ℃环境中，经 5 d 后，解袋观察脱涩、腐烂情况及脆度。

（4）混果催熟。取柿子 10~20 个，与梨或苹果混在干燥器中，置于温箱内，使温度维持在 20 ℃，经 4~7 d，取出观察柿子脱涩情况及脆度。

（5）对照。将柿子置于 20 ℃左右条件下，观察柿子涩味和质地的变化。

2. 香蕉催熟

（1）乙烯利催熟。将乙烯利配制成 1000~2000 mg/kg 的水溶液，取香蕉 5~10 kg，将香蕉浸泡在乙烯溶液中，随即取出，自行晾干，装入聚乙烯薄膜袋后置于果箱或筐内，将果箱封盖，置于温度为 20~25 ℃、湿度 85%~90% 的环境中，观察香蕉脱涩及色泽变化。

（2）对照。用同样成熟度的香蕉 5~10 kg，不加处理，置于相同温度、湿度的环境中，观察其脱涩及色泽变化。

3. 番茄催熟

（1）酒精催熟。番茄在由绿转白时采收，用酒精喷洒果面，放在果箱中密封，置于

20~24 ℃、湿度 85%~90% 的环境中，观察其色泽变化。

（2）乙烯利催熟。将番茄喷洒上 500~800 mg/kg 的乙烯利，用塑料薄膜密封，置于
20~24 ℃、湿度 85%~90% 的环境中，观察其色泽变化。

（3）对照。将同样成熟度的番茄，置于相同的温度条件下，观察其色泽变化。

4. 实训记录

（1）详细记录实训所做果蔬催熟的处理条件和催熟的效果。

（2）成本核算：将相关数据填入表 9-5 中。

表 9-5　成本核算表

产品名称	原料重 /kg	原料价格 /（元/kg）	催熟剂 /（元/kg）	成品重 /（元/kg）	成本核算 /（元/kg）
柿子脱涩					
香蕉催熟					
番茄催熟					

5. 作业及思考题

（1）通过实训有哪些收获？

（2）用文字或口述实训流程。

（3）小组在操作过程中出现了什么问题？是如何解决的？

实验十六　贮藏环境氧气和二氧化碳含量测定

一、实验目的及意义

（1）了解贮藏环境中氧气、二氧化碳气体的测定原理；

（2）学会贮藏环境中氧气、二氧化碳气体的测定方法；

（3）学会奥氏气体分析仪的使用方法；

（4）明确奥氏气体分析仪使用时的注意事项。

贮藏保鲜环境中的氧气和二氧化碳的含量，影响果蔬的呼吸作用，若二者的比例不
适当，会破坏果蔬的正常生理代谢，缩短贮藏寿命。在气调贮藏时随时掌握贮藏保鲜环
境中的氧气和二氧化碳含量的变化是十分重要的。

二、实验原理

测定果蔬贮藏保鲜环境中氧气和二氧化碳的方法有化学吸收法、物理化学测定法。
本实训采用化学吸收法，即应用奥氏气体分析仪，用氢氧化钾溶液吸收二氧化碳，以焦

性没食子酸碱性溶液吸收氧气，从而测出它们的含量。

三、实验材料

1. 原材料

苹果、梨、香蕉、番茄、黄瓜等各种水果、蔬菜。

2. 实验仪器与用具

奥氏气体分析仪、胶管铁夹、2 kg 塑料薄膜袋、乳胶管等。

3. 试剂级配制

（1）30% 焦性没食子酸碱性溶液（氧吸收剂）的配制：通常使用的氧吸收剂主要是焦性没食子酸碱性溶液。配制时，可称取 33 g 焦性没食子酸和 117 g 氢氧化钾，分别溶解于一定量的蒸馏水中，冷却后将焦性没食子酸溶液倒入氢氧化钾溶液中，再加蒸馏水至 150 mL。也可将 33 g 焦性没食子酸溶于少量水中，再将 117 g 氢氧化钾溶解在 140 mL 蒸馏水中，冷却后，将焦性没食子酸溶液倒入氢氧化钾溶液中，即配成焦性没食子酸碱性溶液。

（2）30% 氢氧化钾溶液（二氧化碳吸收剂）的配制：称取氢氧化钾 20~30 g，放在容器内，加 70~80 mL 蒸馏水，不断搅拌。配成的溶液浓度为 20%~30%。

（3）指示液配制：在调节瓶 1（压力瓶）中，装入 200 mL 80% 的氯化钠溶液，再滴入 2~3 滴 0.1~1.0 mol/L 的盐酸和 3~4 滴 1% 甲基橙，此时瓶中即为玫瑰红色的指示液，以便于测量，同时，当操作时，吸气球管中碱液不慎进入量气管内，即可使指示液呈碱性反应，由红色变为黄色，很快觉察出来。

四、实验方案

测定贮藏环境中氧和二氧化碳含量的流程如图 9-11 所示。

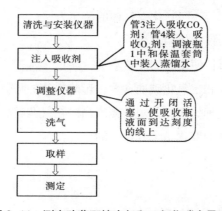

图 9-11 测定贮藏环境中氧和二氧化碳含量流程图

五、氧和二氧化碳测定

（一）奥氏气体分析仪的装置及各部分的用途（见图9-12）

（1）梳形管。在仪器中起着连接枢纽的作用，它带有几个磨口活塞连通管，其右端与量气筒2连接。左端为取气样口9，套上胶管即与欲测气样相连。磨口活塞5、6各连接一个吸气球管，控制着气样进出吸气球管。活塞7起调节进气、排气或关闭的作用。

（2）吸气球管。即图9-12中3、4又分甲、乙两部分，两者底部由一小的U形玻璃连通，甲管内装有许多小玻璃管，以增大吸收剂与气样的接触面。甲管顶端与梳形管上的磨口活塞相连。吸收球管内装有吸收剂，为吸收测定气样用。

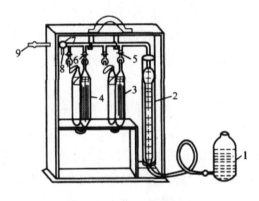

图9-12　奥氏气体分析仪

1—调节液瓶；2—量气筒；3，4—吸气球管；5，6—两通活塞；7—三通活塞；8—排气口；9—取气样口

奥氏气体分析仪是由一个带有多个磨口的活塞的梳形管，与一个有刻度的量气筒和几个吸气管相连接而成，并固定在木架上。

（3）量气筒。图9-12中2为有一刻度的圆管（一般为100 mL），底口通过胶管与调节液瓶1相连，用来测量气样体积。刻度管固定在一圆形套筒内。套筒上下应密封并装满水，以保证量气筒的温度稳定。

（4）调节液瓶。图9-12中1是一个有下口的玻璃瓶，开口处用胶管与量气筒底部相连，瓶内装有蒸馏水，由于它的升降，造成瓶内水位的变动而形成不同的水压，使气样被吸入或排出或被压进吸气球管使气样与吸收剂反应。

（5）三通磨口活塞。是一个带有T形通孔的磨口活塞，转动活塞7改变T形通孔的位置呈T状、⊢状、⊣状，起着取气、排气或关闭的作用。活塞5、6的通气孔呈L状，则切断气体与吸气球管的接触，呈l状，使气体先后进出吸气球管，洗涤二氧化碳或氧气。

（二）清洗与调整

（1）将仪器的所有玻璃部分洗净，磨口活塞涂凡士林，并装配好。在各吸气球管中注入吸收剂。管3注入浓度为30%氢氧化钾溶液，作吸收二氧化碳用。管4装入浓度为30%的焦性没食子酸和等量的30%的氢氧化钾混合液，作吸收氧气用。吸收剂要求达到球管口。在液瓶1中和保温套筒中装入蒸馏水。最后将取样口9接上待测气样。

（2）将所有的磨口活塞5、6、7关闭，使吸气管与梳形管不相通。转动7呈⊢状并高举1，排出2中的空气，以后转动7呈⊢状，关闭取气孔和排气口，然后打开活塞5下降1，此时3中的吸收剂上升，升到管口顶部时立即关闭5，使液面停止在刻度线上，然后打开活塞6同样使吸收液面到达刻度线上。

（3）洗气。右手举起1用左手同时将7转至⊢状，尽量排除2内的空气，使水面到达刻度100时为止，迅速转动7呈L状，同时放下1吸进气样，待水面降到2底部时立即转动7回到⊢状，再举起1，将吸进的气样再排出，如此操作2～3次，目的是用气样冲洗仪器内原有的空气，以保证进入2内的气样的纯度。

(4) 取样。

①洗气后转7呈L状并降低1，使液面准确达到零位，并将1移近2，要求1与2两液面同在一水平线上并在刻度零处，这时吸收了100mL气样。记录初试体积 V_i。

②然后将7转至⊢状，封闭所有通道，再举起1观察2的液面，如果液面不断往上升，说明有漏气，要检查各连接处及磨口活塞，堵塞后重新取样。若液面在稍有上升后停在一定位置上不再上升，说明不漏气，可以开始测定。

（5）测定。

①测定二氧化碳含量。转动5接通3管，举起1把气样尽量压入3中，再降下1，重新将气样抽回到2，这样上下举动1使气样与吸收剂充分接触，4~5次以后下降1，待吸收剂升到3的原来刻度线位置时，立即关闭5，把1移近2，在两液面平衡时读数，记录后，重新打开5，来回举动1，如上操作，再进行第二次读数，若两次读数相同，即表明吸收完全。否则重新打开5再举动1直至读数相同为止。记录测定体积 V_2。

②测定氧气含量。转动6接通4管，用上述方法测出氧气的含量 V_3。

6. 实验结果

$$w(O_2) = \frac{V_1 - V_2}{V_1} \times 100$$

$$w(CO_2) = \frac{V_2 - V_3}{V_1} \times 100$$

式中 $w(O_2)$——吸收氧气含量，%；

$w(CO_2)$——吸收二氧化碳含量，%；

V_1——量气筒初始体积，mL；

V_2——测定 CO_2 时残留气体体积，mL；

V_3——测定 O_2 时残留气体体积，mL。

7. 实训记录

（1）气调库温度、湿度结果记录。

（2）将氧气、二氧化碳气体测定结果记录在表 9–6 中。

表 9–6　氧气、二氧化碳气体测定结果记录表

测定气体	洗气后测定	测定时间 1	测定时间 2	测定时间 3
二氧化碳				
氧气				

六、作业及思考

（1）通过实训有哪些收获？

（2）用文字或口述实训流程。

（3）测定环境气体成分时为什么要先测定二氧化碳，后测定氧气？

（4）总结测定环境中二氧化碳、氧气含量的关键所在。

实验十七　果蔬贮藏病害的识别

一、实验的目的及意义

（1）学会识别当地主要果蔬贮藏中常见生理病害的典型症状和致病原因；

（2）学会识别主要感染性病害症状及病原物；

（3）识别病原菌的一般形态，为病原鉴定打基础，初步掌握徒手切片的制作方法、细菌革兰氏染色法、鞭毛染色法及绘制病原菌草图的基本技术。

二、果蔬贮藏期间的病害

（1）生理性病害是由于栽培管理粗放等原因造成果蔬生理性失调而表现的病害。常见的生理性病害有苹果苦痘病、虎皮病；梨黑心病、鸭梨黑皮病；柑橘水肿病、褐斑病、枯水病；香蕉冷害、马铃薯黑心病、蒜薹褐斑病、黄瓜冷害等。

（2）感染性病害是由于病原微生物侵入而引起果蔬腐烂变质的病害，具有传染性。其症状表现为肉眼可见的形态变化，有些症状也可用嗅觉、味觉或触摸进行观察。果蔬贮藏中常见的感染性病害有苹果和梨的轮纹病、褐腐病；柑橘青霉病、绿霉病、酸腐

病；葡萄炭疽病；草莓软腐病；大白菜细菌软腐病；花椰菜和青花菜黑斑病；番茄灰霉病等。

三、实验材料和仪器

（一）材料

1. 生理性病害材料

苹果苦痘病、虎皮病、红玉斑点病；梨黑心病；鸭梨黑皮病；柑橘水肿病、褐斑病、枯水病；香蕉冷害；马铃薯黑心病；蒜薹褐斑病；黄瓜、甜椒、扁豆、番茄等果菜类的冷害等症状标本和挂图。

2. 侵染性病害材料

实物标本、新鲜材料、挂图、病原菌玻片、多媒体教学课件（幻灯片、录像带、光盘等影像资料）。

（二）仪器与用具

显微镜、手持扩大镜、水果刀、载玻片、挑针、镊子等。

（三）试剂

结晶紫草酸铵染剂、碘液、复染剂、95% 酒精、硝酸银染液、香柏油、媒染剂、苯酚品红染剂等。

四、果蔬病害识别

1. 生理性病害识别

选择当地果蔬在贮运中的生理性病害，观察、记录主要生理性病害的症状特点，了解其致病原因，并填表 9-7。

表 9-7　果蔬生理性病害的主要症状表

编号	果蔬名称	病害名称	症状描述	病因分析	预防措施

2. 感染性病害识别

（1）感染性病害症状。

①苹果和梨的轮纹病、褐腐病。

苹果、梨轮纹病：初期病斑以皮孔为中心，呈水渍状褐色小圆点，后逐渐扩大为红褐色圆斑或近圆斑，并具明显深浅色泽不同的同心轮纹。病斑表面常分泌出茶褐色黏液，且自中央部分开始陆续形成散生的小黑点，即病原菌的分生孢子器，病斑之间可愈合。在高温条件下病斑迅速扩展，经3~5 d便使全果腐烂，发出酸臭气味。

苹果、梨褐腐病：病果初产生浅褐色软腐状小斑，后迅速向四周扩展，经5~7 d即可使整个果实腐烂。病果的果肉松软，海绵状略有弹性，不堪食用。在病斑扩大腐烂过程中，其中央部分形成很多突起的、呈同心轮纹排列的、褐色或黄褐色绒球状分生孢子座。此病在贮藏期气温较高时发病较多。

②柑橘青霉病、绿霉病、酸腐病。

柑橘青霉病、绿霉病：柑橘青霉病和绿霉病的症状基本相同，都是自蒂部或伤口处开始发病。病部先发软，呈水渍状，组织湿润柔软。青霉病病部稍凹陷，表面稍皱缩，指压易破裂；绿霉病则较紧实，不皱缩，2~3 d后二者都首先产生白色霉状物，然后中部产生青色或绿色粉状霉层。以后病部不断扩大，深入果肉内部，很快全果腐烂。病果果肉发苦，不堪食用。

柑橘酸腐病：一般发生在成熟果和久贮果，果实受到感染后出现水渍状斑点，病斑扩展至2 cm左右时便稍下陷，病部产生较致密的菌丝层，白色，有时皱褶呈轮纹状，后表面白霉状，果实腐败，流水，并发出酸味。

③葡萄炭疽病。通常在葡萄接近成熟或成熟时发病。果粒上病斑红褐色或紫红色，稍下陷，上同心轮纹排列小黑点或黏质橙色小粒，即病原菌的分生孢子盘或其上大量聚集的分生孢子。病粒掉地或形成僵果挂在果穗上或脱落。

④草莓软腐病。主要危害成熟浆果，病果变褐软腐、淌水，表面密生灰白色绵毛，上有点点黑霉，即病原菌的孢子囊。果实堆放，往往会严重发病。

⑤大白菜细菌软腐病。发病从伤口处开始，病部初呈浸润半透明状，后病部扩大，发展为明显的水渍状，表皮下陷，上有污白色细菌溢脓。病部内组织除维管束外全部软腐，并具恶臭。

⑥花椰菜和青花菜黑斑病。在花球上初为水渍状小黄点，后扩大长出黑色霉状物，即病原菌的子实体。严重时一个花球上有数十个黑斑。感病组织腐烂，但腐烂速度较慢。

⑦番茄灰霉病。在大多数情况下是先感染残留的花和花托，后延及果实和果柄。病果呈水浸状，灰白色，软腐，黑皮常开裂，流出汁液，病部长出的灰霉状物远比花托、果托上的少而稀疏。贮藏时好果与病果接触易感病。果蔬病害的病原菌主要是真菌，还有少量病害由细菌造成。

（2）制片观察真菌病原物。

①徒手制片的方法。病症类型各不相同，因此观察的方法也有所区别。只有采用合

适的制片方法，才能较好地观察病原物。常用的方法有：挑、刮、切、粘等。

挑：对生长茂密的霉状物或在表面生长的小黑点，可用挑针挑取少量病症制成玻片，所挑材料越少越好，以免材料重叠，观察不清。

刮：对生长十分稀少的霉状物，可用刀片沾少量水，在病部顺一个方向刮 2~3 次，将刮取物沾在载玻片上的水滴中，载玻片上的水滴应尽量少，以免病原物过于分散，不易观察。

切：对在表皮下或半埋生的小黑点，可用此法。若为干燥材料，可先用水湿润，以免材料过于干涩，不便切割。切割时，刀口与材料面应保持垂直，切下的病组织应越薄越细越好。

粘：对生长稀少的霉状物，也可用透明胶带纸粘取，之后在镜下观察。

②临时玻片标本制作。取清洁载玻片，中央滴加蒸馏水半滴，用挑针挑取少许病菌菌丝或子实体放入水滴中，然后自水滴一侧用挑针支持，慢慢加盖玻片即成。注意加盖玻片时不宜太快，以防形成大量气泡，影响观察。

（3）病原细菌革兰氏染色观察。

①涂片：在载玻片上涂病原菌菌液，用挑针搅匀涂薄，自然晾干。

②固定：将晾干后的涂片在酒精灯上方通过数次，使菌膜干燥固定，以载玻片不烫手为度。

③染色：在固定的菌膜上分别加 1 滴结晶紫草酸铵，染色 1 min。用水轻轻冲去多余的染液，或加碘液冲去残水，再加 1 滴碘液染色 1 min。用水冲洗碘液，滤纸吸去多余水分，再滴加 95% 酒精轻轻冲洗脱色 25~30 s。用水冲洗酒精，然后用滤纸吸干水分，用复染剂复染 10 s，水洗，吸干，镜检。

④油镜的使用方法：细菌形态微小，必须用油镜观察。将制片用低倍镜找到观察部位，然后在菌膜上滴少许香柏油，再把油镜转下使其浸入油滴中，使油镜轻触玻片，观察时用微调螺旋慢慢将油镜上提，直至观察的物像清晰为止。镜检完毕后，用擦镜纸蘸少许二甲苯轻拭镜头，除净镜头上的香柏油。

（4）病原细菌鞭毛染色观察。

①涂片：取洁净载玻片，将待测细菌菌液点在载玻片上，倾斜载玻片，自然晾干。

②染色：将媒染剂经滤纸过滤滴在菌膜上，染色 5~7 min，水洗，自然晾干；再用苯酚品红染剂染色 5 min，水洗，自然干燥。

③镜检：在油镜下检视，菌体和鞭毛呈红色。

（5）将上述观察的结果填入表 9–8 中。

表 9-8　果蔬感染性病害的主要症状表

编号	果蔬名称	病害名称	症状描述	病因分析	预防措施

五、作业

（1）通过实训有哪些收获？

（2）用文字或口述实训流程。

（3）能通过症状的描述，诊断出其属于哪种病害。

（4）记载染色结果，绘简图，并总结染色成功或失败的经验。

实验十八　果蔬贮藏案例

苹果、梨贮藏（案例一）

一、实验目的及意义

（1）了解苹果、梨适宜贮藏的品种；

（2）学会苹果、梨贮藏方案的设计；

（3）明确苹果、梨的贮藏环境条件；

（4）学会苹果、梨贮藏关键问题分析和控制；

（5）学会苹果、梨综合品质测定。

果品的种类很多，分北方果品、南方果品，早、中、晚熟果品，仁果、核果、浆果、干果、柑橘、香蕉类果品等。品种特性不同，贮藏方法不同，耐藏性不同，市场需求各异，贮藏时间长短不一。因此，抓住具有代表性的果品进行贮藏，如苹果、梨等，以最低的成本，保持最佳的品质，产生最好的效益是本实训最终的目的。通过该案例的贮藏方案设计和贮藏管理，为地方苹果和梨等水果优良品种进行长期贮藏保鲜，保证果蔬的品质，防止贮藏期病害的发生，保证上市时的果实品质达到市场的要求具有重要意义。

二、苹果、梨的贮藏原理

采收以后的苹果、梨，仍然是活的有机体，它们的生命特征主要是靠呼吸作用来维持体内正常的新陈代谢活动，贮藏就是采取一切措施，降低贮藏环境的温度、湿度，并调节氧和二氧化碳的浓度，降低苹果、梨的呼吸强度，使它们的呼吸代谢控制在维持生命活动的最低限，减少营养消耗，延长贮藏寿命。

三、实验材料和用具

1. 材料
苹果、梨等。

2. 仪器与用具
采后处理设施、冷库、奥式气体分析仪等。

四、方案设计与实施

（一）苹果、梨的贮藏实施方案设计

1. 首先考虑的问题
贮藏的品种是什么？贮藏的目的是什么？是暂时的市场需求贮藏，还是用于较长期的贮藏？确定了贮藏品种后，需要了解该品种的生长环境如何，比如，南方还是北方？热带水果还是温带或寒带水果？该品种的贮藏特性、所需的贮藏环境条件如何？贮藏量有多少？果农现有的贮藏场所在哪里？是冷藏、简易贮藏还是气调贮藏？根据以上因素确定贮藏方案。

2. 方案设计
以苹果、梨为例设计贮藏方案，如图 9-13 所示。

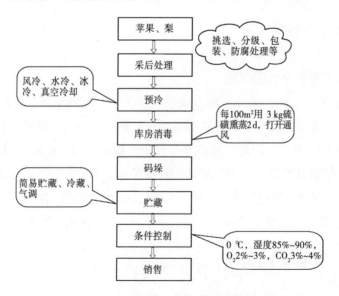

图 9-13　苹果、梨贮藏方案的设计流程

3. 学生模仿设计方案

（1）安排学生考察贮藏现场或仿真实景。

（2）在教师的指导下，通过多种信息渠道查询资料。关键词有：苹果、梨的贮藏方法、市场需求等。

（3）汇总查找到的相关资料。

（4）每人写一份贮藏方案。

（5）小组讨论，推荐一份较好的方案，小组再进行充分讨论，将每个同学好的思路补充完善到一个方案中。

（6）每组选一个代表，在全班讲解小组的设计方案，组员补充方案的内容。

（7）教师组织发动全班同学讨论、评价每个小组的方案，选出最佳的方案，作为最终定稿。

（二）苹果、梨的贮藏

1. 原料选择

选择当地耐贮藏品种。苹果多选用富士、国光、青香蕉、王琳、乔那金等；梨多选用鸭梨、雪花梨、黄金梨、圆黄梨、京白梨、南果梨等。同时注重所选果品的田间管理、施肥灌水的条件、病虫害防治的措施、树体管理水平、花果管理技术等，了解是否进行了无公害、绿色、有机栽培的认证，保证果品的卫生与食用安全。

2. 采收及采后处理

（1）采收。不同的品种成熟期不同，采收时间各异，但是，采收的生理成熟时间均是在呼吸高峰到来之前，即呼吸强度最低的时候采收，此时采收的果实可以较长时间的贮藏。如苹果中的富士、国光在 10 月中下旬采收为宜；青香蕉、王琳、乔那金在 10 月上旬采收为宜。梨中的鸭梨、雪花梨在 9 月中旬采收为宜；黄金梨在 9 月上旬采收为宜；圆黄梨在 8 月下旬采收为宜；京白梨、南果梨在 9 月上中旬采收为宜。采收时注意轻拿轻放，避免受机械伤。

（2）涂料处理。苹果、梨采后进行必要的涂料处理，既可使果品美观，增加果品的商品价值，又能更好地保持产品质量，延长贮藏寿命。

（3）分级包。按照苹果、梨的分级标准，根据苹果、梨的外观品质，如果形、色泽、果个大小进行分级；同时关注果实的内在品质，如可溶性固形物含量、有机酸含量等。包装的主要目的保护果实不受机械伤、不受微生物的感染、便于运输等，同时可增加产品的商品价值。

（4）预冷。温度是影响呼吸作用的最主要因素之一，对产品及时预冷，为果品长期贮藏打下良好的基础。冷却方式多采用风冷，风冷会造成苹果、梨的失水，预冷过程中注意采取保湿措施，防止水分的损失。

3. 库房消毒

在产品入库前对贮藏库进行整理、清扫和消毒处理。消毒方法：100 m² 空间常采用 1~1.5 kg 硫磺拌锯末点燃，密闭门窗熏蒸 48 h，然后通风；其次可用福尔马林 1 份加水 40 份，配成消毒液，喷洒地面及墙壁，密闭 24 h 后通风。再次可用漂白粉溶液喷洒消毒；待果品入库贮藏。

4. 贮藏技术

苹果、梨的贮藏方式很多，目前主要采用冷库贮藏和气调贮藏。由于贮藏环境比较理想，产品质量高。除此之外，也有采用沟藏、窖藏和通风库等贮藏形式。

（1）冷库贮藏。消毒降温后产品及时入库，入库摆放时要注意以下 3 点：一要利于库内的通风，通风不好会造成库温不均，影响贮藏效果；二要便于管理，利于人员的出入和对产品的检查；三要注意产品的摆放高度，防止上下层之间的挤压，以免造成损失。不同品种的苹果、梨要分库存放，有利于贮藏管理和防止产品之间的串味和催熟。

冷库贮藏苹果、梨时，温度调节要根据品种对温度的要求控制。多数苹果贮藏温度控制在 −1~0℃，梨的贮藏温度控制在 0℃。贮藏期间要注意通风换气，库内的湿度控制在 85%~95%，由于有制冷设施，冷却系统会结霜，使库内湿度降低，采用人工加湿或机械加湿的方法解决。同时冷却系统要经常除霜，防止因蒸发器结霜降低制冷效果。

贮藏期间经常进行产品检查，有问题及时处理。产品出库前将库温升至室温，防止果实表面结露，有利于微生物侵入造成危害。

（2）气调贮藏。一种为气调库贮藏（CA）；另一种为机械冷库内加塑料薄膜帐（或袋）的方式，简称简易（MA）贮藏。一般控制 O 为 2%~3%，CO_2 为 3%~5%。

气调库贮藏（CA）的气调库具有制冷、调控气体、调控气压、测控温、湿等设施，是商业上大规模贮藏苹果、梨的最佳方式。贮藏时间长、效果好，但设备造价高，操作管理技术比较复杂。发达国家在苹果、梨贮藏上应用较多。

（3）塑料薄膜大帐气调贮藏。在冷库内用塑料薄膜帐贮藏，薄膜帐由 5 个面的帐顶及一块大于底面积的帐底塑料组成。帐顶设有充气、抽气和取样袖口。安装后形成一个简易的气密室，采用 0.1~0.2 mm 厚的聚乙烯塑料黏合成大帐，容量根据贮藏量而定。贮藏时先铺帐底，上放枕木和砖块作垫衬，将预冷后的苹果、梨装箱后码垛，然后扣上帐顶，帐顶与帐底卷紧，用砖块将卷边压紧密封。

帐内的调气方式分为快速降氧和自发气调两种。快速降氧法：用抽气机将帐内气体抽出一部分，使帐子紧贴在果筐（箱）上，然后用制氮机或钢瓶氮作为氮源，通过充气袖口向帐内充气，使帐子鼓起，反复几次使帐内氧气降低。自发气调是指借助果蔬自身的呼吸作用，使得帐内创造低氧高二氧化碳的现象。贮藏期间每天要对帐内气体进行测定并调整。氧气浓度过低时向帐内补充空气。二氧化碳浓度过高时及时吸收排除。目前多用消石灰吸收二氧化碳，消石灰的用量为苹果 1%、梨 0.5%~1%。

（4）硅窗袋自发气调贮藏及塑料袋小包装。选用 0.06~0.08 mm 厚的聚乙烯薄膜袋，一般规格为 110 cm × 70 cm，可装苹果、梨 20~25 kg，在塑料袋上开一小窗口将硅橡胶塑料贴合上，达到自发调节气体的作用，硅窗面积依苹果、梨的品种及贮藏温度而定。一般为 20 cm × 20 cm。可以采用塑料袋直接贮藏。依靠苹果、梨的呼吸作用降低袋内氧气，同时提高二氧化碳的含量。长期贮藏时，中间可开袋放风，防止氧气含量过低或二氧化碳含量过高而对产品造成危害。

5. 贮藏期质量问题及控制

苹果贮藏时，常见生理病害主要是苹果虎皮病、苦痘病、果肉褐变病、二氧化碳中毒和缺氧伤害 4 种。苹果、梨的病理病害有很多种，如苹果（梨）轮纹病、苹果炭疽病、梨黑心病、梨锈病、梨黑斑病等。

以苹果虎皮病为例：苹果虎皮病（梨黑皮病）是苹果贮藏后期最主要的生理性病害，初期病部果皮呈不明显、不规则的淡黄色斑块，以后颜色加深，呈深褐色，微凹陷且起伏不平，严重时病斑连成片如烫伤状，病部果皮可成片撕下，皮下数层细胞变为褐色，症状多发生在不着色的背阴面，严重时才扩及阳面。主要诱因是果实采收过早，运输及贮藏前期呼吸代谢过量过旺，贮藏后期的温度过高、通风不良等。

6. 防治方法

适期采收，防止贮藏后期温度升高，并注意贮库和果窖的通风；气调贮藏；用含二苯胺（DPA）1.5~2 g/L 的包果纸单果包装或用二苯胺（DPA）2 g/L 加黏着剂制成溶液，浸泡片刻果实，晾干装箱，进行长期贮藏，能够完全控制虎皮病的发病率；用 0.25%~0.35% 乙氧基喹溶液浸泡片刻，晾干装箱；用上海生产的 BX-1 型特种保鲜纸包果处理，有明显效果。

（三）苹果、梨贮藏过程中的综合品质测定

1. 实验设计

刚采收的红星苹果，随机取 100 个果实，装箱并放到冷库贮藏，贮藏条件是温度 0 ℃、湿度 85%~90%，贮藏后，每月进行一次自然消耗和腐烂率的调查记录；同时，随机取 100 个果实，贮藏条件温度 20~22 ℃、湿度 85%~90%，贮藏后，每周进行一次自然耗和腐烂率的调查记录，直到果实不能食用为止；低温和常温处理均设 3 次重复。即常温下 300 个果，低温下 300 个果。

刚采收的红星苹果，随机取 100 个果实，装箱并放到冷库贮藏，贮藏条件是温度 0 ℃、湿度 85%~90%，贮藏后，每次取 5 个果实进行可溶性固形物含量的测定、果实硬度的测定、果实含酸量的测定、果实维生素 C 含量的测定等，每月测定一次；同时，随机取 100 个果实，贮藏条件温度 20~22 ℃、湿度 85%~90%，贮藏后，每次取 5 个果实进行可溶性固形物含量的测定、果实硬度的测定、果实含酸量的测定、果实维生素

C 含量的测定等，每周测定一次，直到果实不能食用为止；低温和常温处理均设 3 次重复，即常温下 300 个果，低温下 300 个果。

2. 测定内容

（1）苹果自然消耗的调查。入库前对常温和低温贮藏的 300 个果实（3 次重复）进行称重，低温下贮藏的果实每月再称重一次；常温下贮藏的果实每周再称重一次，直至贮藏结束。

（2）苹果腐烂率的调查。入库前对常温和低温贮藏的 300 个果实（3 次重复）进行称重腐烂率调查，低温下贮藏的果实每月再调查一次；常温下贮藏的果实每周再调查一次，直至贮藏结束。

（3）可溶性固形物含量的测定（折光仪法）。

（4）果实硬度的测定（硬度计法）。

（5）果实含酸量的测定（中和滴定法）。

（6）果实维生素 C 含量的测定（2，6- 二氯靛酚钠盐法）。

（7）果实综合品质评价。

3. 实验记录

将有关果实实验原始数据填入表 9-9~ 表 9-11 中。

表 9-9　果实自然消耗和腐烂率记录表

（测定日期：　年　月　日）

调查内容 1		调查记录				
		2	3	4	5	
自然消耗	常温					
	低温					
腐烂率	常温					
	低温					

表 9-10　果实可溶性固形物和硬度的记录表

（测定日期：　年　月　日）

调查内容 1		调查记录				
		2	3	4	5	平均值
可溶性固形物	常温					
	低温					
硬度	常温					
	低温					

表 9-11　果实中含酸量和维生素 C 含量的记录表

（测定日期：　　年　　月　　日）

调查内容 1		调查记录					
		2	3	4	5	平均值	
含酸量	常温						
	低温						
维生素 C 含量	常温						
	低温						

4. 实验结果初步分析

根据实验结果记录，对苹果贮藏过程中的自然消耗、腐烂率、可溶性固形物、硬度、有机酸含量、维生素 C 含量等综合品质指标进行逐一分析，整理表格或画出图形，得出相应的结论；同时，对以上综合品质的变化和相互之间的影响进行综合的评价分析。

5. 完成实验报告

查找有关资料，了解别人的实验结果，找出自己实验的创新点。

按照科研论文的标准格式撰写论文。

五、作业与思考

（1）为了设计好苹果、梨的贮藏方案，都做了哪些准备？

①查找了哪些资料？

②有哪些设想？

（2）通过相关实验操作后，用关键词描述收获体会。

（3）小组在实验过程中遇到了什么问题？是如何解决的？

马铃薯贮藏（案例二）

一、实验目的

（1）了解马铃薯适宜贮藏的品种；

（2）学会马铃薯贮藏方案的设计；

（3）明确马铃薯的贮藏环境条件；

（4）学会马铃薯贮藏关键问题分析和控制；

（5）学会马铃薯综合品质测定方法。

二、实验原料特征

　　蔬菜的种类很多，耐藏性各异。食用的部位与种类密切相关，一般主要食用根菜类的根部、叶菜类的叶部、果菜类的果实、茎菜类的茎部、食用菌的全部等。马铃薯又称土豆、洋芋、山药蛋，属茄科植物，食用器官为地下块茎。马铃薯富含淀粉和蛋白质，菜粮兼用，又可用做饲料，也是淀粉、酒精、葡萄糖等的工业原料。

三、材料和用具

1. 材料
　　马铃薯。

2. 设施、仪器与用具
　　采后处理设施、冷库、奥氏气体分析仪等。

四、贮藏方案设计

1. 首先考虑的问题
　　贮藏的目的是什么？贮藏的种类是什么？是暂时的市场需求贮藏还是用于较长期的贮藏？确定了贮藏种类后，需要了解该种蔬菜的生长环境如何，是露地栽培还是温室生产？该品种的贮藏特性、所需的贮藏环境条件如何？贮藏量有多少？菜农现有的贮藏场所在哪里？是冷藏、简易贮藏还是气调贮藏？根据以上因素确定贮藏方案。

2. 方案设计
　　以马铃薯为例的设计贮藏方案，如图 9-14 所示。

3. 学生模仿设计方案
　　（1）安排学生考察贮藏现场或仿真实景。

　　（2）在教师的指导下，通过多种信息渠道查询资料。关键词有：马铃薯、贮藏、贮藏方法、市场需求等。

　　（3）汇总查找到的相关资料。

　　（4）每人写一份贮藏方案。

　　（5）小组讨论，推荐一份较好的方案，小组再进行充分讨论，将每个同学好的思路补充完善到一个方案中。

　　（6）每组选一个代表，在全班讲解小组的设计方案，组员补充方案的内容。

　　（7）教师组织发动全班同学讨论、评价每个小组的方案，选出最佳的方案，作为最终定稿。

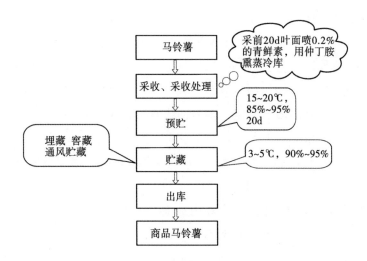

图 9-14　马铃薯贮藏方案的设计流程

五、马铃薯的贮藏

1. 采收

适时收获非常重要，特别应注意的是作为秋收、冬收、冬贮的马铃薯，秋雨多的地区或年份，应收在雨前；秋霜早易出现寒流的地区和年份，应在霜前收获，以防涝防冻。在生长发育后期不能灌水过多，收获时应选择晴天进行，先割植株耕翻出土后，在田间晾晒块茎，适量排出代谢水，使其适应生理代谢的需要，也便于贮藏和运输。

2. 采后处理

马铃薯收获时正值高温季节，应放在阴凉通风的窖内或阴棚下堆放预贮。预贮可以加速伤口愈合，防止病菌从伤口侵入，提早进入休眠期。马铃薯采收时很容易造成机械损伤，伤口愈合只有在较高的温度下才能形成木栓组织，一般环境中有足够的氧气，有漫射光或昏暗弱光照射，温度在 15~20 ℃，湿度为 85%~95%，需要 5~7 d 就可形成致密的木栓质保护层。因此马铃薯块茎收获后，放在 12~15 ℃下，不但有利于迅速进入生理休眠期，而且还能加速伤口愈合。同时还能散去田间热和过多水分，所以收获后最好晒晾 0.5 d。

马铃薯在成熟的过程中，内部形成大量的淀粉、蛋白质等高分子化合物，使马铃薯原生质胶体从溶胶态转变成凝胶态，在这种转变过程中，必须排除过多的游离水。因此马铃薯收获后，催汗是适应生理代谢的需要，也有利于长期贮藏。

3. 贮藏技术

马铃薯按栽培季节和茬次可大致分为两季作区和单季作区，两季作区又分为春秋两季，分别用做夏贮和冬贮。

（1）埋藏。留种用的马铃薯采用此方法，要求从头一年的秋季收获后开始一直贮藏到第二年 7 月上旬为止。如采用一般窖藏的方法，到了第二年 5 月以后种薯会大量发芽而影响种性。最近几年，各地采用马铃薯简易小型闷窖贮藏措施，获得了较好的贮藏效果。马铃薯夏播留种是防止马铃薯退化的方法之一，具体做法是：埋藏窖的地址宜选在土壤高燥处，埋藏窖的深浅可根据各地气候条件不同而异。黑龙江省南部地区窖深为 2 m、宽为 1 m，窖长依贮藏量而定，窖内种薯堆的高度为 1.6 m，窖顶铺放横木，再铺放秫秸捆，其上覆土 80 cm 以上。在"三九"天之前，为防止马铃薯受冻，在窖上再覆 1 m 以上的柴草。这种简易贮藏方法可贮藏到次年 6 月底，很少有发芽和腐烂的薯块，保证了夏播马铃薯种薯的安全贮藏。

（2）窖藏和通风库贮藏。主要采用棚窖，在黑龙江省为 3 m 深，陕北地区为 2~2.5 m 深，窖坑宽多为 2~3 m，顶架木料或秸秆等，其上再覆土，厚度视各地气候条件而定，一般为 45~50 cm，窖口多为 70 cm×70 cm。窑窖是山区贮藏马铃薯普遍采用的形式。在通风贮藏库内有堆藏也有筐藏，堆一般高不超过 2 m，中间设通风筒。黑龙江省通风贮藏库内，常将马铃薯堆成 2 m 高的方堆，其内设通风筒，沟内设置鼓风机，以吹风调节堆内温度。

在管理上主要是控制贮藏环境适宜的温度条件，要求适宜的温度为 3~5 ℃。关于控制窖温的经验是"两头热中间冷"，意思是贮藏前期和后期要注意防热，中期防寒。因此在贮藏过程中，温度的管理主要是防热和防冻。湿度管理是应使窖内湿度控制在 80%~85%，湿度高易发生腐烂。同时还要防止马铃薯发芽，用药剂处理薯块，如用 α 萘乙酸甲酯粉剂，用药量是薯块质量的 0.04%~0.06%，为了撒拌均匀，首先把药剂用 7.5~15 kg 细土拌匀制粉剂，然后再均匀地撒在薯块堆中，一般在休眠中期处理，不能过晚，以免影响药效，据报道，在收前用 0.25% 的 MH 制剂溶液处理马铃薯植株也有抑制马铃薯贮藏期间发芽的效果。在国外对于食用的马铃薯，在采收前后用 8~15 kR（1 R=2.58×10⁻⁴ C/kg）的 γ 射线辐照马铃薯块茎，有明显的抑制发芽的作用，对人体无影响。

六、小型科研课题设计

1. 题目

不同温度处理对马铃薯发芽和糖化的影响。

2. 实验设计

取 900 个马铃薯，分别进行湿度 85%~90% 下，0~1 ℃、3~5 ℃、8~10 ℃三个不同温度的处理，每一个处理 300 个马铃薯，每 100 个作为一次重复处理；另选 300 个马铃薯进行常温处理作为对照，同样重复 3 次，每次 100 个。

3. 调查内容

（1）不同温度处理对马铃薯发芽的影响。采用观察法，定期观察马铃薯的发芽状况，每隔 20 d 观察一次，并记录马铃薯发芽的数量，同时注意马铃薯的衰老情况。

（2）不同温度处理对马铃薯糖化的影响。采用检测法，每隔 20 d 测定一次马铃薯的淀粉含量，了解马铃薯糖化的进程。

4. 实验记录

将实验数据填入表 9-12 和表 19-3 中。

5. 实验结果初步分析

实验结束后，会得到一组有用的数据，及时整理数据并进行分析，3 个不同温度处理，哪一温度条件下最早发芽？哪一温度条件下最晚发芽？发芽早的，说明最先通过休眠，发芽晚的是最后通过休眠，最后通过休眠的就是控制马铃薯贮藏过程中发芽的最适宜温度。3 个不同温度处理，哪一温度条件下淀粉含量最高，说明糖化的速度最慢，该温度条件是控制马铃薯糖化的最适宜温度。

表 9-12　不同温度处理对马铃薯发芽的影响

不同处理		发芽记录				
		1	2	3	4	5
0~1 ℃	A1					
	A2					
	A3					
3~5 ℃	B1					
	B2					
	B3					
8~10 ℃	C1					
	C2					
	C3					
CK	CK1					
	CK2					
	CK3					

表 9-13　不同温度处理对马铃薯糖化的影响

不同处理		发芽记录				
		1	2	3	4	5
0~1 ℃	A1					
	A2					
	A3					
3~5 ℃	B1					
	B2					
	B3					
8~10 ℃	C1					
	C2					
	C3					
CK	CK1					
	CK2					
	CK3					

6. 完成实验报告

（1）查找有关资料，了解别人的实训结果，找出自己实训的创新点。

（2）运用自己的实验结果，按照科研论文的标准格式撰写论文。

第十部分　果蔬采后处理（加工篇）

实验一　果蔬加工过程中褐变的防止

一、实验目的及意义

（1）通过实验现象的观察，了解各类褐变现象；

（2）通过观察比较，掌握影响各类褐变的因素及控制褐变的方法。

在果蔬加工中，尽量保持果蔬原有的色泽，是果蔬加工的目标之一。但是，原料中所含的各种化学物质，在加工环境条件不同时，会产生各种不同的化学反应而引起产品色泽的变化，甚至使色泽劣变。通过实验了解新鲜果蔬褐变、褪绿等易发生色泽变化的原因及控制变色的方法。

二、实验原理

新鲜果蔬在加工过程中产生的损伤，易使果蔬原有的色泽变暗或变为褐色，这种现象称为褐变。果蔬食品的褐变，不仅影响外观、质地，而且严重影响其风味和营养价值，成为制约果蔬加工业发展的常见质量问题。褐变可分为两大类：一类是氧化酶催化下的多酚类物质的氧化和抗坏血酸氧化，称为酶促褐变；另一类如美拉德反应、焦糖化作用、抗坏血酸反应等产生的褐变没有酶的参与，称为非酶褐变。酶促褐变是果蔬加工中最常发生的褐变。

酶促褐变多发生在较浅色的水果和蔬菜中，如苹果、香蕉、杏、樱桃、葡萄、梨、桃、草莓和马铃薯等，在组织损伤、削皮、切开时，细胞膜破裂，相应的酚类底物与酶接触，在有氧情况下，发生酶促褐变。催化酶促褐变的酶类主要为多酚氧化酶（PPO）和过氧化物酶（POD）。含有多酚类的果蔬在多酚氧化酶的催化下，首先氧化成邻醌；然后邻醌或未氧化的邻二酚在酚羟基酶催化下进行二次羟基化作用，生成三羟基化合物；邻醌再将三羟基化合物氧化成羟基醌；羟基醌易聚合而生成黑色素。

酶促褐变可以通过热烫、化学试剂处理的方法进行控制。高温可以促使氧化的酶类（PPO、POD）丧失活性，因而生产中常常利用热烫防止酶褐变。一些化学试剂可以降低介质中的 pH 和减少溶解氧，起到抑制氧化酶类活性的作用，防止或减少变色。

三、实验材料

1. 原材料

苹果、马铃薯。

2. 仪器设备及用具

小刀、恒温水浴、电炉、表面皿、温度计、烧杯、电子天平。

3. 试剂药品

1.5% 的愈创木酚，3% 的过氧化氢，5% 的维生素 C，5% 的过氧化氢，5% 的氯化钠，5% 的柠檬酸，5% 的亚硫酸氢钠，1% 的植酸，1% 的邻苯二酚。

四、实验步骤

1. 观察酶褐变的色泽

（1）马铃薯人工去皮，切成 3 mm 厚的圆片，置于表面皿上。在切面上滴 2~3 滴 1.5% 的愈创木酚，再滴 2~3 滴 3% 的过氧化氢，由于马铃薯中过氧化物酶的存在，愈创木酚与过氧化氢经酶的作用，脱氧而产生褐色的络合物。

（2）苹果人工去皮，切成 3 mm 厚的圆片，置于表面皿上。滴 1% 的邻苯二酚 2~3 滴，由于多酚氧化酶的存在，而使原料变成褐色或深褐色的络合物。

2. 防止酶褐变

（1）热烫。将 3 mm 厚的马铃薯片投入沸水中，待再次沸腾计时，每隔 1 min 取出一片马铃薯，置于表面皿上。在热汤后的切面上分别滴 2~3 滴 1.5% 的愈创木酚和 3% 的过氧化氢，观察其变色的速度和程度，直到不变色为止。

（2）化学试剂处理。此部分实验可由每组学生独立自主设计，根据查找的资料，每组选择一种化学试剂（维生素 C，过氧化氢，氯化钠，柠檬酸，亚硫酸氢钠，植酸），配制 5 个不同浓度梯度的化学试剂。

将切片的苹果取 7 片分别投入到清水、5 个不同浓度梯度的化学试剂中护色 20 min，取出沥干，观察并记录其色泽变化（也可应用色差仪测定其颜色变化）。以暴露在空气中的作为对照。各组学生分别观察自己组别的试剂处理效果，并与其他组别选择的试剂做比较，发现不同防褐变试剂的作用效果差异。

五、实验案例

（一）蘑菇的护色实验

1. 实验目的

通过实验观察，进一步了解果蔬褐变现象及其控制方法。

2. 材料与用具

蘑菇、焦亚硫酸钠、氯化钠、电炉、锅。

3. 工艺流程

原料→护色→漂洗→沥干、冷却→37℃保温→感官评价。

4. 工艺步骤

（1）原料：蘑菇应菌伞完整、无开伞、颜色洁白、无褐变及斑点。

（2）护色：采用不同的护色剂护色。

①取 10 g 左右原料，放在玻璃杯中，摇动玻璃杯时蘑菇受到一定的机械撞击，以使其出现轻重不等的机械伤，放置于空气中 1 h 后，再在 0.1% 焦亚硫酸钠溶液中浸泡 2 min。

②取 10 g 原料立即浸入清水中放置 30 min。

③取 10 g 原料，立即浸入 300 mg/kg 焦亚硫酸钠中，30 min。

④取 10 g 原料，立即浸入 0.8% 的氯化钠水中，30 min。

⑤取 10 g 原料，立即浸入 500mg/kg 焦亚硫酸钠中，2 min。

（3）漂洗：上述 5 种护色后原料以流动水漂洗 30 min。

（4）预煮：预煮时，菇∶水 =2∶3，水中加入 0.1% 柠檬酸，在 95~98℃的条件下预煮 5~8 min，煮后以流动水漂洗 30 min。

5. 产品检验

将上述待测品①～⑤在 37℃下保温 1~3 d，从蘑菇的颜色角度对护色效果做感官的评价，比较得出最佳的护色方法。

（二）叶绿素变化及护绿实验

1. 实验目的

（1）了解果蔬加工过程中的叶绿素变化现象；

（2）通过观察比较，了解护绿原理，掌握不同的护绿方法。

2. 实验原理

叶绿素是绿色果蔬呈色的主要物质。在果蔬加工过程中，对叶绿素的保护是提高果蔬品质的重要措施之一。但是，果蔬的呈绿物质——蓝绿色与黄绿色叶绿素 a、b，是一种不稳定的物质，不耐光、热、酸等，不溶于水，易溶于碱、乙醇与乙醚，在碱性溶液中，皂化为叶绿素碱盐。果蔬中的叶绿素是与脂蛋白结合的，脂蛋白能保护叶绿素免受其体内存在的有机酸的破坏。叶绿素 a 的四吡咯结构中镁原子的存在使之呈绿色，但在酸性介质中很不稳定，变为脱镁叶绿素，外观由绿色转变为褐绿色，特别是受热时，脂蛋白凝固而失去对绿色的保护作用，继而与果蔬体内释放的有机酸作用，使叶绿素脱镁。

研究发现，遇酸脱镁的叶绿素在适宜的酸性条件下，用铜、锌、铁等离子取代结构中的镁原子，不仅能保持或恢复绿色，且取代后生成的叶绿素对酸、光、热的稳定性相对增强，从而达到护绿目的。

3. 实验材料

（1）实验原料。芹菜、莴笋叶、小白菜等富含叶绿素的蔬菜。

（2）仪器设备及用品。小刀、恒温水浴、电炉、表面皿、温度计、烧杯、电子天平。

（3）试剂药品。$0.5\%NaHCO_3$；$0.1\%HCl$；$0.05\%Zn(AC)_2$。

4. 实验步骤

（1）将洗净的原料各数条分别在 $0.5\% NaHCO_3$，$0.1\%HCl$，$0.05\%Zn(AC)_2$ 溶液中浸泡 30 min，捞出沥干明水。

（2）将经以上处理的原料放入沸水中处理 2~3 min，取出立即在冷水中冷却，沥干明水。

（3）将洗净的新鲜蔬菜在沸水中烫 2~3 min，捞出立即冷却，沥干明水。

（4）取洗净的新鲜蔬菜 4 或 5 条。

（5）将以上（1）~（4）处理的材料放入 55~60 ℃烘箱中恒温干燥，观察不同处理产品的颜色。

5. 思考题

（1）果蔬褐变或褪绿等变色现象的原理是什么？

（2）不同的护色方法与条件对苹果、马铃薯和蘑菇的护色效果有何区别？

实验二　果蔬罐头的加工

一、实验目的及意义

（1）理解果蔬罐头加工的基本原理；

（2）了解原料对果蔬罐头加工品质的影响；

（3）明确几种典型果蔬罐头的生产工艺条件；

（4）熟悉工艺操作要点及成品质量要求；

（5）学会典型果蔬罐头的制作方法。

果蔬罐藏是将新鲜果蔬预处理后，经过装罐、加热排气、密封、杀菌等一系列加工工序而进行保藏的一种加工方法。通过本实验了解果蔬罐头的种类及发展状况，了解果蔬罐藏的基本原理和罐头加工工艺上的变革，掌握果蔬制作罐头时的一般工艺方法和一些特性，并掌握罐头成品外观及物理指标检验的方法，由此对进一步提高罐头品质提出自己的设想和措施。

二、实验原理

新鲜果品或蔬菜由于其自身酶的作用或微生物感染而引起腐败变质，而果蔬罐头加工过程中采取了加热、排气、密封、加热杀菌等一系列措施，抑制或破坏了引起果品蔬菜的腐败变质的酶，有效地预防了微生物的感染，从而达到长期保存的目的。加热杀灭大部分微生物，抑制酶的活性，软化原料组织，固定原料品质；排气除去果蔬原料组织内部及罐头顶隙的大部分空气，抑制好气性细菌和霉菌的生长繁殖，有利于罐头内部形成一定的真空度，保证大部分营养物质不被破坏；密封使罐内与外界环境隔绝，防止有害微生物的再次侵入而引起罐内食品的腐败变质；加热杀菌杀死一切有害的产毒致病菌以及引起罐头食品腐败变质的微生物，改善食品质地和风味，实现罐内食品长期保藏的目的。总之，利用密封原理，防止罐内食品受到二次污染；利用杀菌原理，杀灭对罐内食品产生危害的微生物及酶类；通过排气操作，消除罐内对食品产生不良影响的氧气。

三、材料和仪器设备

1. 材料

梨、柑橘、蘑菇、蔗糖、柠檬酸、氢氧化钠、盐酸、焦亚硫酸钠、食盐等。

2. 仪器与用具

玻璃或锡铁罐、夹层锅、削皮刀、挖果心刀、糖量计、温度计、台秤、杀菌器等。

四、工艺流程（糖水梨罐头）

原料（梨）→原料处理（挑选、洗涤、切分、去核，投入到0.1%~0.2%的盐溶液中浸渍）→热汤（沸水热烫5~10 min）→装罐（瓶罐事先消毒）→排气→密封→杀菌（5~30 min/100 ℃）→冷却（在70 ℃、50 ℃、30 ℃下逐步冷却）→糖水梨罐头。

五、罐藏产品加工案例

（一）糖水梨罐头的加工

1. 原料选择及处理

选择成熟度一致、无病虫害及机械损伤的果实，用削皮刀去皮并对半切开，用挖果心刀挖去果心，立即投入 0.1%~0.2% 的柠檬酸水溶液或 1%~2% 的食盐水溶液中，以防变色。

2. 热烫

经整理过的果实，投入沸水中热烫 5~10 min，软化组织至果肉透明为度，

投入冷水中冷却，并进行整修。

3. 装罐、注液

经热烫、冷却、整修后的果实，装玻璃罐或锡铁罐，装罐时果块尽可能排列整齐并称重，然后注入 80℃ 的热糖液（糖液含 0.1%~0.2% 柠檬酸）。

糖液配制：所配糖液的浓度，依水果种类、品种、成熟度、果肉装量及产品质量标准而定。我国目前生产的糖水水果罐头，一般要求开罐糖度为 14%~18%。每种水果罐头加注糖液的浓度，可根据下式计算：

$$y=\frac{m_3 z-m_1 x}{m_2}$$

式中，m_1——每罐装入果肉质量，g；

m_2——每罐注入糖液质量，g；

m_3——每罐净重，g；

x——装罐时果肉可溶性固形物质量分数，%；

z——要求开罐时的糖液浓度（质量分数），%；

y——需配制的糖液浓度（质量分数），%。

生产中常用折光仪或糖度计来测定糖液浓度。由于液体密度受温度的影响，通常其标准温度多采用 20 ℃，若所测糖液温度高于或低于 20 ℃，则所测得的糖液浓度还需加以校正。

4. 排气及封罐

装满的罐，放在热水锅或蒸汽箱中，罐盖轻放在上面，在 95 ℃ 左右下加热至罐中心温度达到 75~85 ℃，经 5~10 min 排气，立即封盖。

5. 杀菌及冷却

封罐后将罐放到热水锅中继续煮沸 20~30 min，然后逐步用 70 ℃、50 ℃、30 ℃温水冷却，擦干（锡铁罐可以直接投入冷水中冷却至罐温 40 ℃，擦干），贴标签，注明内容物种类及实验日期。

（二）糖水橘子罐头的加工

（1）原料选择。宜选择容易剥皮，肉质好，硬度高，果瓣大小较一致，无核或少核的品种，如温州蜜柑、本地早、红橘等。果实完全黄熟时采收。

（2）选别、清洗。剔除腐烂、过青、过小的果实。果实横径在 45 mm 以上。按果实的大小、色泽、成熟度分级。大小分级按果实大、中、小分成 3 级。最大横径每差 10 mm 分为一级。分级后的果实用清水洗净表面尘污。

（3）热烫。热烫是为了使果皮和果肉松离，便于去皮。热烫的温度和时间因品种、果实大小、果皮厚薄、成熟度高低而异。一般在 90~95 ℃热水中烫 40~60 s。要求皮烫肉不烫，以附着于橘瓣上的橘络能除净为度。热烫时应注意果实要随烫随剥皮，不得积压，不得重烫，不可伤及果肉。另外，热烫水应保持清洁。

（4）去皮、去橘络、分瓣。去皮、分瓣要趁热进行，从果蒂处一分为二，翻转去皮并顺便除去部分橘络，然后分瓣。分瓣时手指不能用力过大，防止剥伤果肉而流汁。同时剔除僵硬、畸形、破碎的橘片，另行加工利用。

（5）酸、碱处理及漂洗。酸、碱处理的目的是去橘瓣囊衣，水解部分果胶物质及橙皮苷，减少苦味物质。酸、碱处理要根据品种、成熟度和产品规格要求而定。酸处理时，一般将橘片投入浓度为 0.16%~0.22%、温度为 30~35 ℃的稀盐酸溶液中浸泡 20~25 min。浸泡后用清水漂洗 1~2 次。接着将橘片进行碱处理，烧碱溶液的使用浓度一般为 0.2%~0.5%，温度为 35~40，浸泡时间为 5~12min。浸碱后应立即用清水冲洗干净，并用 1% 柠檬酸液中和，以去除碱液，改进风味。

（6）漂检。漂洗后的橘肉，放在清水盆中用不锈钢镊子除去残余的囊衣、橘络、橘核等，并将橘瓣按大、中、小三级分放。

（7）装罐。空罐先经洗涤消毒，然后按规格要求装罐。橘肉装入量不得低于净重的 55%，装好后，加入一定浓度的糖液（可按开罐浓度为 16% 计算糖液配制浓度），温度要求在 80 ℃以上，保留顶隙 6 mm 左右。

（8）排气、封罐。一般用排气箱热力排气约 10 min，使罐内中心温度达到 65~70 ℃为宜，然后立即趁热封口；若用真空封罐机抽气密封，封口时真空度为 30~40kPa。

（9）杀菌、冷却。按杀菌公式 5 min/~20 min/100 ℃进行杀菌，然后冷却（或分段冷却）至 38~40 ℃。

（10）擦罐、入库。擦干罐身，在 20 ℃的库房中存放 1 周，经敲罐检验合格后，贴上商标即可出厂。

（三）盐水蘑菇罐头的加工

1. 选料

应该选择色泽洁白、菌伞完整、无机械伤疤和病虫害的新鲜蘑菇，菌伞直径要求在

4 cm 以下。

2. 采运、护色

蘑菇采后极易开伞和褐变。因此采后要立即进行护色处理，并避免损伤，迅速运送到工厂加工。护色方法有：用 0.03% 的焦亚硫酸钠浸泡 2~3 min，捞出后用清水浸没运送；或用该溶液浸泡 10 min，捞出用薄膜袋扎严袋口，放入箱内运送。运回车间后用流动水漂洗 40 min，进行脱硫并除去杂质。还可直接用 0.005% 的焦亚硫酸钠溶液将蘑菇浸没运送回厂，此浓度不必漂洗即可加工。

3. 预煮、冷却

用 0.1% 的柠檬酸溶液将蘑菇煮沸 8~10 min、以煮透为准。蘑菇与柠檬酸液之比为 1：1.5，预煮后立即放入冷水中冷却。

4. 分级、修整

按大、中、小将蘑菇分级，对泥根、菇柄过长及起毛、病虫害、斑点菇等进行修整。不见菌褶的可作整只或片菇。凡开伞（色不发黑）、脱柄、脱盖及菌盖不完整的作碎片菇用。

5. 复洗

把分级、修整或切片的蘑菇再用清水漂洗 1 次，漂除碎屑，滤去水滴。

6. 装罐

500 g 玻璃罐装蘑菇量为 290 g，注入 2.3%~2.5% 的盐水（温度控制在 80 ℃ 以上，盐水中加入 0.05% 的柠檬酸）。

7. 排气、密封

排气密封，罐中心温度要求达到 70~80 ℃；真空抽气为 0.047~0.053 MPa。

8. 杀菌、冷却

按杀菌式 10~20 min 反压冷却 /121 ℃，杀菌后迅速冷却至 38 ℃ 左右。

六、实验记载项目

将上述 3 种罐头制品加工中测定的数据填入表 10-1 中。

表 10-1　测定数据表

产品名称	原料质量 /kg	整理后净重 /kg	糖液（盐水）浓度	装罐果肉重 /kg	数量
糖水梨罐头					
糖水橘子罐头					
盐水蘑菇罐头					

七、问题与思考

（1）为了做好罐头加工方案，都做了哪些准备？

①查找了哪些资料？

②有哪些设想？

（2）利用所学的知识，谈谈罐头加工方案的确定从哪几个方面考虑？

①罐头杀菌的温度和时间，应根据哪些因素决定？

②盐水蘑菇罐头冷却时，为何要选择高温杀菌和反压冷却？

③加工罐头时，为何有时会出现同一批产品的开罐糖液浓度相差较大？如何避免？

（3）简述糖水橘子罐头白色沉淀的产生原因及其防治措施。

（4）简述蔬菜类罐头胀罐的原因及其防治措施。

实验三　果蔬汁饮料的制作

一、实验目的及意义

（1）理解果蔬汁制品加工的基本原理；

（2）明确澄清型果蔬汁和浑浊型果蔬汁制品生产工艺条件；

（3）熟悉工艺操作要点及成品质量要求；

（4）学会澄清型果蔬汁和浑浊型果蔬汁制品的制作方法；

（5）学会不同果蔬的榨汁方法和提高出汁率的方法；

（6）学会澄清型果蔬汁的澄清方法；

（7）能够解决果蔬汁生产中的变色、浑浊和沉淀等质量问题。

果汁饮料的生产是采用压榨、浸提、离心等物理方法，破碎果实制取果汁，再加入食糖和食用酸味剂等混合调整后，经过脱气、均质、杀菌及灌装等加工工艺，脱去氧、钝化酶、杀灭微生物等，制成符合相关产品标准的果汁饮料。加工后的果汁经消毒密封后可较长时间保存，另外果品制作果汁后，重量和体积都大为减少，且易于储运，是果品保藏的一种特殊形式。

二、果蔬汁分类

1. 原汁：由新鲜水果蔬菜直接制取的汁液

（1）澄清果蔬汁：澄清果蔬汁也称为透明果蔬汁，外观呈清亮透明的状态，原料经过提取后所得的汁液往往含有一定比例的微细组织及蛋白质、果胶物质等，使汁液混浊不清，放置一段时间后，出现分层，产生沉淀，经过滤、静置或加澄清剂处理后，即可得到澄清透明的果蔬汁。这种果蔬汁由于组织微粒、果胶质等部分被除去，虽然制品的稳定性高，但风味、色泽和营养价值亦由此受到损失，故大部分国家均提倡生产浑浊果蔬汁。

（2）浑浊果蔬汁：浑浊果蔬汁的外观呈浑浊均匀的液态，果蔬汁内含有微粒。其制作工艺与澄清汁有所不同。不经澄清处理，但需经过高压均质等处理，不允许有大颗粒，以免影响商品价值。这类果汁的营养成分大部分存在于果汁的悬浮微粒中，保持风味、色泽和营养价值都较澄清汁好。

2. 浓缩果蔬汁

原汁经蒸发或冷冻、或其他适当的方法，浓缩倍数有 3、4、5、6 等，可溶性固形物有的可高达 60%~75%。浓缩果汁不得加糖、色素、防腐剂、香料、乳化剂及人工甜味剂等添加剂。

3. 加糖果汁和果汁糖浆

加糖果汁和果汁糖浆是在原汁中加入大量食糖或在糖浆中加入一定比例的果汁而配制成的产品，一般含糖高，也有含酸高的产品。通常可溶性固形物为 45% 和 60% 两种。我国市场上的鲜橘加糖汁的固形物为 35% 以上，总酸度为 0.3%~0.6%。

三、果蔬汁加工中的杀菌

新鲜果品或蔬菜由于其自身酶的作用或微生物感染而引起腐败变质，而果蔬汁加工过程中进行杀菌，有效地预防了微生物的感染，从而达到长期保存的目的。杀菌是饮料生产中的重要一步，正确的杀菌工艺条件应恰好将可引起食品败坏的细菌全部杀死和使酶钝化，但又能保住食品原有的品质，果汁中有许多各种微生物，也有丰富营养成分，特别是维生素 C，受热后易分解影响产品色泽，但保证杀菌完全是首要问题。在选用杀菌条件时，既可选用低温长时间工艺条件，又可选用高温短时间的工艺条件。为了选择有利于保持或改善食品品质的杀菌工艺条件，可以从杀菌时食品品质的变化和微生物致死情况的相互关系来考虑。一般采用高温短时杀菌，可为 95 ℃，38 s 或 121 ℃，5s。没有条件的厂家也可以采用二次杀菌的方法，一般条件为：85~90 ℃ /20~30min。

四、材料、仪器设备

1. 材料
苹果、胡萝卜、番茄、橙子、白糖、蜂蜜。

2. 仪器与用具
不锈钢锅、榨汁机、胶体磨、塑料瓶、过滤筛网（0.425mm、0.150mm、

0.0750mm）、封口机、温度计、量杯、台秤、天平、电磁炉、汤勺等。

3. 试剂

柠檬酸、稳定剂、香精、乙基麦芽酚、食盐等。

五、果蔬汁产品的质量标准

1. 澄清型苹果汁质量标准

澄清型苹果汁的质量标准为：呈黄绿色，颜色均匀一致，无褐变，清澈透亮，无任何漂浮物和沉淀物，清甜适口，口感细腻、柔和，风味协调，兼有淡淡的苹果香味，无异味。

2. 浑浊型复合果蔬汁（番茄、胡萝卜和橙子）质量标准

浑浊型复合果蔬汁的质量标准为：具有复配后应有的色泽，呈深红黄色，颜色均匀一致。汁液均匀，久置后允许少量沉淀，但摇动后呈均匀状态。清甜适口，口感细腻、柔和，风味协调，番茄味浓厚，兼有淡淡的胡萝卜汁和鲜橙的成熟香味，无异味。

六、果蔬汁加工案例

（一）澄清型苹果汁的加工

1. 实验目的

通过实验，掌握苹果汁饮料的加工工艺。

2. 实验材料

（1）原材料。新鲜苹果、蔗糖、藻酸丙二醇酯等稳定剂、酸味剂、抗氧化剂、食用香精、食用色素等。

（2）仪器设备及用具。不锈钢果实破碎机、离心榨汁机、不锈钢刀、离心机、胶体磨、脱气机、高压均质机、超高温瞬时灭菌机、压盖机、不锈钢配料罐、不锈钢锅、糖度计、玻璃瓶、皇冠盖、温度计、烧杯、台秤、天平等。

3. 工艺流程

苹果→清洗→取汁→过滤、离心→调配→脱气→均质→杀菌→热灌装→压盖→冷却→成品。

4. 工艺步骤

（1）果实选择及清洗：选用新鲜、无病虫害及生理病害、无严重机械伤、成熟度八至九成的果实，以清水洗净果表污物。在加工前，苹果原料必须清洗和挑选，以清除污物和腐烂果实。果汁加工企业一般采用水流输送槽进行苹果的预清洗作业，该作业一般在垂直或水平螺旋输送机用喷射水流完成。刷式水果清洗机也能很好地清洗苹果。清洗

前或清洗后由人工在输送带上进行挑选。

（2）取汁：采用不锈钢刀将苹果切分，切分后的果块立即放入 0.1% 柠檬酸水溶液中护色，然后采用离心榨汁机取汁。也可通过不锈钢果实破碎机，先将果实破碎，然后采用打浆离心机取汁。

（3）过滤、离心：用 60~80 目的滤筛或滤布过滤，除去渣质，收集果汁；然后采用离心榨汁机将果汁与其他成分分离，收集清汁。苹果汁的澄清还必须考虑苹果汁中是否含有淀粉。只要在苹果原料中存在残留淀粉，也会大大影响澄清效果。在澄清前苹果汁加热到 60~65 ℃ 以上，就会降低淀粉对澄清的影响。用专门的淀粉酶制剂或具有一定淀粉酶活性的果胶分解酶制剂都能分解果汁中的水溶性淀粉，淀粉酶制剂常用的添加量为每 100L 果汁 2~3 g，在特殊情况下可增加用量，直到取得满意的酶处理效果为止。果汁的淀粉酶处理温度不宜超过 35 ℃，可同时使用淀粉酶和果胶酶。酶处理 6~12 h 可以完全分解果汁中的淀粉。澄清后的果汁用板框式过滤机或硅藻土过滤机过滤。

（4）调配：苹果汁配方是：苹果原果汁 40%~50%，蔗糖 10%~12%，稳定剂 0.10%~0.30%，酸味剂 0.2%~0.8%，食用色素及食用香精少许。按照此配方，加入甜味剂、酸味剂及稳定剂等，在配料罐中搅拌混合均匀。甜味剂、酸味剂等必须先行溶解、过滤备用。一般果实制成的果汁糖酸比为（10∶1）~（15∶1）。但实际生产中，由于采用的原料不同，糖酸比有差异。只有通过成分调节才能得到满意风味。一般成品含糖量为 12%，酸度为 0.35%，并添加适量香料。但成分调整必须符合有关食品法规。

（5）脱气：将果汁泵入不锈钢真空脱气罐进行脱气。脱气时，果汁温度控制在 30~40 ℃，脱气真空度为 55~65 kPa。

（6）均质：采用高压均质机对已经脱气的果汁进行均质，均质压力为 18~20 MPa。

（7）杀菌果汁饮料在一般条件下的杀菌条件为 2~3 min/100 ℃。若采用超高温瞬时灭菌机进行杀菌，则杀菌温度为 115~135 ℃，杀菌时间为 3~5 s。榨出的果汁，为了杀菌和钝化氧化酶及果胶酶，促使热凝固物质凝固，应将果汁立即加热。常用的杀菌方法是巴氏杀菌或高温短时杀菌（HTST）。苹果汁的 pH 小于 4.5，杀菌可低于 100 ℃，也能杀灭果汁中的微生物。因此一般要用多管式或片式瞬间杀菌器加热至 95 ℃ 以上，维持 15~30 s，杀菌后趁热灌装。

（8）灌装、压盖：一般条件下杀菌后的果汁立即灌入饮料玻璃瓶或耐高温饮料塑料中，压盖密封或旋紧盖子。瓶子和盖子必须事前清洗消毒。瞬时灭菌条件下杀菌的果汁，在无菌条件下灌装密封。澄清苹果汁饮料通常采用热灌装工艺。

冷却经一般条件下杀菌的果汁，装瓶后分段冷却至室温，即为成品。

4. 产品检验

（1）感官质量。

色泽：具有原料果实或食用色素特有的色泽；

滋味及气味：具有原料果实的香味和气味；

组织状态：饮料体系呈半透明，允许少量果肉沉淀。

（2）品评方法。采用一般感官评定法及模糊综合评判法，进行果汁饮料成品品质的评定。

（二）浑浊型复合果蔬汁（番茄、胡萝卜和柑橘）的加工

1. 实验目的

通过实验，掌握浑浊型复合果蔬汁的加工工艺

2. 实验材料

（1）原材料。新鲜番茄、胡萝卜和柑橘，蜂蜜 0.5%，白糖 8%，柠檬酸 0.4%，乙基麦芽酚 0.015%，食盐 0.06%，稳定剂 0.3%。香精（橙子香精 0.08%，薄荷香精 0.05%，香精热脱气后，最后加。

（2）仪器设备及用具。不锈钢果实破碎机，离心榨汁机，不锈钢刀，离心机，胶体磨，脱气机，高压均质机，超高温瞬时灭菌机，压盖机，不锈钢配料罐，不锈钢锅，糖度计，玻璃瓶，皇冠盖，温度计，烧杯，台秤，天平等。

3. 加工工艺及步骤

（1）原料的选择。选择优质的制汁原料，要求原料新鲜，成熟度高，无病虫害，无腐烂；有良好的风味和芳香物质，色泽稳定、酸度适中，并在加工和贮存过程中仍能较好地保持其优良品质；汁液丰富，取汁容易，出汁率较高。对于柑橘宜选择容易剥皮，肉质好，硬度高，果瓣大小较一致，无核或少核的品种，果实完全黄熟时采收。番茄要选择成熟度高，色泽好，颜色均匀的果实。

（2）原料的洗涤。目的是为了减少农药及微生物的污染，特别是带皮榨汁的原料更应注意洗涤。用符合饮用水标准的流动清水冲洗。对于一些农药残留量大、微生物污染严重的原料，可先用药物浸泡，即用 0.05%~0.1% 高锰酸钾或 0.06% 漂白粉或 0.1% 稀盐酸，先浸漂 5~10 min，再用清水洗净。

（3）热烫。热烫是为了使果皮和果肉松离，便于去皮。热烫的温度和时间因品种、果实大小、果皮厚薄、成熟度高低而异。一般在 90~95 ℃ 热水中烫 40~60 s。对于柑橘要求皮烫肉不烫，以附着于橘瓣上的橘络能除净为度。热烫时应注意果实要随烫随剥皮，不得积压，不得重烫，不可伤及果肉。另外，热烫水应保持清洁。

（4）榨汁和浸提。榨汁是制汁生产的重要环节，含果汁丰富的果实，大都采用压榨法来提取果汁。含汁液较少的果蔬，如胡萝卜等可采用加水浸提的方法来提取汁液。

生产中，压榨时间和压力对产品出汁率和质量影响较大。过高的压力和长时间的压榨，会降低产品质量；过小的压力和短时间压榨，使生产成本加大。所以控制适宜的压力和时间对产品的质量尤为重要。果蔬压榨取汁的最佳压力范围为 1.0~2.0 MPa。压榨

时为了增加压榨效率，也可加入一些疏松剂以提高出汁率。

对于含汁量较少的原料，可采用加水浸渍渗出法提取汁液。浸提就是把果蔬细胞内的汁液转移到液态浸提介质的过程。浸提原理：将破碎的果蔬原料浸于水中，由于果蔬原料中的可溶性固形物含量与溶剂之间存在浓度差，果蔬细胞中的可溶性固形物就要透过细胞进入浸提介质中。

一般浸提条件为：60~80 ℃、1.5~2.0h（一次浸提）；6~8h（多次浸提累计）。

（5）粗滤。生产上，粗滤可以在榨汁过程中进行，也可在榨汁后为一独立的操作单元。前一种情况，设有固定分离筛的榨汁机→榨汁和粗滤可在同一台机器上完成。后一种情况，粗滤所用的设备为各种类型的筛滤机。这些筛滤机的滤孔约为 0.5mm 左右。

（6）果汁的调整和混合。为使果蔬汁符合一定规格要求和改进风味，常需要适当调整。调整的原则，应使果蔬汁的风味接近新鲜果蔬，调整范围主要为糖酸比例的调整及香味物质、色素物质的添加。

注意：稳定剂要与白糖混合后加入果汁中均质，以防稳定剂单独加入时遇水凝结成块。均质作用使料液充分均匀混合，有效防止浆液分层、沉淀，保持饮料稳定的均匀悬浮状态，口感细腻润滑。

（7）果汁的杀菌和包装。果汁杀菌的目的：一是消灭微生物，防止发酵；二是破坏酶类，以免引起种种不良变化。在进行杀菌时，还要考虑产品的质量如风味、色泽、营养成分等不能受到太大的影响，因此杀菌温度和杀菌时间是两个重要的参数。不同果蔬汁的 pH 差别很大，因此杀菌条件也会有很大的不同。杀菌在 90 ℃左右，时间 10min。杀菌后立即冷却，如用玻璃瓶灌装，杀菌后分段冷却至室温（90 ℃→70 ℃→50 ℃→38 ℃）。

七、实验结果

将上述实验测定的数据填入表 10-2 中。

表 10-2　实验测定数据表

产品名称	原料质量 /kg	整理后净重 /kg	出汁率	果蔬汁的质量 /kg

八、问题分析

1. 果汁败坏

果汁败坏主要表现在表面长霉、发酵同时产生 CO_2 及醇，或产生醋酸，引起原因有以下几个方面。

（1）细菌的危害。醋酸菌、丁酸菌等败坏苹果、梨、柑橘、葡萄等果汁。它们能在兼气条件下迅速繁殖，对低酸性果汁具有极大的危害性。

（2）酵母是引起果汁败坏的重要菌类，引起果汁发酵产生大量二氧化碳，发生胀罐，甚至会使容器破裂。

（3）耐热性霉菌、绿衣霉、红曲霉、拟青霉等破坏果胶，改变果汁原有酸味，产生新的酸从而导致风味恶化。

为避免果汁败坏，必须采用新鲜、无霉烂、无病害的果实作榨汁原料，注意原料榨汁前的洗涤消毒，尽量减少果实外表的微生物，严格控制车间、设备、管道、容器、工具的清洁卫生，防止半成品积压等。

2. 风味的变化

果汁能否满足消费者的要求，关键在于能否在贮藏期保持其风味。浓度越高的果汁，风味变化越突出。风味的变化与非酶褐变形成的褐色物质有关。柑橘类果汁风味变化与温度有关，如在 4 ℃下贮藏，风味变化缓慢。

3. 果蔬汁中营养成分的变化

不同的贮藏温度，对果蔬汁中维生素 C 的保存有很大的影响，汁液中类胡萝卜素、花青苷和黄酮类色素受贮藏温度、贮藏时间、氧、光和金属含量的影响。蔗糖转化是果汁贮藏中重要变化之一，较高的贮温会促进蔗糖转化。要有适宜的低温，贮藏期不宜过长，避光，隔氧，宜采用不锈钢设备、管道工具和容器，防止有害金属的污染。

4. 罐内腐蚀

果汁一般为酸性、腐蚀性食品，它对镀锡箔板有腐蚀作用。提高罐内真空度，采用软罐包装（塑料包装），降低贮温等可防止罐内腐蚀。

5. 浓缩汁的败坏

常与产双乙酰细菌的高度感染和低劣的贮藏条件有关，当果汁中的果胶丧失胶凝化作用后，汁内非可溶性悬浮颗粒会集聚在一起，导致果汁形成一种可见的絮状物。果实成熟度、果汁温度，有无天然存在于汁中的果胶酶及用酶剂量的多少都会影响絮状物形成。果实品种的差异也会影响絮状物形成。

九、问题与思考

（1）澄清汁与浑浊汁、浓缩汁在加工工艺上有何不同？

（2）果汁澄清有哪些方法？

（3）影响果汁饮料风味、色泽的因素有哪些？怎样控制这些因素来生产高质量的果汁饮料？

（4）均质压力与时间对果汁稳定性的影响如何？

（5）整个生产过程中如何控制产品达到无菌？

（6）不同种类的稳定剂及其添加量，对果汁饮料的品质有何影响？

实验四　果酒的酿制

一、实验目的

理解果酒制作的基本原理，初步掌握果酒酿造的基本工艺流程及操作要点。果酒的品种有葡萄酒、苹果酒、青梅酒、荔枝酒等。本实验主要学习葡萄酒的制作方法。

二、实验原理

果酒的制作是以新鲜的果实为原料，利用野生的或者人工添加的酵母菌将果实中的糖分分解成乙醇及其他副产物，伴随着乙醇及副产物（甘油、乙醛、醋酸、乳酸和高级醇）的产生，果酒内部发生一系列复杂的生化反应，最终赋予果酒独特的风味及色泽。果酒酿造不仅是微生物活动的结果，也是复杂生化反应的结果。

三、材料与用具

1. 实验材料
葡萄、白砂糖、柠檬酸、葡萄酒酵母、亚硫酸等。

2. 实验仪器和设备
破碎机、榨汁机、手持糖量计、不锈钢罐筒或塑料筒、过滤筛、台秤等。

四、工艺流程

原料选择→分选清洗→去皮破碎→取汁（果肉）→糖酸度调整→前发酵→分离压榨→后发酵→澄清→过滤→调配→装瓶→杀菌。

五、步骤及操作要点

1. 原料选择
选用已充分成熟的葡萄果实，剔除病烂果、生虫果、生青果。用清水洗去表面污物。

2. 破碎

用滚筒式或离心式破碎机将果实破碎，得果汁与果肉、果皮的混合物。

3. 调整糖酸度

将得到的果汁与果肉混合物立即送入发酵罐内，发酵罐上面应留出 1/4 的空隙，不可加满，并盖上木制篦子，以防浮在发酵罐表面的皮糟因发酵产生二氧化碳而溢出。

发酵前需调整糖酸度（糖度控制在 25Brix 左右），加糖量一般以葡萄原来的平均含糖量为标准，加糖不可过多，以免影响成品质量。pH 一般为 3.5~4.0。

加糖量计算公式为

$$m= \frac{V（1.7A-p）}{100-1.7A \times 0.625}$$

式中，m——应加固体砂糖量，kg；

p——果汁的原含糖量，g/100mL；

V——果汁的总体积，L；

A——发酵要求达到的酒精度；

0.625——每 1kg 砂糖溶于水后增加 0.625 L；

1.7——1.7g 糖能生成 1% 酒。

4. 前发酵

调整糖酸度后，加入酵母液，加入量为果汁与果肉混合物的 5%~10%，加入后充分搅拌，使酵母均匀分布。发酵时每日必须检查酵母繁殖情况及有无菌害。若酵母生长不良或过少时，应重新补加酒母。发酵温度控制在 20~25 ℃。

前发酵的时间，根据葡萄果肉的含糖量、发酵温度和酵母接种数量而异。一般在比重下降到 1.020 左右时即可转入后发酵。前发酵时间一般为 7~10 d。

5. 分离压榨

前发酵结束后，立即将酒液与其他成分分离。

6. 后发酵

充分利用分离时带入的少量空气，来促使酒中的酵母将剩余糖分继续分解转化为乙醇，此时，沉淀物逐渐下沉在容器底部，酒逐渐得到澄清。后发酵可使葡萄酒进行酯化作用，使酒逐渐成熟，色、香、味逐渐趋向完善。后发酵桶上面要留出 5~15 cm 空间，因后发酵也会生成泡沫。后发酵期的温度控制在 18~20 ℃，最高不能超过 25 ℃。当比重下降到 0.993 左右时，发酵即告结束。一般需 30 d 左右，才能完成后发酵。

7. 陈酿

陈酿时要求温度低，通风良好。适宜的陈酿温度为 15~20 ℃，相对湿度为80%~85%。陈酿期除应保持适宜的温度、湿度外，还应注意换桶，添桶。

第一次换桶应在后发酵完毕后 8~10 d 进行，除去渣滓（并同时补加二氧化硫到

150~200 mg/L）。第二次换桶在前次换桶后 50~60 d 进行。

第二次换桶后约 3 个月进行第三次换桶，经过 3 个月以后再进行第四次换桶。为了防止害菌侵入与繁殖，必须随时添满储酒容器的空隙，不让它表面与空气接触。在新酒入桶后，第一个月内应 3~4 d 添桶一次，第二个月 7~8 d 添桶一次，以后每月一次，一年以上的陈酒，可隔半年添一次。添桶用的酒，必须清洁，最好使用品种和质量相同的原酒。

8. 调配

经过一段时间储存的原酒，已成熟老化，具有陈酒香味。可根据品种、风味及成分进行调和。调配好的酒，在装瓶以前须化验检查，并过滤一次后才能装瓶、压盖。经过 75 ℃的温度灭菌后，贴商标，包装即为成品。

六、产品检验

1. 感官指标

颜色：紫红色，澄清透明，无杂质。滋味：清香醇厚，酸甜适口。

香气：具有醇正、和谐的葡萄果香味和酒香味。

2. 理化指标

比重：1.035~1.055（15 ℃）。酒精：11.5~12.5%（15 ℃）。总酸：0.45~0.6g/100mL。总糖：14.5~15.5g/100mL。挥发酸：0.05g/100mL 以下。

七、问题与思考

（1）在果酒加工工艺中，果汁的糖酸度调整有何意义？

（2）前发酵与后发酵有什么不同？

实验五　果蔬的干制

一、实验目的及意义

（1）理解果蔬干制品加工的基本原理；

（2）了解原料对果蔬干制品加工品质的影响；

（3）明确几种典型果蔬干制品生产工艺条件；

（4）熟悉工艺操作要点及成品质量要求；

（5）学会典型果蔬干制品的制作方法；

（6）学会方案设计与实施；

（7）发现加工过程中的问题，并提出解决的办法。

果蔬干制是在自然或人工控制条件下，将果蔬原料内的大部分水分脱除，使其中可溶性物质的浓度提高到微生物难以利用的程度，同时在干制后，果蔬本身所含的酶类的活性也受到抑制，从而可以较长时间地保藏产品。在整个果蔬原料干燥过程中，介质的温度、湿度、气流速度、果蔬原料的种类和组织状态及原料在干燥时的装载量都对干燥过程和制品品质有重要影响。通过本实验，了解我国传统干制技术及现代干燥方式的优缺点，掌握果品和蔬菜干制的一般方法，并了解鉴定干制成品品质的简便方法，为实际生产提供参考。

二、干制的原理

通过降低果蔬产品的含水量，使微生物不能利用，并使产品所含酶的活动亦被抑制，从而达到保藏产品的目的。为了有效防止果蔬在干制过程中营养成分受较大损失，再配热烫、亚硫酸盐处理，采用人工干制方法，在较短时间内排除水分，从而提高产品品质。

三、实验材料及用具

（一）原材料

苹果、硫磺、盐酸、黄花菜、亚硫酸氢钠、PE 包装袋等。

（二）仪器与用具

烘盘、晒盘、熏硫室（箱）、台秤、不锈钢果刀、鼓风干燥箱（机）、果盆、真空包装机等。

四、果蔬干制案例

（一）苹果（梨）干的制作

1. 材料及用具

（1）材料。苹果（或梨），0.5%NaHSO₃ 溶液（或硫磺），1% 食盐水，2%H₂SO₄ 液。

（2）用具。熏硫箱、天平、不锈钢刀、晒盘、烘房。

2. 工艺流程

选料→去皮、去核→切片→熏硫（或浸硫）→烘干→均湿→包装→贮藏。

3. 工艺步骤

（1）原料预处理。选出无病、无虫害坏斑及疤眼的原料，清洗削皮，纵切果实一分为二并挖去果心，及时投入 1% 的食盐水中护色，再将原料切成 0.5cm 厚的果片，再投入护色液中。

（2）硫处理。将切好的苹果片投入 0.5% $NaHSO_3$ 中浸泡 10 min，或用原料重量的 0.2%~0.4% 的硫黄在熏硫箱内点燃熏硫 10~30 min（根据果片厚度确定熏硫时间）。需要注意的是，实验中可留出一部分原料未经硫处理作为对照。

（3）烘干。原料均匀摆放在晒盘上进行干燥（自然干燥），或置烘房中烘干（人工干燥），始温 80 ℃，半干后约 55 ℃，使果干抓在手中紧握时不粘手而有弹性时为止，此时含水量约为 20%，干燥率为（6~8）∶1。

（4）均湿。将干燥后的苹果干堆积在一起，1~2 d 后可使制品含水量一致。

（5）包装贮藏。将制品分别装在玻璃瓶或塑料袋中，分别抽空（或充氧气或充 SO_2），另留部分果干散装，以作对照，观察贮藏期间产品品质的变化。

（二）黄花菜的干制

1. 材料及用具

（1）材料。黄花菜。

（2）用具。熏硫箱、天平、不锈钢刀、晒盘、烘房。

2. 工艺流程

选料→蒸制→烘干→回软→包装→贮藏。

3. 工艺步骤

（1）原料选择。选择花蕾为黄色或橙黄色、含糖量高的品种。在花蕾充分发育，外形饱满，颜色由青绿转黄或橙色的未开花蕾（裂嘴前 1~2 h 采收）。

（2）蒸制。蒸制是决定黄花菜质量的关键工序。采摘后的花蕾要及时进行蒸制。蒸制时把花蕾放入蒸笼中，水烧开后用大火蒸 5 min，后用小火焖 3~4 min。当花蕾变软，向内凹陷，颜色变得淡黄时即可出笼，放于阴凉处散热后再行干燥。

（3）干燥。先将烘房或干燥箱（机）的温度升高到 85~90 ℃，再将处理过的花蕾摆放在烘盘上（5 kg/m²），送入烘房或干燥箱（机），保持 60~65 ℃的高温，烘烤 12~15 h，然后逐渐降温到 50 ℃，直至烘干。在此期间注意通风排湿，保持烘房内相对湿度在 65% 以下，并要倒换烘盘和翻动黄花菜 2~3 次。

（4）回软。将烘干的黄花菜，放于容器中回软 2~7 d，使其含水趋于一致，稍显微软时再行包装。

（5）包装。剔除变色、破碎和过湿等不合格者，将回软后的黄花菜装入塑料薄膜袋内，入箱密封，贮于冷凉、通风干燥的库房内。

（三）洋葱的干制

1. 材料及用具

（1）原辅材料。洋葱、碳酸氢钠溶液。

（2）实验仪器、设备。刀、盆、菜板、竹筛或不锈钢筛网、恒温干燥箱、塑料袋。

2. 工艺流程

原料验收→整理→切分→清洗→护色→烘干→后处理→包装→成品。

3. 工艺步骤

（1）原料验收。原料应选用中等或大型的健康鳞茎，肉质呈白色或淡黄色，无青皮或少青皮。鳞茎应充分成熟，结构紧密，辛辣味强。干物质含量不低于12%。

（2）整理。切去茎尖和根，茎尖切除0.5~1cm，根部以切净须根为度。剥除不可食的鳞茎外层。

（3）切分。整理好的洋葱切分为4块，即上一刀，下一刀，作十字形切，但不要切断。再横切成厚度为2~3mm的薄片。

（4）清洗。切分好的葱片在清水中充分洗涤，以洗尽白沫为度。

（5）护色。洋葱片在0.2%的碳酸氢钠溶液浸渍2~3min，然后捞出沥干。

（6）烘干。将处理后的原料平铺于竹筛或不锈钢网筛上，筛孔以（0.5~0.6）mm×（0.5~0.6）mm见方为好。在恒温干燥箱中干制，温度控制在60~65℃，鼓风强制排湿。经6~8h烘至含水量6%左右即可。

（7）后处理。除去焦褐片、老皮、杂质和变色的次品。产品冷却后放入塑料袋密闭1d，使干制品水分均匀平衡。

随后进行检验、包装。

五、实验结果

将上述所做实验测定的数据填入表10-3中。

表10-3　测定数据表

产品名称	原料质量 /kg	成品净重 /kg	干制温度 / ℃	干制时间 /h	干燥率

六、产品检验

1. 感官评定标准

将被测样品放在洁净的白瓷盘中，用肉眼直接观察色泽、形态和杂质，嗅其气味，品尝滋味。感官要求应符合表 10-4 的规定。

表 10-4　感官评定标准

项目	要求
色泽	各种水果、蔬菜脆片应具有与其原料相应的色泽
滋味和口感	具有该品种特有的滋味，酯香、清香纯正，口感酥脆
形态	块状、片状、条状或该品种应有的整形状。各种形态应基本完好，同一品种的产品厚度基本均匀，且基本无碎屑
杂质	无肉眼可见外来杂质

2. 理化检验指标

水分含量的测定：参考本书水分含量的测定实验。

八、思考题

（1）对所做的产品进行品质评定。

（2）食品水分测定方法除了烘干法之外还有哪些方法？

实验六　果蔬的糖制

一、实验目的及意义

（1）理解果蔬糖制品加工的基本原理；

（2）了解原料对果蔬糖制品加工品质的影响；

（3）明确果脯、果酱、果冻等果蔬糖制品生产工艺条件；

（4）熟悉工艺操作要点及成品质量要求；

（5）学会典型果蔬糖制品的制作方法。

本实验通过几种果脯蜜饯、果酱的制作，掌握果品的加工方法、原理和工艺流程，了解糖的性质及原料的特征与糖制技术之间的联系，为生产实践提供参考。

二、实验原理

果脯蜜饯等糖制品是以食糖的保藏作用为基础的，其中含糖量须达到一定的高浓度。保藏作用主要表现在：①高浓度的糖液产生高渗透压，使微生物产生质壁分离，从而抑制其生长发育；②高浓度的糖液降低糖制品的水分活度，抑制微生物的活动；③糖液浓度越高，溶液及食品中含氧量越低，可抑制好氧微生物的活动，也有利于制品的色泽、风味及营养成分的保存。

果酱是果肉加糖和酸煮制成具有较好的凝胶态、不需要保持果实或果块原来的形状的糖制品。其制作原理是利用果实中亲水性的果胶物质，在一定条件下与糖和酸结合，形成"果胶—糖—酸"凝胶。凝胶的强度与糖含量、酸含量以及果胶物质的形态和含量等有关。

三、实验材料与仪器设备

（一）原辅料

苹果 250kg、枣 250kg、冬瓜 300kg、砂糖、5% 柠檬酸、0.1% 氯化钙、0.2%~0.3% 亚硫酸氢钠、1%~3% 琼脂或明胶等。

（二）仪器与用具

不锈钢刀具（挖核、切分）、台秤、夹层锅或不锈钢锅、温度计、手持糖量计、烘箱、烘盘、塑料薄膜热合封口机等。

四、糖制品制作案例

（一）苹果脯制作

1. 工艺流程

苹果→去皮→切分→硬化护色→糖煮（温度达到 105 ℃）→糖浸→烘干（60~65 ℃）→整形包装→成品。

2. 操作要点

（1）原料选择。选用果形圆整、果心小、肉质疏松和成熟度适宜的原料。

（2）去皮、切分。用手工或机械去皮后，挖去损伤部分，将苹果对半纵切，再用挖核器挖掉果心。

（3）硬化和护色。将切好的果块立即放入 0.1% 的氯化钙和 0.2%~0.3% 的亚硫酸氢钠混合液中浸泡 6~12h，进行硬化和护色。肉质较硬的品种只需进行护色。

每 100kg 混合液可浸泡 120~130kg 原料。浸泡时上压重物，防止上浮。浸后取出，用清水漂洗 2~3 次备用。

（4）糖煮。在夹层锅内配成 40% 的糖液 25kg，加热煮沸，倒入果块 30kg，以旺火煮沸后，煮沸后加入同浓度的冷糖液 5kg，重新煮沸。如此反复煮沸与补加糖液 3 次，共历时 30~40min，此后再进行 6 次加糖煮制。第一、二次分别加糖 5kg，第三、四次分别加糖 5.5 kg，第五次加糖 6 kg，以上每次加糖间隔 5 min，第六次加糖 7 kg，煮制 20 min。全部糖煮时间需 1~1.5 h，待果块呈现透明状态，温度达到 105~106 ℃、糖液浓度达到 60% 左右时，即可起锅。

（5）糖渍。趁热起锅后，将果块连同糖液倒入缸中浸渍 24~48 h。

（6）烘干。将果块捞出，沥干糖液，摆放在烘盘上，送入烘房，在 60~66 ℃的温度下干燥至不粘手为度，大约需要 24 h。

（7）整形和包装。将干燥后的果脯整形，剔除碎块，冷却后用玻璃纸或塑料袋密封包装，再装入垫有防潮纸的纸箱中。

3. 产品检验

浅黄色至金黄色，具有透明感；呈碗状或块状，有弹性，不返砂，不流糖；甜酸适度，具有原果风味。总糖含量 65%~70%；含水量 18%~20%。

（二）蜜枣制作

1. 工艺流程

蜜枣→切缝→浸泡→硫处理→糖煮（温度达到 105 ℃）→烘烤整形（60~65 ℃）→包装→成品。

2. 操作要点

（1）原料选别。宜选择果形大、上下对称、果核小、果肉肥厚、肉质疏松、皮薄而韧的品种，如北京的糖枣、山西的泡枣、浙江的大枣和马枣、河南的灰枣、陕西的团枣等。果实成熟度以开始褪去绿色而呈现乳白色时最佳（约六七成熟）。采后按大小分级，分别加工，每 1 kg 有 100~120 个为最好。

（2）切缝。用小弯刀或切缝机或自制的排针将枣果切缝 60~80 条，深至果肉厚度的一半为宜，同时要求纹路均匀，两端不切断。

（3）浸泡。将划破果皮的枣果用清水浸泡，更换几次清水，直到浸泡的水无色为止。

（4）硫处理。在切缝后一般要进行硫处理，将枣果装筐，入熏硫室处理 30~40 min（硫磺用量为果重的 0.3%），再放入 5% 左右的柠檬酸溶液中浸泡 0.5~1 h，然后捞起放入清水中清洗后进行煮果。硫处理时，也可用 0.5% 的亚硫酸氢钠溶液浸泡原料 1~2h。南方蜜枣加工也常不进行硫处理，在切缝后即进行糖制。

（5）糖制。蜜枣加工用糖量一般为 50 kg 枣用白糖 45 kg。先用糖 7.5 kg，加水配成 30% 浓度的糖液，将糖液和枣一起下锅。煮沸，再用 20 kg 糖，加水配成 50%。

3. 产品质量标准

色泽呈棕黄色或琥珀色，半透明，有光泽；形态为椭圆形，丝纹细密整齐，含糖饱满，质地柔韧；外干内湿，不返砂，不流汤，不粘手；总糖含量为 68%~72%，水分含量为 17%~19%。

（三）冬瓜条制作方案设计与实施

1. 工艺流程

冬瓜→去皮→切分→硬化护色（1%~5% 的石灰水）→烫漂→糖浸→糖煮（温度达到 105 ℃）→烘干（60 ℃左右）→整形包装→成品。

2. 操作要点

（1）原料选择。一般选用新鲜、完整、肉质致密的冬瓜为原料，成熟度以坚熟为宜。

（2）去皮、切分。将冬瓜表面泥沙洗净后，用旋皮机或刨刀削去瓜皮直至现肉质，然后切成宽 5 cm 的瓜圈，除去瓜瓤和种子，再将瓜圈切成 1.5 cm×1.5 cm×5 cm 的瓜条。用刨刀刨去瓜皮直至现肉质。

（3）硬化。将瓜条倒入 1%~1.5% 的石灰水中，浸泡 8~12 h，使瓜条质地硬化，能折断，用石蕊试纸检验至冬瓜条心 pH 在 6.5~7.0 为度。

（4）浸漂。将瓜条取出后，用清水将石灰水冲洗干净。再用清水将瓜条浸漂 8~12h，换水 3~4 次，以除尽瓜条表面的石灰溶液。

（5）热烫。将瓜条在沸水中烫煮 5~10 min，至瓜条透明为止，捞出用清水冲洗一遍。

（6）糖制。总加糖量一般为生瓜条重的 80%~85%。分 3 次加糖，进行糖渍（蜜制）和糖煮。

第一次糖渍。将热烫并洗净后的瓜条再投入到沸水中热烫 1 min，取出后立即趁热加入总糖量的 30%，在缸（盆）中糖渍约 12h。

第二次糖渍。将瓜条连同糖液倒入锅中，加第二次糖，用量为总糖量的 40%，煮沸 3~5 min 后，继续糖渍约 12h。最后，进行糖煮。

糖煮。先将糖渍瓜条连同糖液在锅中大火加热煮制约 10 min 后，将余下 30% 总糖量的白糖分 2~3 次加入锅中续煮，大部分水分蒸发后开始控火，直至用微火煮至几乎所有水分全部蒸发掉方离火，并不断搅拌，冷却后即成表面返砂的成品。煮制期间，要注意控火并适度搅拌，严防糖和瓜条焦化。在糖煮开始时应用大火，煮到糖液起大泡时，适当控制小火。

（7）烘烤。若要长期保藏，最好在 50~60 ℃下适当烘烤，以免返潮。烘干后的冬瓜条置于大盆中，拌以蔗糖粉（蔗糖烘干后研磨成粉），混匀。

（8）包装。用筛子筛去多余的糖粉，将产品装入聚乙烯塑料袋中密封包装。

3. 产品质量标准

外表洁白，饱满致密，质地清脆，风味清甜，不粘手，不返潮，表面有一层白色糖霜。含糖量 75% 左右。

（四）山楂果冻制作

1. 工艺流程

山楂→挑选→清洗→去皮→切分→浸渍取汁（原料∶水 =0.8∶1.0）→汁液调整→浓缩→冷却成型→成品。

2. 工艺要点

（1）选料、清洗。选择成熟度适宜（九成左右），果胶物质丰富，含酸量高，芳香味浓的原料。去除霉烂变质、病虫害严重的不合格果。然后进行清洗果面污物，对半切瓣备用，不需去核、去子；也可用破碎机破碎原料备用。

（2）预煮、浸提、取汁。一般进行二次取汁。第一次，按原料∶水 =（0.8~1）∶1 的比例，加水煮沸原料 8~10 min，浸提 5~10 min，然后双层滤布过滤或过滤机过滤，收集第一次果汁。第二次，按同样的比例加水煮沸滤后的果渣 3~5 min，浸提 3~5 min，过滤得第二次果汁。

（3）汁液调整。调整果汁含酸量，使成品总酸含量达到 0.5%~1.0%，pH 在 2.8~3.2 之间，酸含量不足，用柠檬酸补足；调整果汁中的果胶含量，保证成品中果胶含量达到 1% 左右，若果汁中果胶含量不足，可补加果胶或琼脂、明胶、羧甲基纤维素钠、海藻酸钠等。

投料顺序为：当浓缩到接近终点时，先加入果胶液或琼脂液，再加入柠檬酸液，在搅拌下加热至终点。

（4）汁液浓缩。将两次取汁所得汁液混合，浓缩至可溶性固形物含量达 8%~10% 左右后加糖浓缩。按浓缩液∶糖 =1∶（0.5~0.7）的比例分次加糖，继续浓缩至可溶性固形物达 62%~65%。

（5）冷却成型：将浓缩液趁热倒入一定形状的容器中，并封口，冷却成型，即为成品。

五、实验结果

将上述所做实验测定的数据填入表 10-5 中。

表 10-5　测定数据表

产品名称	原料毛重 /kg	原料净重 /kg	耗糖量 /kg	成品质量 /kg	备注
苹果脯					
蜜枣					
冬瓜条					
山楂果冻					

六、问题与思考

（1）用所学的知识，谈谈糖制品加工方案的确定从哪几个方面考虑？

（2）糖煮时，为何实行分次加糖？

（3）在上述硬化和护色处理时，能否用石灰替换氯化钙？为什么？

（4）制作冬瓜条时，为何有时会出现制品收缩（中间凹馅）、制品发黄的现象？

（5）果冻与果酱制作有何异同点？

（6）影响果冻胶凝的主要因素有哪些？

（7）制作果酱可否添加少量氯化钙？

（8）加工苹果酱时，不外加柠檬酸，可否？

实验七　果蔬速冻

一、实验目的

（1）理解果蔬速冻制品加工的基本原理；

（2）了解原料对果蔬速冻制品品质的影响；

（3）明确几种典型果蔬速冻制品生产工艺条件；

（4）熟悉工艺操作要点及成品质量要求；

（5）学会典型果蔬速冻制品的制作方法。

随着"冷链"配备的不断完善和家用微波炉的普及，速冻制品已经成为发达国家很重要的方便性食品，同时伴随着速冻设备及技术的不断进步，速冻食品的质量也有了较大的提高，速冻加工保藏将是较先进而理想的加工方法。本实验主要学习苹果等几种果蔬的速冻加工工艺及操作要点，为日后从事果蔬速冻方面的实际工作奠定基础。

二、实验原理

速冻是一种快速冻结的低温保鲜法。将经过预处理的果蔬原料在 $-35\sim-25$ ℃的温度下使之迅速冻结，然后在 $-20\sim-18$ ℃的低温下保存待用。速冻保藏，是当前果蔬加工保藏技术中能最大限度地保存其果蔬原有风味和营养成分较理想的方法。

采用速冻方法排出果蔬中的热量，使果蔬中的水变成固态冰晶结构，并在低温条件下保存，果蔬的生理生化作用得到控制，也有效地抑制了微生物的活动及酶的活性，从而使产品得以长期保存。大部分果蔬均可采用速冻保藏。

三、材料与用具

（一）实验材料

苹果、桃、草莓、马铃薯、甘蓝、豇豆、菠菜、蘑菇，亚硫酸氢钠、食盐、柠檬酸或乙酸、碳酸钙或氯化钙、抗坏血酸等。

（二）设备与用具

不锈钢刀、夹层锅、清洗机、旋皮机、切片机、速冻机、冷冻冰箱、真空包装机、不锈钢筐等。

四、果蔬速冻案例

（一）草莓速冻

1. 工艺流程

原料采收→挑选、分级→去果蒂→清洗→浸糖→速冻→包装→冻藏。

2. 工艺步骤

（1）原料采收。要求采收已八成转红、风味良好、大小均匀、无机械伤和病虫害的草莓果实。

（2）分级。按直径大小分级，分 20 mm 以下、20~24 mm、25~28 mm、28 mm 以上 4 个等级。若果实直径再大，可再分级；也可按单果重分级，分 10 g 以上、8~10 g、6~8 g、6 g 以下 4 个等级。

（3）去蒂、漂洗。用手工去除果蒂，再用清水漂洗干净。

（4）清洗。清水洗去泥沙和杂质，然后在 5% 的食盐水中浸泡 10~15 s。

（5）浸糖。将经前处理的草莓果实放入 30%~40% 的糖液中浸泡 3~5 min（糖液中可加 0.2% 的抗坏血酸防止氧化变色）后，捞出沥干糖液。

（6）速冻、保藏。采用二段式冷冻，即将沥干糖液的草莓果实迅速冷却至 −15 ℃ 以下，然后送入 −35 ℃ 的冷冻机中冻结，待草莓果实中心温度降至 −18 ℃ 时，立即进行低温包装，然后放入 −18 ℃ 冷藏库中贮藏。

（二）速冻菠菜

1. 工艺流程

原料挑选→整理→漂洗→热烫→冷却→沥水→装盘→速冻→包装→冷藏。

2. 工艺步骤

（1）原料挑选及整理。选择叶片茂盛的菠菜品种。要求原料鲜嫩，色泽浓绿，无黄叶、霉烂及病虫害，切除根须，在清水中逐株清洗干净，沥净水分待用。

（2）烫漂、冷却。将洗净的菠菜叶片朝上竖放于不锈钢筐内，下部浸入沸水中烫漂 30s，然后将叶片全部浸入沸水烫漂 1 min，捞出后立即清水冷却到 10 ℃以下。

（3）装盘。将经烫漂、冷却后的菠菜沥干水分，整理后装盘，每盘 500~800g。

（4）速冻与冻藏。装盘后的菠菜迅速进入冷冻设备进行冻结，然后在 –18 ℃下冻藏。

五、实验结果

将上述实验结果测定的数据填入表 10–7 中。

表 10-7　测定数据表

产品名称	原料毛重 /kg	原料净重 /kg	其他辅料 /kg	成品质量 /kg	成本核算 /（元 /kg）
草莓速冻					
菠菜速冻					

六、问题与思考

（1）原料的预处理对速冻果蔬的产品质量有何影响？

（2）你对不同果蔬原料速冻工艺流程及操作要点的认识。

（3）果蔬速冻制品加工过程中出现了哪些问题，你是如何解决的？

（4）速冻草莓能进行热烫处理吗？为什么？

实验八　果醋的酿制

一、实验目的

（1）理解果醋加工的基本原理；

（2）了解原料对果醋加工品质的影响；

（3）明确果醋生产工艺条件；

（4）熟悉工艺操作要点及成品质量要求；

（5）学会典型果醋的制作方法。

二、果醋酿制原理

果醋是利用水果为原料酿制而成的食醋产品。因水果营养丰富且有丰富的芳香物质，因此酿制的醋不仅有水果的芳香，而且酸味比粮食醋柔和，风味明显优于粮食醋，已被列入保健醋行列。是欧美、日本等国家主要的食醋种类。果醋可选用的原料有：苹果、梨、葡萄、沙棘、红枣、杏、山楂、橘子、草莓、香蕉等。

三、材料和仪器

1. 材料

柑橘、草莓、亚硫酸钠、蔗糖、甲壳素、葡萄酒酵母、醋酸菌种。

2. 仪器与用具

折光仪、发酵罐、台秤、温度计、酒精计、榨汁机、离心机等。

四、工艺流程（发酵型苹果醋）

原料挑选→清洗榨汁→澄清、过滤→成分调整→酒精发酵→醋酸发酵→压榨过滤→陈酿→过滤→杀菌→成品。

五、步骤及操作要点

（1）原料选择。选择新鲜成熟苹果为原料，要求糖分含量高，香气浓，汁液丰富，无霉烂果。

（2）榨汁。将分选洗涤的苹果榨汁、过滤，使皮渣与汁液分离。

（3）粗滤。榨汁后的果汁可采用离心机分离，除去果汁中所含的浆渣等不溶性固形物。

（4）澄清。可用明胶－单宁澄清法，明胶、单宁用量通过澄清实验确定；或用加热澄清法，将果汁加热到80~85 ℃，保持20~30 s，可使果汁内的蛋白质絮凝沉淀。

（5）过滤。将果汁中的沉淀物过滤除去。

（6）果汁成分调整。澄清后的果汁根据成品所要求达到的酒精度调整糖度一般可调整到17%。

（7）酒精发酵。用木桶或不锈钢罐进行，装入果汁量为容器体积的2/3，将经过三级扩大培养的酵母液接种发酵（或用葡萄酒干酵母，接种量为150 mg/kg），一般发酵温度24~26 ℃，时间为2~3周，使酒精浓度达到9%~10%。发酵结束后，将酒榨出，然后放置1个月左右，以促进澄清和改善质量。

（8）醋酸发酵。将苹果酒转入木桶、不锈钢桶中，装入量为2/3，接入醋种5%~10%混合，并用管孔不断通入氧气，保持室温20 ℃，当酒精含量降到0.1%以下时，说明醋酸发酵结束。将菌膜下的液体放出，尽可能不使菌膜受到破坏，再将新酒放到菌膜下面，醋酸发酵可继续进行。

（9）陈酿。常温陈酿 1~2 个月。

（10）澄清。将果醋进一步澄清。

（11）灭菌。将果酒用蒸汽间接加热到 80 ℃，趁热装瓶。

实验九　蔬菜腌制

一、实验目的及意义

（1）理解蔬菜腌制的基本原理；

（2）明确几种典型蔬菜腌制品生产工艺条件；

（3）熟悉工艺操作要点及成品质量要求；

（4）学会常见蔬菜腌制品的制作方法。

蔬菜腌制品在整个加工过程中并没有进行杀菌处理，所以自然带菌率相当高，种类也很复杂。只是由于食盐的防腐作用，使很多有害的微生物被抑制，而有益微生物得以活动。因此掌握其中各个因素之间的相互关系，及创造适宜的环境，才能制出品质优良的蔬菜腌制品。通过本实验，主要了解腌制菜（泡菜）的制作工艺和腌制的基本原理，为蔬菜腌制生产实践奠定基础和提供参考。

二、蔬菜腌制机理

蔬菜腌制主要是利用食盐的高渗透压作用，微生物的发酵作用、蛋白质的分解作用及其他一系列生化反应，来增进蔬菜制品口感和风味，并延长储存期。尤其是泡菜生产时，蔬菜上带有乳酸菌、酵母菌等微生物，可以利用蔬菜的糖进行乳酸发酵、乙醇发酵等，不仅咸酸适度，味美嫩脆，增进食欲，帮助消化，而且可以抑制各种病原菌及有害菌的生长发育，延长保存期；另外由于腌制采用密闭的泡菜坛，可以使残留的寄生虫卵窒息而死。

三、泡菜产酸的质量控制

泡菜中的乳酸菌把蔬菜中的糖分转化成乳酸，起到使泡菜味道鲜美和杀灭病原性微生物的作用。但泡菜熟透后，乳酸菌抵不住自己生产的有机酸而开始被杀灭减少。这时，泡菜中开始长出酵母和霉菌，有异味、变色，营养也下降，降低了泡菜的质量。可以用氢氧化钠来滴定泡菜中的乳酸。

四、蔬菜腌制品的种类

1.发酵性腌制品

腌渍时食盐用量较低，在腌制过程中有显著的乳酸发酵现象，利用发酵产物乳酸、食盐和香辛料等的综合作用，来保藏蔬菜并增进其风味。

（1）半干态发酵腌渍品。先将菜体经风干或人工脱去部分水分，然后进行盐腌，自然发酵后熟而成，如榨菜、冬菜。

（2）湿态发酵腌渍品。用低浓度的食盐溶液浸泡蔬菜或用清水发酵白菜而成的一种带酸味的蔬菜腌制品，如泡菜、酸白菜。

2.非发酵性腌制品

腌渍时食盐用量较高，使乳酸发酵完全受到抑制或只能轻微地进行，主要利用高浓度的食盐和香辛料等的综合作用来保藏蔬菜并增进其风味。

（1）盐渍品。用较高浓度的盐溶液腌渍而成，如咸菜。

（2）酱渍品。通过制酱、盐腌、脱盐、酱渍过程而制成的，如酱菜。

（3）糖醋渍品。将蔬菜浸渍在糖醋液内制成，如糖醋蒜。

（4）酒糟渍品。将蔬菜浸渍在黄酒酒糟内制成，如糟菜。

五、蔬菜腌制常见的材料与仪器设备

（一）材料

莴苣、味精、白糖、食盐、酱油、氨基酸、柠檬酸、氯化钙、甘草素、辣椒末、生姜、山梨酸钾。

（二）仪器与用具

台秤、天平、温度计、洗涤用具、蒸煮袋、无毒塑料盆或搪瓷盆、腌器（使用陶瓷缸或搪瓷桶）、双层锅或不锈钢锅、搅拌机、多功能薄膜封口机、复合食品袋、多功能切菜机或不锈钢刀、离心机、盐度计、0.045mm 过滤网等。

六、蔬菜腌制案例

（一）泡菜的制作

1.材料与实验用具

（1）原辅材料。各类蔬菜（黄瓜、萝卜、胡萝卜、子姜、大白菜、辣椒等），食盐，白酒，砂糖，花椒，八角，胡椒，氯化钙等。

（2）用具。刀、菜板、泡菜坛子。

2. 工艺流程

原料选择→预处理→装坛→发酵→成品。

3. 工艺步骤

（1）原料选择。凡鲜嫩清脆、肉质肥厚而不易软化的蔬菜，均可作为泡菜原料。制作时，可以选择子姜、大白菜、黄瓜、辣椒、萝卜、胡萝卜等几种蔬菜混合泡制，使产品具有各种蔬菜的色泽、风味。

（2）预处理。将原料清洗干净，除去老叶、粗皮、筋、须根等不宜食用的部分，按食用习惯切分。

（3）装坛。用 6%~8% 盐水与原料等量装坛，以最后平衡浓度 4% 为准。原料压紧，防止原料露出液面。液面与坛口要留 5~10 cm 高度，避免发酵初期因大量产气而溢出卤水。水槽注满清水或 15%~20% 盐水，加盖密封。发酵过程中，注意保持水槽中水的清洁卫生。配制盐水最好用硬水，可加 0.05%~0.1% 氯化钙保脆。加入 3%~5% 陈泡菜水可加速乳酸发酵。

为增进泡菜品质，可加入 0.5%~1% 白酒，1%~3% 白糖，3%~5% 鲜红辣椒，直接与原料和盐水混匀。花椒、八角、胡椒，按原料量的 0.05%~0.1% 称量，用纱布袋包装放入。

（4）发酵。初期：异型乳酸发酵为主，伴有微弱乙醇发酵和乙酸发酵，产生乳酸、乙醇、乙酸和 CO_2，逐步形成缺氧环境。乳酸积累为 0.3%~0.4%，pH 为 4.5~4.0，是泡菜的初熟阶段，时间 2~5 天。

中期：正型乳酸发酵，缺氧环境形成嫌气状态形成，使植物乳酸杆菌活跃。乳酸积累达 0.6%~0.8%，pH 为 3.8~3.5，大肠杆菌、腐败菌等死亡，酵母、霉菌受抑制，是泡菜完熟阶段，时间 5~9 天。

后期：正型乳酸发酵继续进行，乳酸积累可达 1% 以上。当乳酸含量达 1.2% 以上时，乳酸菌本身也受到抑制。

4. 产品检验

（1）色泽形态。将样品放于小白瓷盘中，观察其颜色是否有该产品应有的颜色、是否有光泽或晶莹感，有泡汁水的汤汁是否清亮、有无霉花浮膜，无泡汁水的（如红油和白油产品）色泽是否一致、有无油水分离现象，菜坯规格大小是否均匀、一致，有无菜屑、杂质及异物等。

（2）香气。将定量泡菜放小白瓷盘中，用鼻嗅其气味，反复数次鉴别其香气，是否具有本身菜香，是否具有发酵型香气及辅料添加后的复合香气（如酱香、酯香等），有无不良气味（如氨、硫化氢、焦蝴、酸败等气味）及其他异香。

（3）质地滋味。取一定量样品于口中，鉴别质地脆嫩程度，滋味是否鲜美，酸咸甜是否适口，有无过酸、过咸、过甜或无味现象，有无不良滋味（如苦涩味、焦煳、酸败等滋味）和其他异味（如馊味、霉味等）。

（二）酱黄瓜的制作

1. 材料与工具

（1）原辅材料。黄瓜、食盐、酱油、八角、红椒、白糖、花生油、料酒。

（2）实验仪器、设备。切菜刀、台秤、晒盘、腌制缸、铝锅。

2. 工艺流程

原料选择→冲洗→腌制→浸泡（析盐）→酱渍（打耙）→成品。

3. 实验工艺与操作步骤

（1）选料与处理。选用幼嫩翠绿的黄瓜（黄瓜老时，外皮变黄，瓜瓤大易形成中空，且种子过大）用清水洗净。

（2）腌制。将洗好的黄瓜每 2.5kg 用 0.6~0.75kg 的盐，一层黄瓜一层盐入缸。以后每日倒缸 2 次，盐溶后每日倒缸 1 次，共计 12 或 13 次。倒缸时将原缸中全部汁液和未渗入的盐倒入新缸中，腌好后封缸，并置于阴凉处备酱制用。

（3）浸泡。腌好的黄瓜取出放入清水中浸泡 3 天，每天换水一次（因黄瓜含盐量太高以便浸出黄瓜内部的部分盐分而减少咸味），再取出沥干水分。

（4）制酱。煮制锅内倒入 5kg 左右的酱油，加适量八角、红椒、白糖、料酒烧开；加入适量花生油，再次烧开，停火，晾凉备用。

（5）酱渍。将沥干的黄瓜放入已准备好的酱内，酱与黄瓜之比为 2∶1。入酱后每天用木耙翻搅 3 次（把耙），以加速酱的渗入和防止因黄瓜水分渗出造成酱的局部浓度过低引起的变质，酱制一周即为成品。取出时因黄瓜上附着酱而不美观，可用酱油洗除。

（三）榨菜的加工

（1）原料选择。榨菜选用发酵成熟的坛装榨菜作原料。开坛后除去坛口表面色泽发暗、口味欠佳的榨菜，倒出卤汁，然后把坛中的榨菜取出，剔除质地软、霉烂和老筋多的榨菜。

（2）清洗。将经挑选的榨菜用清水进行漂洗，除去游离的老筋、菜皮和杂质，并沥干水分。

（3）切分。用手工或切菜机，将榨菜切成 0.2 cm 厚的菱形薄片或 0.3 cm 粗的细丝。

（4）脱盐。将切分后的榨菜坯，放入清水中进行浸泡脱盐。菜与水的比例为 1∶2，脱至含盐量达 2%~2.5% 捞起，然后用离心机或上榨脱除水分，使菜坯含水量在 70% 左右。

（5）调配。配料按每 100g 榨菜坯加入味精 1.4%、白糖 3%、干红辣椒粉 0.2%、五香粉 0.4%、柠檬酸 0.08%、芝麻油 0.3% 的配比，将榨菜片或丝与调味料放入搅拌机或不锈钢锅中，翻拌混合均匀。

（6）装袋。按产品规格要求，将拌好的榨菜称好，装入复合薄膜袋内，装袋时应注意不要玷污袋口。

（7）封口。装袋后，用真空封口机进行封口，真空度为 0.09MPa 以上。密封后的袋口应平整光洁、无皱折、无破损现象。

（8）杀菌。将封好的复合薄膜袋放入 90~95 ℃的热水中，加热杀菌 20~30 min，杀菌后迅速用冷水冷却至 38~40 ℃左右，擦干，贴标签，注明内容物种类及实验日期。

七、实验结果

将上述实验实训测定数据填入表 10-8 中。

表 10-8 测定数据表

产品名称	原料种类	整理后质量 / kg	用盐量 /kg	香辛料种类	香辛料用量 /g	腌制温度 / ℃	成熟所需时间	产品色泽	产品香味	产品风味

九、问题与思考

（1）在泡菜制作过程中，哪些因素可以起到防腐、延长保藏期的作用？

（2）请分别在泡菜发酵的 3 个阶段，取食泡制产品，进行品质评定。

（3）泡菜制作中乳酸菌生长的适宜条件是什么？其中为何乳酸菌不能无限制地增殖？

（4）食盐、酱、食醋和糖等在加工中的作用各是什么？

参考文献

［1］郭世荣，孙锦.设施园艺学.第三版［M］.3版.北京：中国农业出版社，2020.

［2］付陈梅，焦必宁，阚建全.果蔬总抗氧化能力间接测定法及其影响因素［J］.食品科学，2008, 29（4）:457-460.

［3］张娟，阿依买木·沙吾提，谭占明，等设施园艺学实验实习指导［M］.北京：化学工业出版社，2020.

［4］黄国辉，周文杰.蓝莓园生产与经营支付一本通［M］.北京:中国农业出版社，2018.

［5］张玉星.果树栽培学各论（北方本）［M］.4版.北京：中国农业出版社，2011.

［6］张玉星.果树栽培学各论（北方本）［M］.3版.北京：中国农业出版社，2005.

［7］李作轩.园艺学实践（北方本）［M］.北京：中国农业出版社，2010.

［8］景士西.园艺植物育种学总论［M］.2版.北京:中国农业出版社，2012.

［9］程智慧.蔬菜栽培学总论［M］.2版.北京.科学出版社，2019.

［10］山东农业大学.蔬菜栽培学总论［M］.北京：中国农业出版社，2000.

［11］山东农业大学.蔬菜栽培学各论［M］.北京：中国农业出版社，1999.

［12］王久兴，宋士清.设施蔬菜栽培学实践教学指导书［M］.北京:中国农业科学技术出版社，2012.

［13］蒋欣梅，张清友.蔬菜栽培学实验指导［M］.北京：化学工业出版社，2012.

［14］范双喜，张玉星.园艺植物栽培学实验指导［M］.北京:中国农业大学出版社，2011.

［15］喻景权，王秀峰.蔬菜栽培学总论［M］.3版.北京：科学出版社，2014.

［16］张娟，阿依买木·沙吾提，谭占明.蔬菜栽培学实验指导［M］.北京:化学工业出版社，2021.

［17］李洪连，徐敬友.农业植物病理学实验实习指导［M］.北京:中国农业出版社，2007.

［18］李照会.园艺植物昆虫学［M］.北京：中国农业出版社，2015.

［19］罗兰.植物化学保护实验指导［M］.北京：中国农业大学出版社，2015.

［20］蔡学清，肖顺.普通植物病理学实验指导［M］.2 版.北京：科学出版社，2021.

［21］仵均祥.农业昆虫学实验实习指导［M］.北京：中国农业出版社,2011.

［22］周尧.周尧昆虫图集［M］.郑州：河南科学技术出版社，2002.

［23］李怀方.园艺植物病理学［M］.北京：中国农业大学出版社，2001.

［24］高必达.园艺植物病理学［M］.北京：中国农业出版社，2005.

［25］仵均祥.农业昆虫学［M］.北京：中国农业出版社，2002.

［26］董云，徐志宏.园艺植物保护学实验实习指导［M］.北京：中国农业出版社，2015.

［27］许文耀.普通植物病理学实验指导［M］.北京：科学出版社,2006.

［28］胡繁荣.园艺植物生产技术［M］.上海：上海交通大学出版社，2007.

［29］程林，李东辉.园林植物生产综合实训指导［M］.南京：江苏教育出版社，2014.

［30］王宇欣，段红平.设施园艺工程与栽培技术［M］.北京：化学工业出版社，2008.

［31］农业部农民科技教育培训中心，中央农业广播电视学校.设施果树栽培技术［M］.北京：中国农业大学出版社，2009.

［32］梁称福.蔬菜栽培技术（北方本）［M］.北京：化学工业出版社，2009.

［33］张振贤.蔬菜栽培学［M］.北京：中国农业大学出版社，2003.

［34］程智慧.蔬菜栽培学总论［M］.北京：科学出版社，2015.

［35］卢伟红，辛贺明.果树栽培技术（北方本）［M］.大连：大连理工大学出版社，2012.

［36］张丽丽，刘威生，刘有春，等.高效液相色谱法测定 5 个杏品种的糖和酸［J］.果树学报，2010，27（1）:119-123.

［37］仲丽，吕超，杨文玲，等.氧乐果和吡虫啉对小麦过氧化物酶、谷胱甘肽还原酶及过氧化氢酶活性的影响［J］.农药学学报，2011，13（3）：276-280.

［38］曹建康.果蔬采后生理生化实验指导［M］.北京：中国轻工业出版社，2007.

［39］李玲.植物生理学模块实验指导［M］.北京：科学出版社，2009.

［40］刘波，左峰，等.食品加工与保藏的原理与方法［M］.上海：上海交通大学出版社，2017.

［41 王鸿飞，邵兴锋.果品蔬菜贮藏加工实验指导［M］.北京：科学出版社，2012.

［42］赵晨霞.果蔬贮藏加工实验实训教程［M］.北京：科学出版社，2012.

［43］刘萍，李明军.植物生理学实验技术［M］.北京：科学出版社，2007.

［44］马俪珍，刘金福.食品工艺学实验［M］.北京：化学工业出版社，2011.

［45］聂继云.果品质量安全分析技术［M］.北京：化学工业出版社，2009.

［46］邵兴锋，屠康.采后热空气处理对嘎拉苹果质地的影响及其作用机理［J］.果树学报，2009, 26（1）:3–18.

［47］杨磊，贾佳，祖元刚.山楂属果实提取物的体外抗氧化活性［J］.中国食品学报，2009（8）: 28–32.

［48］Suzanne Nielsen S.食品分析实验指导［M］.杨严俊，译.北京：中国轻工业出版社，2009.